생명은
어떻게
정보가
되었는가

생명은
어떻게
정보가
되었는가

'정보로서의 생명' 개념의 등장과
생명의 문자화, 그리고 신자유주의

김동광 지음

궁리
KungRee

이 저서는 2018년 대한민국 교육부와 한국연구재단의 지원을 받아 수행된 연구임 (NRF-2018S1A6A4A01037584).

This work was supported by the Ministry of Education of the Republic of Korea and the National Research Foundation of Korea (NRF-2018S1A6A4A01037584).

오늘날 우리는 인간을 비롯한 생명을 정보로 간주하는 데 익숙해
져 있다. 특히 지난 2003년 인간유전체계획(Human Genome Project,
HGP)이 완성된 이래 생명을 ACGT[1]의 염기서열이라는 일종의 정보
체계로 환원시킬 수 있다는 생각은 전문가들뿐 아니라 일반 대중에
게까지 널리 확산되었다. 이러한 관점은 단지 생명을 이해하는 데 그
치지 않고 생명 그 자체를 마음대로 조작할 수 있다는 통제 가능성에
대한 신념을 강화시켰고, 실제로 생명현상에 조작을 가하려는 생명
공학으로 이어졌다.

그렇지만 처음부터 생명이 정보로 인식된 것은 아니며 그 과정에
어떤 필연성이 있었던 것도 아니다. 이 책은 생명이 어떻게 정보가
되었는지 그 역사적 및 사회적 과정을 살펴보고자 한다. 생명이 정보
가 된 과정에는 숱한 역사적 맥락이 있었고, 정치경제적 이해관계가

1　　아데닌(A), 시토민(C), 구아닌(G), 티민(T)의 4가지 염기이다.

작용했고, 전쟁과 냉전 시기의 군사적 요인들이 강한 영향을 미쳤으며, 그 과정에서 숱한 은유가 만들어진 문화적 측면도 무시할 수 없다. 또한 거기에는 우연적인 요인들도 무수히 작용했다. 이러한 맥락성을 살펴봄으로써 이 책은 생명이 어떻게 정보로 간주되었는지 분석하고자 한다. 특히 두 차례의 세계대전과 뒤이은 냉전이 오늘날까지 이어지는 독특한 인식구조를 형성했고, 오늘날 우리에게 친숙한 분자적 생명관이 태어나게 된 과정을 유의미하게 살피려 한다.

이 분야에 대한 연구로는 릴리 케이(Lily E. Kay)의 연구가 독보적이다. 그녀는 냉전이라는 역사적으로 특수한 시기에 유전암호(genetic code)에 대한 연구가 생물과학의 영역 안에서만 이루어진 것이 아니라 커뮤니케이션 테크노사이언스, 즉 사이버네틱스, 정보 이론, 컴퓨터 등의 발전, 분자생물학과 암호해독 및 언어학의 상호교차, 그리고 전후 유럽과 미국의 사회사라는 맥락에서 이루어졌음을 보여주고 있다.

케이는 유전자를 중심으로 생명을 이해하고 설명하려는 경향을 '생명의 분자적 관점(molecular vision of life)'이라고 표현했다. 분자적 관점은 우리 시대에 형성된 독특한 생명관, '정보로서의 생명(life as information)'의 관점이라고 할 수 있다. 토마스 쿤의 패러다임 개념을 빌면, 이러한 생명관은 하나의 패러다임, 즉 분자적 패러다임이라고 볼 수 있다. 그리고 이러한 관점이 형성된 데에는 역사적 및 사회적 맥락이 있다.

생명을 정보로 인식하게 된 직접적인 계기는 1953년의 DNA 이중나선 구조 발견과 뒤이은 재조합 DNA 연구, 그리고 인간유전체계획으로 볼 수 있지만[2], 그 뿌리는 2차 세계대전과 이후 냉전 시기로까지 거슬러 올라갈 수 있다. 역사적으로 전쟁은 과학 발전과 밀접한 연관성을 갖지만, 특히 2차 세계대전은 과학화(科學化) 전쟁의 결정판이라고 할 수 있을 만큼 과학기술이 전면적으로 전쟁에 동원되는 양상을 나타냈다. 현대 전쟁의 특징인 총력전(total war) 개념도 같은 맥락에서 탄생했다고 할 수 있다. 이 과정에서 막대한 연구비를 쥔 군부에 의해 여러 분야의 대학 과학자들이 전쟁에 필요한 시급한 연구를 수행하기 위해 간학문적(interdisciplinary)으로 결합되는 양상이 나타났다. 원자폭탄 제조 계획이었던 맨해튼 프로젝트, 전자식 컴퓨터 에니악(ENIAC)의 제작, 독일군의 암호해독을 위한 정보학 등의 연구가 그러한 대표적인 경우에 해당한다.

이러한 연구는 전쟁이 끝난 후에도 지속되어서 이후 생물과 무생물의 작동원리를 동일한 정보와 제어 체계, 그리고 커뮤니케이션 개념으로 접근하려는 일련의 경향성을 낳게 되었다. 노버트 위너(Norbert Wiener)의 '사이버네틱스(cybernetics)'와 클로드 섀넌(Claude Shannon)의 정보 이론이 그 대표적 흐름이라고 볼 수 있다. 섀넌의 정보 이론은 정보에서 의미를 완전히 제거해서 이론적 조작 가능성을 극대화시켰다는 점에서, 정보로서의 생명 개념이 1980년대 이후 신자유주의와 결합하면서 생명에 대한 조작 가능성의 확장으로 이어지게 된 중요한 연결점을 제공했다. 따라서 생명공학과 그 산물의 영향이 점차 높아지고 있고, 분자화를 통한 생명에 대한 조작성이 증

2　　　이 주제에 대한 논의는 필자의 이전 저서인 『생명의 사회사』(2017, 궁리)를 참조하라.

대되고 있는 상황에서, 정보로서의 생명 개념과 분자화의 출발점이라고 할 수 있는 냉전 시대의 사이버네틱스, 정보 이론, 컴퓨터 과학 등의 커뮤니케이션 과학(communication science)의 출현이 가져온 영향에 대해 주목할 필요가 있다.

그러나 케이의 연구는 주로 역사적 연구였고, 시기적으로도 최근 전개되는 생명공학의 양상을 포괄하지 못하고 있다. 인간유전체계획이 완성된 지 10여 년이 지난 오늘날 생명공학은 거대한 사업으로 전환되었고, 그동안 생명에 대한 분자적 접근, 즉 '분자화(molecularization)'의 경향은 한층 강화되고 있다. 다른 한편, 생물학이 급격히 분자화되면서 기입(inscription)으로서의 특징이 강화되고, 그 과정에서 실험기기와의 결합도와 의존도가 강화되는 과정(instrumentalization)은 생물학이 생명을 통제하고 조작하는 도구가 될 수 있는 가능성을 높였다. 생명을 정보로 이해할 수 있다는 가능성은 곧바로 인간을 포함한 생명현상을 인간의 의지에 따라 조작 가능하다는 신념으로 이어지게 되었다. 생명의 분자화, 생명의 정보화는 생명현상에 대한 개입 가능성에 대한 기대감으로 번역된 것이다. 소라야 드 채더레비안(Soraya de Chadarevian)과 캐밍가(Harmke Kamminga)는 분자화라는 말을 실험실, 클리닉, 그리고 산업 사이에서 형성된 새로운 관계를 지칭하는 개념으로 사용했다.(Chadarevian and Kamminga, 1998)

생명을 정보로 인식하는 '정보로서의 생명' 관점은 신자유주의와 불가분의 연관성을 가진다. 생명을 정보로 이해하려는 접근은 1950년대 이후 나타났던 인공지능(Artificial Inteligence, AI) 연구와 1990

년대 이후 신경과학(Neuroscience)의 발전에서도 거의 같은 방식으로 되풀이되었다. 신자유주의가 생명공학, 인공지능, 신경과학 등의 신흥과학(emerging technology)들과 서로 공(共)구성하는 과정에서 정보로서의 생명 관점은 한층 강화되었고, 이처럼 강화된 생명 정보 관점은 다시 신자유주의와 신흥과학의 결합을 공고히 해주는 식으로 되먹임되었다. 이러한 자기강화 과정은 지금까지 계속되고 있다. 생명을 정보로 보는 관점이 기반이 되어서 이루어진 조작성의 증대와 그를 둘러싼 논란은 2010년대 이후 새롭게 출현한 크리스퍼 유전자가위 기술, 최근 4차 산업혁명의 중요한 기술로 꼽히며 우리 사회에서도 각광을 받고 있는 인공지능, 신경과학 등을 통해 한층 증폭되고 있다.

인공지능은 그 태생부터 전쟁과 냉전기의 컴퓨터 과학과 사이버네틱스에 뿌리를 두었고, 앨런 튜링(Alan Turing), 존 폰 노이만(John von Neumann), 위너 등 과학자들은 자신들의 이론체계를 수립하는 과정에서 처음부터 사람의 뇌가 일종의 컴퓨터라는 생각을 토대로 삼았다. 컴퓨터를 통해 사람의 지능을 구축할 수 있을 것이라는 낙관주의적 가정은 1956년 다트머스 회의에서 절정을 이루었지만, 곧 인간의 지능을 재구축하기는커녕 지능이 무엇인지조차 알 수 없다는 것을 깨닫게 되었다. 인공지능 학자이자 오늘날 많은 나라에서 쓰이는 인공지능 교과서의 저자인 스튜어트 러셀(Stuart Russel)은 이렇게 말했다. "인공지능 기법이 인간의 뇌처럼 작동한다는 말은 그저 추측이거나 허구에 불과할 가능성이 매우 높다. 왜냐하면 우리는 지능이 무엇인지 잘 모르고, 더구나 의식(consciousness)이라는 영역에 관해서는 아무것도 모르기 때문이다."(러셀, 2021: 36-37) 그 후 오랫동안 이어진 이른바 인공지능의 겨울을 거치면서 초기의 과도했던 자신감은 상당히 약화되었지만, 최근 비약적으로 높아진 컴퓨터의 성능과 사람의 신경망을 흉내낸 인공신경망(artificial neural network) 기법을 기반으로 한 기계학습과 딥 러닝으로 새롭게 비약하면서 사람의 지능이 곧 알고리즘이라는 사고가 다시 힘을 얻고 있다. 인공지능이 곧 인간을 뛰어넘을 것이라는 이른바 트랜스휴먼 논의 자체가 인공지능과 사람의 지능이 동일한 것이라는 가정을 바탕으로 하고 있다.

한편 미국과 유럽에서 '뇌의 10년(Decade of the Brain)' 프로젝트들이 우후죽순처럼 시작되었다. 여러 나라에서 생물학의 마지막 프론티어를 개척한다는 수사와 함께 시작된 '브레인 이니셔티브(Brain Initiative)'가 주로 국가 주도의 거대과학(big science)으로 진행되는 과정에서 '뉴로(neuro)'라는 이름표가 붙은 이론과 개념, 그리고 제품들이 폭발적으로 늘어나면서 이른바 신경본질주의(neuro-essentialism)가 어느새 우리 주위에 깊숙이 파고들게 되었다. DNA 이중나선 구조를 밝혀낸 프랜시스 크릭(Francis Crick)은 서슴없이 "우리는 뉴런 다발에 불과하다."라고 말하기까지 했다.(크릭, 2015) 이러한 신경본질주의는 최근 fMRI를 비롯한 영상기술이 발달하고 뇌 연구와 신경과학 연구에 많은 성과가 나타나면서 우리의 마음을 과학적으로 밝혀낼 수 있다는 믿음이 커지면서 마음을 뉴런, 또는 시냅스 연결과 정보의 연결망으로 이해할 수 있고, 나아가 인간의 본질 자체가 뉴런으로 환원될 수 있다는 생각이 팽배하고 있다.

최근 전 세계적으로 냉전 시기의 다양한 주제에 대한 연구가 역사학, 정치학, 과학기술학 등 여러 영역에서 활발하게 이루어지고 있다. 이것은 냉전 시대의 문헌과 동영상 등 많은 자료가 50년을 기점으로 기밀해제(機密解除)되고 있는 경향과 무관치 않을 것이다. 우리나라에서도 최근 한국냉전학회가 설립되었고, 냉전기 과학기술을 주제로 한 학술대회가 개최되었다.

그러나 냉전 시기 과학기술의 군사화 흐름에서 정부 주도하에 진행된 정보 기술, 커뮤니케이션 이론, 인공지능, 사이버네틱스 등의 연구가 생명에 대한 인식과 생명 연구에 미친 영향을 다룬 예는 상대적으로 적은 편이다. 이 책은 오늘날 생명공학의 실행양식의 가장 깊은 인식적 토대에 해당하는 '정보로서의 생명' 개념의 등장과 그 개념이 신자유주의 시대의 여러 가지 실행양식에서 어떻게 나타나는지 과학기술과 사회의 상호작용이라는 관점에서 연구하려는 작은 시도이다. 아래에서는 이 책의 중심적인 개념과 관점들을 간략하게 정리하겠다.

냉전 합리성

2차 세계대전은 그동안 인류가 치른 전쟁 중에서 과학과 기술 의존도가 가장 높았던 전쟁이었다. 전쟁의 승패는 어느 나라나 진영이 높은 과학과 기술의 힘을 기반으로 더 뛰어난 무기를 개발할 능력이 있는지와 동일시되었다. 특히 영국이 개발했던 레이더, 전쟁 막바지에 독일이 제조에 성공했던 V-2 로켓, 미국이 개발했던 원자폭탄과 전자식 컴퓨터 ENIAC 등이 대표적인 사례였다.

또한 2차 세계대전은 유례없이 정의로운 전쟁으로 여겨졌다. 특히 그 후 벌어졌던 한국전쟁, 베트남전쟁 등이 소련과 공산주의 세력을 저지하려는 의도에서 비롯되었고, 미국이 석유를 얻기 위해 벌인 중동전, 이라크와 아프가니스탄 전쟁이 명분 없이 미국의 이익을 위한 더러운 전쟁(dirty war)으로 간주되는 점과 대비되는 측면이 있다. 2차 세계대전 과정을 병사들의 시각에서 사실적으로 묘사한 작품으로 잘 알려진 〈밴드 오브 브라더스(Band of Brothers)〉[3] 중 9부작 '우리가 싸우는 이유'는 독일 전역에 남아 있던 수용소를 정리하면서 자신들이 왜 피흘리며 싸우는지를 확인한다. 더구나 전쟁 초반에 압도적인 독일의 전투력으로 프랑스를 비롯한 유럽 대부분 지역이 독일에 항복하고 영국도 섬나라의 이점으로 간신히 버티고 있던 상황에서 미국이 개입해 전세를 뒤집으면서 파시즘과 나치즘에 맞서 이른바 자유세계를 구하기 위한 전쟁으로 인식되었지만, 다른 한편 2차 세계대전은 오로지 전쟁에 승리하기 위해서라면 어떤 수단이나 방법도 가리지 않는다는 정당화를 가능하게 만들었다. 전쟁 막바지에 사용된 원자폭탄이 좋은 예이다.

스탠리 큐브릭 감독의 1964년 영화 〈닥터 스트레인지러브〉[4]는 2차 세계대전 이후 냉전 시기 핵무기 경쟁을 둘러싸고 나타났던 공포와 광기(狂氣)를 여실히 보여준 작품이었다. 부제인 "나는 어떻게 걱

---

3 미국 HBO에서 2차 세계대전에 있었던 실화를 바탕으로 2001년 제작한 10부작 미니시리즈로 스티븐 스필버그와 톰 행크스가 제작을 맡았고, 스티븐 앰브로스가 1992년 펴낸 같은 제목의 논픽션이 원작이다.

4 원제는 'Dr. Strangelove, or How I Learned to Stop Worrying and Love the Bomb'이며, 피터 조지의 1958년 소설 〈적색경보(Red Alert)〉가 원작이다.

정을 멈추고 폭탄을 사랑하는 법을 배웠는가?"가 잘 이야기해주듯이, 이 시기에는 핵군비경쟁으로 인한 상호확증파괴(Mutual Assured Destruction, MAD)가 당연한 전제로 받아들여졌기 때문에 두려움에서 벗어나기 위해서는 폭탄, 즉 원자폭탄과 수소폭탄을 사랑하고 비축하지 않을 수 없는 모순적인 상황이었다. 이처럼 일단 핵전쟁이 시작되면 누구도 살아남을 수 없는 지극히 비합리적인 상황임에도 영화는 매 단계의 절차와 결정과정이 지극히 합리적으로 진행되는 것을 보여준다. 닥터 스트레인지러브의 실제 모델 중 한 사람으로 꼽힌 핵전략가 허먼 칸(Herman Kahn)이 '생각할 수 없는 것을 생각하기(think the unthinkable)'라고 표현했던 아마겟돈에서 살아남는 전략이 이런 냉전 합리성의 좋은 예라 할 수 있다. 칸은 핵전쟁이 벌어질 수 있는 현실적인 가능성을 기반으로 그에 대한 전략을 제기한 논쟁적인 저서 『열핵전쟁에 대하여(On Thermonuclear War)』에 대해 많은 비판이 제기되자, 비판자들을 나쁜 소식을 가지고 온 전령의 목을 친 어리석은 왕에 비유했다. 그런 왕의 행동은 어차피 전해질 소식을 늦춰서 이미 벌어진 사태에 대응할 시간을 허비할 뿐이라는 것이다. 그는 열핵전쟁의 발발을 피할 수 없는 실재로 간주했고, 피할 수 없다면 그에 대한 냉정한 분석을 해서 핵전쟁이, 특히 미국에게, 어떤 기회로 작용할 수 있는지 저울질을 해야 한다고 주장했다.(Kahn, 1962: 21) 그는 핵전쟁이 벌어지면 서로가 공멸할 수 있다는 명백한 가능성은 무시하고 눈앞의 적, 즉 소련을 제거하기 위해 핵전쟁을 마다않고 그로 인한 이해득실을 따진다. 이 과정에서 이후 SF의 중요 모티프가 된 '미친 과학자(mad scientist)'[5]의 이미지가 탄생하게 되었다. 이처럼 냉전 합리성은 비합리적 가정 위에서 엄밀한 합리적 절차를 따라 통제되고 관리되는 독특한 합리성인 셈이다. 이러한 사유방식은 눈앞의 이익을 위해 안전과 윤리에 대한 충분한 고려 없이 새로운 기술들을 무분별하게 적용하는 식으로 신자유주의 시대에까지 확장된다.

쿠바 위기로 냉전이 절정에 치닫던 1962년에 발간된 쿤의 『과학혁명의 구조(The Structure of Scientific Revolution)』는 과학이 절대적이거나 객관적인 진리추구 활동이 아니며 특정한 시기의 패러다임이 제기하는 문제를 해결하는 퍼즐 풀이(puzzle solving) 활동임을 밝혀냈다. 쿤에 따르면 패러다임에 따라 무엇이 문제인지 달라지기 때문에 무엇이 참이고 거짓인지 구별할 수 있는 절대적 기준은 존재할수 없으며, 합리성 또한 단일하지 않다. 패러다임이 전환하면 합리성또한 그 의미가 바뀔 수 있으며, 시대에 따라 복수의 합리성들이 경합을 할 수 있다.

폴 에릭슨(Paul Erickson)을 비롯한 연구자들은 히로시마와 나가사키에 원자폭탄이 투하된 1945년부터 1980년대 초까지의 시기에 공간적으로는 주로 미국에서 '냉전 합리성(Cold War rationality)'이 지배했다고 말한다. 그들은 계몽주의 합리성과 다른 냉전 합리성의 특성을 다음과 같이 설명했다. 첫째, 냉전 합리성은 형식적(formal)이어야하며, 대체로 인격이나 맥락으로부터 독립적이어야 한다. 이 합리성은 흔히 알고리즘의 형태를 띠며, 독특한 해법을 결정하는 엄격한 규

5　이 주제에 대해서는 다음 문헌을 참고하라. 김명진, 2004, "영화 속에 나타난 과학기술 이미지—PUS에 대한 함의" 한국과학기술학회 2004년도 동계 학술대회, pp.93-108

칙인 이 알고리즘은 주어진 특정한 목적을 위해 최적의 해법을 제공한다고 가정된다. 둘째, 복잡한 과제와 일화(逸話)들은 단순하고 순차적인(sequential) 단계들로 분석된다. 역사적이거나 문화적 특수성들은 배제되고 일반화가 이루어지며, 이 과정에서 수립된 수학적 규칙이 기계적으로 적용될 수 있다는 믿음을 기반으로 한다. 따라서 냉전 합리성은 사람의 정신보다는 컴퓨터가 이성적으로 추론할 수 있다고 믿는다.(Erickson, et al, 2013: 3-4) 오늘날 우리에게 익숙한 오퍼레이션 리서치(operation research), 게임이론, 선형(linear) 프로그래밍, 최적화, 시나리오 기법 등이 이러한 기반 위에서 탄생했다.

이처럼 과거의 합리성들과 달리 모든 맥락을 벗어버리고 알고리즘과 규칙으로 탈각한(disembodied) 냉전 합리성은 이 세계가 이해 가능한 곳이고 통제 가능하다는 근대주의적 관념이 극대화된 특수한 형태의 이념이다. 이러한 특성이 나타날 수 있는 기반은 다른 한편으로는 이 시기에 원자폭탄, 전자식 컴퓨터, DDT와 같은 화학적 살충제 등의 막강한 과학기술 및 공학적 산물들이 출현해서 실제로 작동했고, 이러한 인공물들을 통해 세계를 원하는 대로 통제할 수 있다는 자신감이 충만했기 때문이기도 하다.

냉전과 테크노사이언스의 상보성

냉전 시기는 현대세계의 중요한 토대가 형성된 시기이다. 그중에서도 과학기술은 전쟁과 냉전을 통해 그 특성들이 구조화되었다. 냉전 시기를 거치면서 과학은 테크노사이언스로 새롭게 빚어졌다고 할 수 있다. 양자의 관계는 말 그대로 상보적이다.

테크노사이언스(technoscience)는 2차 세계대전 이후 과학의 독특한 실행양식을 나타내는 말로 과학기술학에서 널리 사용되어왔다. 그 특징은 첫째 거대과학으로서의 과학의 특성이다. 그것은 과학지식 생산양식의 변화와도 불가분의 관계를 가지게 된다. 연구의 성격이 불특정한 진리 추구나 당대의 사회적 및 문화적 맥락에서 제기되는 해결과제를 수행하는 느슨하고 포괄적인 양식에서 구체적인 목표를 설정하고 경우에 따라서는 2차 세계대전 당시의 원자폭탄 제조계획이었던 맨해튼 프로젝트나 냉전 시기 미국과 소련의 우주개발 경쟁으로 탄생한 아폴로 계획처럼 목표 시한을 설정하고 가용한 인적·물적 자원을 모두 동원하는 방식으로 진행되었다. 이른바 과학연구의 프로젝트화가 진행된 것이다. 프로젝트는 목적에 따라 다양한 학문 분야의 연구자들을 모아서 공동연구를 수행하는 간학문적 양상을 띠는 경우가 많았다. 그 후 이러한 프로젝트 방식의 과학연구는 일상화되었다.

두 번째는 과학연구를 수행하는 주체의 측면에서 연구를 수행하는 기본 단위가 개인에서 집단 또는 조직으로 이행하는 양상을 띠게 되었다. 이 과정에서 연구의 주도권(initiative)이 개별 과학자에서 집단이나 조직으로 넘어가게 되었다. 여기에서 수행 주체가 가시적인 집단이 아닌 경우에도 적용되는 논리는 유사해진다.

세 번째 특징은 불확실성과 위험의 측면에서 나타난다. 테크노사이언스는 해당 연구에 불확실성이나 위험이 상존해도 연구와 그 적용을 멈추지 않는다는 특징을 가진다. 이것은 전쟁과 냉전과 같은 비상상황에서 시급한 적용을 위해 제대로 거쳐야 할 과정들을 생략할 수밖에 없다는 시급성에서 기인한다고 할 수 있다. 2차 세계대전의 와중에서 짧은 시간 동안 물적·인적 자원을 모두 쏟아부어 히로시마와 나가사키에 투하하기까지 했던 원자폭탄의 성공사례에서 그 전례를 찾아볼 수 있다. 이후 이러한 실행양식은 인간유전체계획 등으로 이어졌다. 이러한 양상은 과학의 상업화와 불가분의 연관성을 갖는다. 돈이 되는 연구 쪽으로 가용 자원이 집중되는 양상을 띠게 되고, 연구목표 또한 포괄적인 진리 추구가 아니라 상품 생산과 직결되고, 독점적인 지위를 가지는 특허나 지적재산권의 형태를 추구하게 된다.

이러한 현상은 신자유주의 이후 한층 강화되었다. 6장에서 다루어질 GMO에서 잘 나타나듯이 유전자 조작⁶ 곡물이나 식품의 인체 위해성 논란은 지금도 그치지 않고 있지만, 재조합 DNA 기술은 개발과 동시에 적용되어 우리의 식량 생산구조에서 빠질 수 없는 자리를 차지하고 있다. 또한 기본 이론이 채 수립되지 않고 해당 분야의 전체적인 상이 그려지기 전이라 해도, 부분적으로 밝혀진 일부 사실을 토대로 연구와 그 적용이 이루어지는 공격적인 양상을 띤다. 최근 큰 관심을 끌고 있는 신경과학(7장)의 경우가 그러한 예이다.

---

6 GM 즉 'genetically modified'의 번역어로 유전자 변형 또는 유전자 조작이라는 용어가 사용된다. GM 기술이 1973년 탄생한 유전자 재조합(recombination) 기술에 기초하고 있다는 측면에서 유전자 조작이 좀 더 정확한 번역으로 여겨진다.

컴퓨터 과학과 '정보 담론'

생명을 이해하려는 노력에서 컴퓨터가 미친 영향은 매우 컸다. 컴퓨터(computer)라는 개념은 처음에 2차 세계대전 당시 주로 수학을 공부한 여성들인 '계산하는 사람'을 뜻하는 말로 시작되었지만, 폰 노이만의 '입력-연산-출력'의 구상과 프레스퍼 에커트(Presper Eckert)와 존 모클리(John Mauchly)의 최초의 전자식 컴퓨터 ENIAC으로 구체화되면서 본격적인 정보처리장치로 거듭나게 되었다. 인공지능과 함께 살아가야 하고, 기계의 지능이 인간을 능가하는 날이 곧 도래할 것이라는 성급한 예견이 무성한 오늘날 이런 역사를 기억하는 사람은 많지 않다.

컴퓨터는 이제 더 이상 우리가 사용하는 도구에 그치지 않는다. 우리는 어느새 컴퓨터를 '통해서' 사고하고 세상을 보는 데 길들여졌다. 화학자들은 원소들의 상호작용을 시험관이 아닌 컴퓨터 속에서 관찰하고, 쥐나 토끼와 같은 생물을 대상으로 하던 해부 실험도 동물권과 윤리 논쟁이 벌어지면서 컴퓨터 시뮬레이션으로 바뀌고 있다. 엔지니어들이 복잡한 공기역학 실험을 풍동에서 하지 않고 컴퓨터 모니터 속에서 하고 있는 것도 마찬가지이다.

물리학과 생물학의 상호작용에 대해 많은 연구를 했던 과학사회학자 이블린 폭스 켈러(Evelyn Fox Keller)는 생명에 대한 이해란 보편적인 것이 아니며, 특정한 과학적 하위문화의 인식적 요구에 기반을 둔 '인식 문화(epistemological culture)'의 산물이라고 말한다.(Keller, 2002: 4) 과학자들이 이론, 지식, 설명, 그리고 이해 등의 말에 어떤 의미를 부여하는 것은 이러한 인식 문화를 기반으로 이루어진다는 것이다. 그녀는 이러한 인식 문화의 중요한 요소들로 모형(model), 은유(metaphor), 그리고 컴퓨터와 분자 이미징과 같은 새로운 기계장치의 역할을 꼽는다. 특히 컴퓨터 과학의 눈부신 발달은 생물학이 무엇을 설명으로 간주하는지의 개념 자체를 바꾸어놓을 정도로 큰 변화를 일으켰다.

피터 갤리슨(Peter Galison)은 이렇게 말했다. "처음에 컴퓨터는 기계, 대상, 방정식을 조작하는 도구로 출발했지만, 나중에는 컴퓨터가 도구가 아니라 자연이 되면서, 컴퓨터 설계자들은 '비트(바이트) 단위로' 도구라는 개념 자체를 해체시켰다."(Agar, 2012, p.381에서 재인용) 아주 일찍이, 몬테카를로 시뮬레이션은 어떻게 컴퓨터 모형이 자연을 '대신할' 수 있는지 보여주었다. 다른 과학 분야에서, 컴퓨터는 지배적인 은유가 되었다. 뇌와 마음의 과학들이 그런 사례에 해당한다. CT와 MRI가 컴퓨터를 화상 처리 도구로 사용했다면, 인공지능과 인지심리학에서 컴퓨터는 자연을 대표했다.

폴 에드워즈(Paul Edwards)는 '닫힌 세계(closed world)'라는 수사가 이후 세계에 대한 인식에 큰 영향을 주었다는 점을 제기했다. 여기에서 컴퓨터는 단순한 기술이나 도구에 그치지 않고 우리가 우리를 둘러싼 세계를 인식하고, 나아가 인간과 생명 자체를 사고하는 방식에까지 큰 영향을 미쳤다. 우리는 컴퓨터를 통해 세계를 해석하는 데 익숙해졌고, 그 과정에서 세계와 인간, 그리고 생명까지도 '컴퓨터화(computerization)'되었다고 볼 수 있다. 비유적으로 이야기하자면 생명이 컴퓨터 속으로 들어간 셈이다.

신자유주의와 과학지식 생산양식 변화
-전 지구적 사유화 체제의 형성

'정보로서의 생명' 개념이 분자화를 통해 우리의 일상으로 들어오는 과정은 숱한 굴곡을 거친다. 음악에 비유하면 정보 생명 개념이 주(主) 주제이고, GMO, 유전자가위, 인공지능, 신경과학 등의 개별 기술들이 주제의 변주에 해당하는 셈이다. 이러한 변주가 일어나게끔 분자화의 방향에 가장 큰 영향을 준 요인이 신자유주의라고 할 수 있다. 이러한 굴곡을 거치면서 오늘날 우리에게 익숙한 개별 기술과 그 산물들이 태어나게 되었다고 할 수 있다.

신자유주의는 한마디로 정의하기 힘든 개념이지만, 1980년대 이후 과학지식 생산양식에 크게 영향을 미쳤고, 생명공학을 비롯한 테크노사이언스와 떼려야 뗄 수 없는 밀접한 관계를 가지게 되었다. 여기에서 중요한 부분은 자본주의를 단일하고 정적(靜的)인 것으로 보지 않는 것이다. 자본주의는 사실 어느 하나로 규정할 수 없을 만큼 역동적이며 새로운 기술, 행위자, 제도, 규율 양식 등을 포괄하면서 스스로 변화해나가고 동시에 기술 자체의 성격과 전개과정에 심대한 영향을 미친다. 말 그대로 공동구성(co-construction)과 공동생산(co-production)의 과정인 셈이다. 생명공학의 양상은 단지 자본주의의 한 사례나 일화가 아니라 생명공학의 등장으로 인해 자본주의 자체가 변화될 만큼 그 변화의 양상이 포괄적이고 심층적이라는 점을 인식할 필요가 있다. 필립 미로프스키(Philip Mirowski)와 에스터-미리엄 센트(Esther-Mirjam Sent)는 1980년 이후 과학기술의 상업화가 국소적이거나 일화적(逸話的) 현상이 아니라 전 지구적 사유화 체제 (globalized privatization regime)로 이해되며, 그로 인해 과학활동 자체가 이전 시기와 크게 달라졌고 지식추구의 양상과 과학지식 생산양식에 큰 변화가 나타났다고 주장한다.(Mirowski and Sent, 2002)

전 지구적 사유화 체제의 특징은 단지 상업화가 심화된 정도가 아니라 지적재산권의 강화, 거대산업에 대응할 수 있는 정부의 능력과 의지 약화, 낮은 비용으로 전 세계가 실시간으로 통신할 수 있는 정보기술의 발달, 낮은 연구비나 생산비를 찾거나 윤리적 규제를 피하기 위해 다른 나라나 지역으로 이전하는 연구의 국제적 외주 체제와 하청구조의 확산, 투자만 해준다면 연구비나 건물 건축비용을 대는 기업 측에 기꺼이 연구에 대한 통제권을 넘길 채비가 되어 있는 대학 등의 많은 요소들이 한데 결합해서 과학지식 생산에 영향을 미치는 구조의 문제라는 점이다.(김동광, 2010: 324-347)

이러한 체제(regime)의 관점은 신자유주의와 테크노사이언스가 서로를 '공(共)구성'하는 동역학을 이해하는 데 많은 도움을 준다. 분자화는 이러한 구조 속에서 초국적기업을 비롯한 자본의 이윤을 극대화시키는 방향으로 틀지워진다. GMO는 오래된 주제이지만 이러한 공구성의 과정을 잘 보여주는 사례이다. 분자적 생명관이 단지 생명에 대한 해석에 머물지 않고 생명에 대한 조작과 개입으로 이어지는 궤적이 GMO의 등장과 이후 전개과정에서 여실히 드러나기 때문이다. 유전자 조작 기술은 처음부터 인체 유해성과 생태계 교란의 문제로 많은 논쟁이 있었지만, 초국적 생명공학 기업들의 적극적인 개발로 1984년 '플레이버 세이버(Flavr Savr)' 토마토가 출시된 이후 콩과 옥수수, 유채 등 곡물 재배에서 날로 높은 비중을 차지해왔다. 이 과정에서 유전자 조작 식품의 안전성이나 윤리성은 뒷전으로 밀리고 불확실성이 높아진다. 과학이 발달할수록 윤리와 안전 문제가 악화되거나 과거에는 없었던 새로운 기형적 문제점이 나타나는 현상을 피할 수 없다. 이것은 테크노사이언스의 고도화가 신자유주의와 점차 긴밀하게 상호결합하면서 나타나는 구조적인 문제로 인식된다.

전 지구적 사유화 체제에서 나타나는 중요한 현상 중 하나인 언던사이언스 문제(undone science problem), 즉 수행되지 않은 과학의 문제도 GMO에서 잘 나타난다. 언던사이언스 문제란 그동안 과학기술학이 접근했던 "과학지식이나 기술이 어떻게 만들어지는가?"라는 물음이 아니라 "왜 어떤 과학이나 기술은 연구되지 않는가?"의 문제를 제기하는 것이다. 전 지구적 사유화 체제의 관점에서, GMO나 나노 기술의 인체 유해성과 생태계 교란 가능성과 같이 정작 많은 사람들의 안전과 윤리를 위해 필요한 과학지식이나 기술이 만들어지지 않는 것은 우연한 일이 아니라 체계적으로 이러한 지식의 생산을 막고 무지를 강요하는 구조적 문제이다. 이 과정에서 과학의 공공성은 사기업들의 이윤추구에 밀려 크게 침식된다.

또한 GM 곡물은 사람이 직접 먹기보다는 가축의 값싼 사료, 청량음료와 과자의 단맛을 내는 원료 등으로 사용되면서 초국적 곡물기업과 외식업체들의 이익을 극대화시키는 방향으로 개발되었다. GMO를 지지하는 기업과 학자들은 날로 심각해지는 인류의 식량문제를 해결할 유일한 방도가 GM기술이라고 주장하지만, 그동안 GM기술은 제초제에 대해 내성(耐性)을 갖거나 스스로 살충제를 분비해서 해충을 퇴치하는 기술을 개발하는 쪽으로 치중했다. 제초제 내성과 해충 저항성 작물은 전체 GM 작물 중에서 60퍼센트에 가깝다. 이러한 기술 궤적(軌跡)은 기계를 이용한 대규모 경작에 용이한 품종을 개발하는 쪽으로 GM 기술이 편향되었음을 잘 보여준다. 다시 말해서 초국적 식량기업과 외식산업의 요구에 부응해서 이 기술이 개발되었으며, 식량 문제 해결은 애당초 중요한 고려사항이 아니었다는 뜻이다.

신자유주의와 테크노사이언스는 불가분의 관계를 가진다. 신자유주의를 신자유주의로 만드는 것이 새로운 기술이며, 신흥기술들도 신자유주의가 없으면 돈과 인력, 제도적 법률적 지원과 같은 자원을 얻을 수 없다. 말 그대로 둘은 공생체인 셈이다. 여기에서 전쟁과 군사적 긴장도 필요조건 중 하나이다. 테크노사이언스는 전쟁과 냉전에서 태어나서 냉전이 끝나면서 한 차례 위기를 맞이했다가 다시 새로운 긴장을 통해 그 생명줄을 이어나가게 되었다. 걸프전, 아프가니스탄전 등은 한편으로 미국이 석유 자원이나 안보적 자원을 얻기 위해 벌인 전쟁이라는 의미를 갖지만, 보다 근원적으로는 스스로의 수요와 정당화를 찾는 자기 유지(self sustaining) 구조로 볼 수 있다. 인공지능과 신경과학은 군사적 관심, 즉 미국의 경우 DARPA를 비롯한 군부의 지속적 투자와 수요와 불가분의 연관성을 가진다.

최근 2차 세계대전과 냉전 시기 기밀 문헌들이 대거 공개되면서 냉전 시기 연구가 역사학계를 비롯해서 여러 분야에서 활발하게 이루어지고 있으며, 향후 새로운 연구성과가 냉전이 과학기술 실행양식에 미친 영향을 밝혀내는 데 기여할 수 있을 것으로 기대된다.

책의 구성

이 책의 내용은 크게 두 부분으로 이루어진다. 하나는 생명을 정보로 보는 관점이 형성된 역사적 및 사회적 맥락을 추적해서 하나의 내러티브로 재구성하는 것이고, 다른 하나는 이러한 정보로서의 생명 개념이 이후 생명공학, 인공지능, 그리고 신경과학 등으로 이어지는 전개과정에서 어떤 함의를 가지는지 밝히고, 그것이 오늘날 신자유주의와 전 지구적 생명 상업화에 어떻게 영향을 미쳤는지 밝히는 것이다.

1부는 생명을 정보로 표상할 수 있고, 이 정보를 해석해서 생명이라는 정보체계를 읽을 수 있다는 생각이 수립된 냉전 시기를 중심으로 사이버네틱스, 정보 이론, 컴퓨터 과학, 게임이론 등의 연구에서 나타난 인식적 경향을 토대로 '정보로서의 생명'이라는 개념의 출현 과정을 고찰한다. 이들 냉전 시대의 전후 테크노사이언스가 기본적으로 가지고 있던 전제들이 분자생물학을 정보과학으로 만든 중요한 원인이었음을 밝히려는 것이다.

2부는 생명 정보 개념이 확장되면서 오늘날 우리에게 중요한 의미를 가지게 된 여러 과학 분야들로 체화된 과정을 살펴본다. 일차적으로 생명공학이 수립되고 그 실행양식과 산물이 상업화 경향과 결합하면서 보건, 의료를 비롯해서 시민사회에 미치는 영향을 고찰한다. 또한 1990년대 이후 신경과학과 인공지능 등의 새로운 전개양상 속에서 이러한 개념이 어떻게 심화 발전했는지 살펴본다. 오늘날 과학의 상업화, 또는 과학의 전 지구적 사유화 체제의 심화는 생명 그

자체를 대상화하고 있다. 이러한 상업화와 사유화의 뿌리에서 정보
로서의 생명 개념이 어떤 인식적 기반을 제공하는지 밝히려 한다.

1부

생명, 정보가 되다
―'정보로서의 생명' 개념의 출현

유전체가 정보체계로 표상되고 DNA 언어가 출현하게 된 시발점은 2차 세계대전과 그 이후의 냉전 시기에 여러 분야에서 자연과 사회를 보는 과거의 방식이 새롭게 변형되는 일련의 과정이었다. 냉전이라는 개념은 1946년 미국 대통령 고문 버나드 바루크(Bernard Baruch)의 참모였던 허버트 스위프(Herbert B. Sweep)에서 비롯된 것으로 알려져 있다. 바루크는 1947년 6월에 처음으로 이 개념을 공식 석상에서 언급했다. 그렇지만 냉전이라는 개념이 확산되는 데 기여했던 사람은 미국의 저널리스트 월터 리프먼(Walter Lippman)이었다. 그는 많은 독자층이 확보되었던 《뉴욕 헤럴드 트리뷴》지에 글을 기고하면서 이 개념을 사용했다.(슈뢰버, 2008: 16)

냉전 시기는 학자마다 정의가 조금씩 다르지만, 대체로 2차 세계대전이 끝난 1945년에서 동구권과 소련이 붕괴한 1980년대 후반까지의 기간으로 간주된다. 미로프스키와 센트는 과학의 실행양식의 측면에서 2차 세계대전에서 1980년에 이르는 시기를 냉전체제(Cold War regime)로 규정한다. 2차 세계대전이 미국을 비롯해서 선진국들의 과학과 과학관리체계에 일대 변화를 가져온 분수령이 되었다는 것이다. 특히 미국의 과학은 2차 세계대전을 통해 돌아올 수 없는 강을 건넜다. 냉전체제의 핵심은 먼저 과학계획과 연구비 지급에서 엄청난 규모의 연방자금이 개입했다는 점에 있지만, OSRD(Office of Scientific Research and Development)와 같은 정부기구가 전쟁기간 동안 대학 과학자와의 계약을 통해 과학연구를 관장하는 총사령관이 되었다는 '구조적 지배(structural dominance)'에서 찾아볼 수 있을 것이다.(Mirowski and Sent, 2008) 이 시기에 주로 군부로부터 지원을 받아 새롭게 탄생한 사이보그(기계와 생체로 이루어진 통합체계), 커뮤니케이션 이론, 뇌 모델링, 언어학, 인공지능, 유도와 조종, 사이버네틱스, 그리고 행동주의 등의 연구가 활발하게 이루어졌다.

냉전의 특징 중 하나는 2차 세계대전이 총력전[1]의 양상을 띠게 되면서, 전쟁이 끝난 후에도 상시적인 안보체제를 구축하지 않을 수 없게 되었다는 점이다. 총력전 개념은 역사적으로 많은 변천을 겪었다. 그 역사는 1차 세계대전까지 거슬러 올라가며 본격적인 과학전의 출발이었던 1차 세계대전 당시에는 과거 전쟁이 전선에 국한되었던 데 비해 후방에서도 전쟁에 필요한 무기를 제작하고 새로운 신무기 개발을 위한 전면적인 노력에 동원되었다는 개념이었다. 그러나 2차 세계대전에서 원자폭탄과 이를 탑재할 수 있는 대륙간탄도탄(ICBM)이 등장하면서 전쟁의 판도는 완전히 바뀌게 되었다. ICBM의 출발은 히틀러가 전쟁 막바지에 2차 세계대전의 명운이 달린 기술이라고 판단하고 엄청난 물적·인적 자원을 투여해서 대량생산에 성공했던 V-2[2] 로켓이었다.

냉전 시기에 생명에 대한 인식에 가장 중요한 영향을 미친 것은 정작 생물학이 아닌 다른 영역에서 비롯되었다. 그것은 강력한 컴퓨터의 출현이었다. 전자식 컴퓨터와 이를 기반으로 한 컴퓨팅 과학의 출현이 생명을 둘러싼 연구에 많은 영향을 미쳤다. 오늘날 컴퓨터의

---

1 'total war'는 '전면전'이라고도 번역된다. 여기에서는 두 가지 의미가 모두 있지만 주로 총력전이라는 의미로 사용되었다.
2 V-2는 보복무기라는 뜻의 'Vergeltungswaffen Zwei'의 약자이다. V-2는 최초의 탄도탄으로 이후 본격적인 ICBM 시대를 열었다. 독일의 V-2 로켓 개발에 대해서는 다음 책을 참조하라. 트레이시 D. 던간, 2010, 『히틀러의 비밀무기 V-2』 방종관 옮김, 황규만 감수, 일조각.

중요성을 이야기하면 너무도 당연한 주장을 반복하는 것쯤으로 여겨지기 때문에 지금과 같은 컴퓨터가 등장하게 된 역사적 및 사회적 과정에 대한 논의가 불필요하게 느껴질 정도이다. 그렇지만 컴퓨터는 전후 세계를 새롭게 재편했고, 나아가 생명 자체를 다시 기술했다.

새로운 발명품이 등장해서 사람들이 그 의미를 이해하고 지금과 같은 쓰임새로 정착하게 되는 과정을 우리는 사회적 구성(social construction)이라고 부를 수 있다. 컴퓨터의 경우도 마찬가지이다. 폰 노이만이 컴퓨터의 기본적인 구조를 수립하고, 그것이 단순한 계산기가 아니라 정보처리장치가 될 것을 예견한 것은 그만큼 중요한 의미를 가진다.

진공관의 경우에도 처음에는 기존의 전화 시스템을 보완하는 또 다른 도구에 지나지 않은 것으로 여겨졌다. 전기 기술자들은 처음에 진공관의 진짜 중요성을 제대로 이해하지 못해서 처음 몇 년 동안 진공관은 통신 네트워크의 한 부분으로 취급되었다. 산업에 처음 적용된 사례도 진공관과 그 자매 발명품인 광전관이 제품 검사에 사용되는 정도였다. 가령 제지 기계에서 나오는 두루마리 종이의 두께를 조절하거나 파인애플 캔의 색깔을 검사하는 데 이용되는 정도였다. 이러한 양상은 전쟁을 거치면서 크게 변화했다. 전쟁이 시작되면서 가장 필요했던 분야는 독일의 가공할 공중폭격으로부터 자국을 지키는 것이었다. 따라서 대공포는 전쟁과학 연구의 중요한 목표가 되었고, 특히 레이더와 결합시키려는 노력이 집중되었다. 레이더는 항공기의 발견뿐 아니라 추적에도 필요했다. 항공기의 속도가 너무 빨라져서 대공포의 탄도를 계산하는 일부터 이전까지 인간의 영역이었던 커뮤니케이션 기능까지 기계에 넘겨주어야 했다. 따라서 대공포 제어의 문제가 대두했고, 새롭게 등장한 공학자 세대는 사람과의 커뮤니케이션보다 기계와의 커뮤니케이션에 더 친숙하게 되었다.(위너, 2011: 180-181) 디지털화는 필연적인 과정이었다기보다는 전쟁 과정에서 디지털 컴퓨터가 새로운 정보처리장치로 수립되고, 그에 기반한 정보 개념이 수립되는 과정과 불가분의 연관성을 가진다.

컴퓨터 또는 컴퓨팅에 대한 논의가 이루어진 맥락 자체가 사이버네틱스와 밀접한 연관성을 가지고 있었다. 그것은 오늘날 우리가 사용하는 컴퓨터의 탄생에 중요하게 기여했던 폰 노이만의 연구 궤적에서 찾아볼 수 있다. 이것을 연구 궤적이라고 이름붙인 까닭은 그의 착상이나 연구 관심의 변천 과정이 오늘날 컴퓨터 개념이 출현하는 과정과 거의 일치하며, 나아가 인공지능이나 뇌과학(신경과학)의 기본 개념의 배태와 상당부분 겹치기 때문이다.

이 시기에 출현한 사이버네틱스와 정보학은 생물과 기계 모두를 일종의 정보현상으로 이해할 수 있는 기틀을 마련했다. 사이버네틱스 개념이 대공 레이더와 같은 영역에서 인간과 기계의 빠른 피드백에 대한 요구에서 비롯되었듯이, 전쟁을 치르던 군부는 빠른 속도로 발전하는 기계에 부합하는 인간 능력을 높이기 위해 커뮤니케이션과 정보에 대한 새로운 이해를 촉구했다. 이후 냉전 시기에도 인간과 기계의 통합을 중요한 문제였고, 위너를 비롯한 학자들은 커뮤니케이션이라는 관점에서 생명과 공학 시스템이 다르지 않다는 주장을 제기했다. 이제 생명은 정보체계로 간주되고, 공학적 시스템과 마찬가지로 제어 가능한 대상으로 인식되었다.

1부는 '정보로서의 생명' 개념의 출현 과정을 2차 세계대전과 냉전이라는 당시 사회적 맥락에서 재조명하고, 이러한 생명관이 DNA 이중나선 구조 발견 이후 분자적 생명관과 결합하면서 한층 강력한 생명 통제의 열망으로 발전해 나가면서 생명에 대한 인식에 미친 영향을 살펴고자 한다.

1장은 전쟁과 냉전 시기에 정보 개념이 등장하는 과정을 살펴본다. 정보라는 용어가 지금과 같은 의미를 획득한 것은 전쟁을 통해서였다. 적국의 항공기를 식별하기 위해 전시에 개발된 레이더는 '정보체계'였고, 오늘날 우리가 정보를 수집하고 선별하고 판독하는 방식을 수립했다. 역시 전쟁을 통해 빠른 속도로 개발된 컴퓨터는 이후 정보 개념이 발전하는 토대를 제공해주었다. 폰 노이만은 최초의 전자식 컴퓨터 ENIAC이 단순한 계산기를 넘어 범용 정보처리장치가 될 수 있을 것을 내다보았고 기본적인 컴퓨팅 구조를 수립했다. 이후 오퍼레이션 리서치와 SAGE가 각광을 받으면서 전쟁과 냉전은 급속히 컴퓨터 속으로 들어갔다.

2장에서는 정보 이론과 사이버네틱스 개념의 수립으로 생명에 대한 인식이 크게 바뀌는 과정을 다룬다. 섀넌과 위너는 거의 비슷한 시기에 경쟁적으로 정보 이론과 사이버네틱스 이론을 수립했고, 기계와 생명체 모두를 제어와 커뮤니케이션으로 설명할 수 있다는 사이버네틱스 담론을 공고히했다. 에드워즈는 이것을 '닫힌 세계' 담론이라고 묘사했다. 이 장에서 사이버네틱스를 자세히 다루는 이유는 이후 생명에 대한 인식과 생명공학의 발전과정에서 사이버네틱스가 그 토대를 이루었기 때문이다. 사이버네틱스는 엄격한 이론뿐 아니라 은유와 상징으로 생명 자체를 재기술(再記述)했다. 사이버네틱스는 과학자들뿐 아니라 사회과학자와 인문학자들에게까지 큰 영향을 미쳤고, 이후 루트비히 베르탈란피(Ludwig von Bertalanffy)와 프리초프 카프라(Fritjof Capra)의 체계이론, 움베르토 마투라나(Humberto Maturana)와 프랜시스코 바렐라(Francisco Varela)의 자기조직이론 등으로 발전해나갔다. 그러나 2차 사이버네틱스라고도 불리는 이러한 움직임은 한때 열렬한 지지자들을 얻었지만 이후 지속되지 못했다. 우리나라에서도 카프라의 『현대 물리학과 동양사상(The Tao of Physics)』(1975)이 범양사에서 출간되어 상당한 인기를 얻었지만 뉴에이지(new age) 과학이라는 꼬리표를 떼지 못했다.

3장에서는 생명이 암호풀이로 전환된 과정을 살펴본다. 분자생물학의 출현은 생명에 대한 분자적 관점을 수립했고, 1953년 DNA 이중나선 구조의 발견으로 더 이상 유비나 은유가 아닌 '실체(實體)'로 생명의 본질이 인식될 수 있는 토대가 마련되었다. 실제로 DNA가 생명의 암호를 담고 있는 물질로 발견되는 과정은 에르빈 슈뢰딩거의 『생명이란 무엇인가』가 출간된 이래 이미 예견되었다고 할 수 있다. 생명이 4개의 염기 서열로 해석될 수 있다는 사실은 '정보로서의 생명' 개념이 오랫동안 예비해온 셈이다. 이제 구체적 실체를 획득하면서 생명이 곧 암호(code)이고, 생명에 대한 이해가 암호풀이로 가능할 수 있다는 인식이 확고해지게 되었다.

· 1장 ·

전쟁, 냉전 그리고
'정보' 개념의 등장

늘 그러했듯이 전쟁은 단기간에 과학기술의 발전을 가능케 했고, 당시의 첨단과학을 총동원해서 특정한 목적을 달성하는 데 적용시켰다. 전쟁은 수많은 인명을 살상하고 환경에 엄청난 피해를 초래하지만, 다른 한편으로는 과학을 연구하는 방식이나 생명과 자연을 보는 관점에도 심대한 영향을 미친다.

레이더, 컴퓨터, 그리고 원자폭탄과 같은 사례에서 두드러지듯이 2차 세계대전은 그 어느 때보다도 과학기술의 영향을 많이 받은 과학전의 양상을 띤다. 그러나 2차 세계대전에서 과학이 맡았던 역할을 깊이 이해하기 위해서는, 좀 더 과거에 이루어진 발전과 경향들에 눈길을 돌려야 할 것이다. 양차 대전 사이에 전쟁과학에 참여한 과학자들의 규모 확대(scaling up)도 매우 중요한 영향을 주었다. 그렇지만 좀 더 중요한 영향은 전쟁을 위한 과학조직들이 '탄생해서 더욱 조직적이고 체계적으로 과학과 기술이 전쟁에 '동원'되었다는 점일 것이다. 전쟁에 참여했던 나라들은 연합국이든 추축국이든 모두 과학과 군 사이의 조직적 결합을 강화시켰다. 그리고 이러한 노력은 실제로 상당한 효과를 발휘했다.

독일의 경우, 독일연구위원회(Reich Research Council)는 창립 선언문에서 이렇게 천명했다. "독일 과학에 주어진 위대한 과제들은, 이러한 과제들이 달성되는 데 기여하는 연구분야의 모든 자원이 통합되고 실행될 것을 요구한다."(Agar, 2012: 264에서 재인용)

프랑스에서는 전쟁 준비로 1938년에 국립응용과학연구소(Centre National de la Recherche Scientifique Appliquee)가 설립되었다. 이듬해에 그 명칭에서 'appliquee(응용)'이라는 말이 빠졌고, 이후 국립과학연구소(CNRS)는 프랑스의 가장 중요한 연구기관이 되었다.

영국에서, 연구는 일차적으로 군 관련 부서들과 조율되었다. 해군본부, 육군성, 공군성, 그리고 과학 및 산업연구성 등의 연구위원회들이 그런 부서들이었다. 그리고 여러 자문위원회들이 이러한 조직들을 추가적으로 보완했다. 자문위원회들은 정부에 대한 일상적인 과학 자문을 매개하고 형식화하는 역할을 했다.

미국의 경우에는 1941년에 과학연구개발국(Office of Scientific Research and Development, OSRD)이 설립되었다. OSRD는 민간의 통제하에 있었지만, 엄청난 자금을 군사 연구개발로 돌렸고, 루스벨트 대통령과 직통 회선을 가지고 있었다. 버니바 부시(Vannevar Bush)는 이렇게 회상했다. "나는 그들이 대통령의 비호 아래 조직되지 않으면, 그 빌어먹을 동네[워싱턴]에서 아무것도 할 수 없다는 것을 알고

있었습니다."(Agar, 2012: 265에서 재인용)

특히 양차 세계대전은 과학기술이 전쟁에 전면적으로 결합한 과학화 전쟁으로서 과학기술의 군사화를 일상화시켜 이후 군사적 목적을 염두에 둔 과학기술 연구를 정상적(normal)으로 만들었으며, 전시의 긴급성을 이유로 여러 분야의 과학자들을 징발해서 단기간에 문제 해결을 시도하는 초(超)학제적 연구 관행을 정착시켰다. 〈이미테이션 게임(The Imitation Game)〉이라는 영화로도 만들어졌듯이, 독일군의 암호체계 에니그마를 풀기 위해 앨런 튜링을 비롯한 여러 분야의 학자들이 수행했던 공동 작업, 원자폭탄 제조계획이었던 맨해튼 프로젝트 등이 정부가 주도적으로 여러 분야의 과학자들을 동원해서 비상계획의 양상으로 진행시킨 거대과학이었다면, 사이버네틱스와 '정보로서의 생명' 개념의 등장은 전쟁 이후 냉전 시기에 과학자들 사이에서 내화(內化)된 초학제적 연구 관행의 산물이었다고 볼 수 있다.(김동광, 2017)

이러한 초학제성은 당시 2차 세계대전이 파시즘과 나치즘에서 유럽을 구해낸다는 정의로운 전쟁이라는 이미지를 획득하는 데 성공했다는 점도 크게 작용했다. 과학자들은 당면한 목표를 위한 징발에 대개 기꺼이 동의했고, 자발적으로 연구에 참여했으며, 전쟁으로 열린 새로운 공간과 평화시에는 얻을 수 없는 여러 가지 기회를 적극적으로 활용하기도 했다.

레이더 과학과 '정보체계'

오늘날 우리가 '정보의 시대'를 살고 있다는 말은 너무도 진부하게 여겨진다. 정보는 과학은 물론 정치, 경제, 사회 그리고 문화 거의 모든 영역에서 가장 중요한 무엇으로 여겨진다. 그렇다면 언제부터 정보라는 개념이 지금과 같은 의미로 쓰이고, 그 무엇보다 중요한 대상이 되었을까? 실제로 정보가 오늘날과 같은 의미를 획득하게 된 역사는 그리 오래지 않다.

> 정보는 내가 어릴 적이었던 제2차 세계대전 이전에만 하더라도 별다른 흥미의 대상이 아니었다. 정보는 그저 시시하고 주변적인 것에 불과했었기에 엄청난 경제적 가치를 지닌 첨단기술과는 아무런 관련이 없었으며, 단지 몇몇의 사람들만이 이것을 이론이나 과학의 대상으로 보았을 뿐이다. 정보라는 단어는 "정보를 주세요(Information Please)"라는 문구를 통해 가장 대중적으로 사용되었는데, 이는 전화번호를 안내해주는 411 서비스[3]가 생기기 전, 사람들이 교환수에게 전화번호를 물을 때 사용하는 말이었다.(로작, 2005: 65)

역사학자 시어도어 로작(Theodore Roszak)은 자신의 경험을 토대로 정보라는 말이 과거에는 시시하고 주변적인 개념에 불과했다고

3　우리나라의 114와 같은 역할을 했던 미국의 전화번호 안내 서비스.

말한다. 물론 우리가 육하원칙(六何原則)이라고 흔히 이야기하는 '누가' '무엇을' '언제' 식으로 나오는 물음에 대답하는 내용 정도의 의미는 있었지만, 지금처럼 중요한 과학적·기술적 의미를 갖지는 않았다. 심지어 컴퓨터가 손으로 숫자를 계산하던 사람 계산원을 뜻하던 시절이 지나고 천공기, 빠른 기계식 계산기와 같은 사무기기가 등장한 시기에도 정보는 중요한 의미를 얻지 못했고 대개 말단 사무직원들이 수행하는 일의 수준을 넘어서지 못했다.

지금과 같은 정보 개념이 수립된 시기는 대체로 2차 세계대전과 뒤 이은 냉전 기간이었다. 특히 얼핏 생각하기에는 큰 연관성이 없는 것처럼 보이는 레이더와 레이더 과학의 출현이 정보 개념 수립에 큰 기여를 했다.

적의 공중 공격을 막기 위해 광범위한 정보체계를 구축하려는 시도는 1차 세계대전까지 거슬러 올라간다. 1차 세계대전 당시 독일의 체펠린 비행선이 런던에 폭탄을 떨어뜨리자, 런던은 정보 보고 체계를 조직했다. 이것이 레이더라는 전국적인 정보 보고 시스템의 청사진이었다. 전선에 가까울수록, 항공기들은 정찰과 같은 여러 가지 틈새 역할을 찾아내고 개발했다. 그러나 폭격기와 같은 항공기는 1920년대와 1930년대에 이론과 실제상으로 개발되었다. 이탈리아의 전략가 줄리오 두에(Giulio Douhet)는 『제공권(The Command of the Air)』(1921)이라는 책에서 전선에서 전쟁터에서 적군의 머리 위로 갑자기 날아올라 중심부를 항공 공격으로 강타하는 방법으로 신속한 승리를 거둘 수 있다는 주장을 폈는데, 이 이론은 많은 사람들에게 공감을 얻었다. 1937년 독일의 콘도르 군단의 폭격편대가 바스크 지

방의 게르니카를 쑥대밭으로 만든 사건은 이러한 숙명론을 확증해 주는 것 같았다.(Agar. 2012)

본격적인 레이더는 2차 세계대전이 한창이던 1930년대 중반에 영국에서 개발되었다. 효율적인 도구로서의 레이더는 일차적으로 영국의 발명품이었다. 그 이유는 레이더가 20세기 후반의 과학, 기술, 그리고 산업의 결과물이기 때문이다. 당시 영국은 독일 폭격기의 공세에 시달렸고, 소수의 뛰어난 젊은 과학자들이 통신연구소(Telecommunications Research Establishment, TRE)로 보내졌고, 그곳에서 '무선 방향 탐지(Radio Direction Finding)' 연구에 매진했다. 레이더(radio detecting and ranging)라는 이름은 1940년에 미 해군이 붙인 것이었다. 최초로 설치된 시스템은 보드시 지방에 건설된 21개의 체인 홈(Chain Home, CH)이었다. 그 후 높이가 100미터에 달하는 나무 탑으로 이루어진 체인 홈, 그리고 나중에 저공비행으로 접근하는 독일 폭격기를 탐색하기 위한 체인 홈 로우(Chain Home Low, CHL)가 오크니에서 와이트 섬에 이르는 영국 해안을 거의 커버하게 되었다. 1936년에 레이더는 75마일 떨어진 곳에서 접근하는 항공기를 찾아낼 수 있었다.(Hartcup, 2000)

1935년 2월 26일, 로버트 왓슨-와트(Robert Watson-Watt)는 한 가지 실험을 지휘했다. 그것은 비행기 한 대가 대번트리에 있는 BBC 무선 송출기를 앞뒤로 지나가는 동안, 지상 요원이 산란된 전파를 찾아내서 측정하는 실험이었다. 이 실험은 성공을 거두었으며, 비행기는 8마일 거리에서 탐지되었다. 항공성은 서퍽 해안에 있는 외진 지점인 보드시와 오포드니스라는 곳에 실험 기지를 세웠다. 그후 수년 동안, 대부분 물리학자인, 명석한 젊은 과학자들이 통신연구소로 보내졌고, 그곳에서 '무선 방향 탐지' 연구에 종사했다. 최초의 주 시스템은 1936년에서 1937년 사이에 개발된 체인 홈이었다. 100미터 높이의 나무로 된 탑들이 네트워크를 이루었고, 뒤편에 수신 기지를 갖춘 각각의 탑에는 하늘로 펄스 전파를 쏟아내는 송신기가 달려 있었다. 1937년이 되자, 체인 홈은 100마일 떨어진 곳에서 접근하는 항공기를 탐지할 수 있었다. 이 정도 거리면 전투기들이 긴급 발진해서 적을 차단하기에 충분했다.

레이더 시스템은 새로운 위협이 등장하거나 신기술이 출현해서 적용가능해질 때마다 끊임없이 발전했다. 한 가지 문제는 체인 홈이 부정확했다는 점인데, 그 부분적인 이유는 장파(長波)를 사용했기 때문이었다. 체인 홈은 전투기들을 침입하는 폭격기 근처까지는 이끌 수 있었지만, 곧바로 인도하지는 못했다. 1940년대 중반에 평면위치표시기(Plan Position Indicator), 우리에게 친숙한 레이더의 계기판이 개발되면서 레이더 정보의 시각적 재현이 향상되었다. 이제 지상 레이더 관제사는 폭격기와 전투기의 위치를 눈으로 보면서 전투기들을 적의 폭격기로 인도할 수 있게 되었다. 이 기법은 지상관제요격(Ground Controlled Interception)이라 불렸고, 1941년 초부터 사용되었다. 실제로 이 기법은 조종사와 그의 항공기를 폭넓은 시스템의 일부로 만들었다. 또한 공중요격(Air Interception, AI) 레이더를 전투기에 장착해서 체인 홈이 실패했던 위치 탐지의 마지막 단계를 조종사가 완성시킬 수 있게 하려는 시도도 이루어졌다. 그러나 이 시도는 실패로 돌아갔는데, 그 이유는 AI 레이더 장치가 너무 컸고 항공기에

싣기에 무거웠기 때문이다.

1940년에서 1941년 사이에 향상된 레이더의 기술적 장애는 관련 장비의 크기와 무게, 그리고 레이더에 사용된 전파가 장파라는 한계였다. 파장이 더 짧아지면 레이더의 정확성이 높아지고 장비의 무게가 가벼워질 수 있었지만, 설계자들은 1930년대 시점에서 전자공학의 최첨단에서 연구하고 있었다. 체인 홈의 파장은 10미터 가량이었는데 비해 이상적인 파장은 10센티미터 정도였다. 주로 대학에서 동원되어 산업계의 동료와 군부 후원자들과 밀접한 관계하에서 연구하던 과학자들이 단파(短波)를 만들어내고 조작하는 방법을 찾아내는 결정적 기여를 했다. 노동 분업도 이루어졌는데, 영국과 미국 사이에서 연구와 생산의 분담이 이루어진 것이 가장 중요했다.

잠수함 탐지라는 화급한 요구를 가지고 있던 해군본부도 항공성만큼이나 단파 레이더에 비상한 관심을 가졌다. U-보트가 수면으로 부상하는 짧지만 중요한 순간에 전망탑이나 잠망경이 탐지될 수 있기 때문이다. 따라서 해군본부는 고주파 전파를 만들어낼 수 있도록 연구를 지원했다. 임시로 버밍햄 대학에 파견 근무를 했던 산업체 물리학자 존 랜달(John Randall)과 그의 동료인 해리 부트(Harry Boot)는 이러한 후원의 수혜자들이었다. 1940년 봄, 랜달과 부트는 짧은 파장의 전파를 만들어내는 혁신적으로 새로운 방법을 개발했다. 그들의 '공동 자전관(空洞磁電管)'은 강철에 뚫은 구멍들의 단순한 패턴으로 이루어졌다. 여기에서 공명하는 장(場)들이 짧은 파장을—그들은 그것을 극초단파(microwave)라고 불렀다—생성했다. 이 전자기파의 세기는 전례를 찾을 수 없을 정도였는데, 진공관을 이용한 가장 근접한 경쟁자인 스탠퍼드 대학의 속도변조관(速度變調管)의 9.8센티미터 전파보다 100배나 강했다. 1940년 8월에 통신연구소(Telecommunications Research Establishment)에서 자전관을 이용한 레이더가 잠망경 크기의 물체, 즉 자전거를 추적하는 데 사용되었다. 실험실의 공동자전관을 대량생산하는 임무는 랜달의 고용주였던 제너럴 일렉트릭이 맡았다. 강하고 긴밀했던 군산학(軍産學) 연계가 공동자전관의 성공을 가져온 결정적 요인이었다.

큰 잠재력을 가진 센티미터 레이더 개발은 시간, 돈, 그리고 공학적 기술을 요했고, 임박한 독일 침공의 위협을 받고 있던 1940년대 영국에서는 이 모두가 심각하게 결핍되었다. 1940년 9월, 헨리 티저드(Henry Tizard)는 임무를 띠고 대서양을 건너왔다. 그는 캐번디시 연구소의 핵 과학자 존 콕크로포트(John Cockcroft)와 레이더 과학자 에드워드 G. 보웬(Edward G. Bowen)을 대동했다. 미국이 티저드에게 부여한 임무는 U-보트를 피해 가장 소중한 화물을 두 나라 사이에서 나르는 것이었다. 트렁크 하나에 모두 들어 있던 티저드의 소지품에는 대공(對空) 조준 산정기(算定機) 설계, 중요한 핵반응 계산, 프랭크 화이트의 제트 엔진 계획, 그리고 공동자전관의 설계 등이 포함되었다. 그 미국인들을 알고 있던 콕크로포트는 자전관을 전달하고, 영국 레이더의 그 밖의 측면들에 대해 버니바 부시와 미국 국방연구위원회(NDRC)의 극초단파 위원회 의장이자 이 비밀그룹의 일원이었던 알프레드 루미스(Alfred Lee Loomis)와 논의했다. 미국 기업이 단파장 레이더 모델을 대량생산하기 위해, 즉각 방사 연구소(Rad Lab)가 MIT에 설립되었다. 전쟁이 끝나기 전까지 연구원이 수십 명에서 수천 명으로 늘어나면서, 방사 연구소는 레이더 과학과 기술의 경계를 계속 확장시키고, 점점더 짧은 파장을 (3센티미터) 생성하는 방법을 개발했을 뿐 아니라 대공 정확도를 향상시키기 위해서 대공포 조준과 전략 폭격을 유도하는 장거리 무선 항법 시스템(GEE)까지 개발했다.

1941년 12월 7일 일본이 진주만을 공습한 후 미국이 참전하고 1942년 겨울에 독일군이 스탈린그라드에서 퇴각한 이후, 유럽에서 연합군의 방어가 공세로 전환되면서 독일의 목표를 향한 전략적 폭격이 점차 격렬해졌다. GEE, 오보에, 레베카 등의 무선항법 시스템들이 폭격기를 독일 도시들 상공으로 인도했다. 1943년이 되자 센티미터 레이더 덕분에 연합군 조종사들은 도시의 윤곽을 '볼' 수 있게 되었다. 홈 스위트 홈(H2S) 레이더는 항법사의 눈앞에 식별 가능한 상(像)을 만들어주었다. H2S는 TRE에 파견되었던 대학 소속 물리학자 버나드 로벨(Bernard Lovell)이 제안한 것이었고, 오늘날 음반회사로 잘 알려진 EMI(Electric and Musical Industries) 출신의 재능 있는 전문가 앨런 블룸레인(Alan Blumlein)에 의해 개발되었다. 이번에도 대학-산업-군부의 강력하고 긴밀한 연결이 전쟁의 혁신을 성공으로 이끈 결정적 요인이었다. 해군 용도로 번역된 공대(空對) 해상 레이더(ASV)는 독일의 U-보트에 맞선 대서양 전투에서 연합군의 승리를 이끌어내는 데 주요하게 기여했다. 수뢰(水雷)에 의해 워낙 많은 함선들이 침몰했기 때문에, 레이더를 수뢰 탐지에 활용한 사례는 2차 세계대전에서 기술이 승리의 주역이었다는 가장 강력한 주장을 뒷받침했다.(Agar, 2012: 271-272)

|그림1| 체인 홈

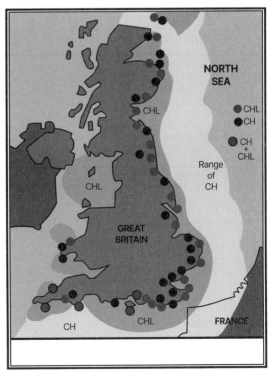

|그림2| 체인 홈(CH)과 체인 홈 로우(CHL)의 영국해안 배치 지도

흔히 레이더는 영국과 미국에만 있었던 것으로 여겨지지만 독일에도 있었다. 독일도 2차 세계대전 기간 동안 전투에 참여했던 다른 나라들과 마찬가지로 레이더를 개발했다. GEMA(Gesellschaft für electroakustische und mechanische Apparate)는 1930년대 말엽에 독일 해군을 위해 조기경보 레이더 '프레야(Freya)'를 개발했다. 그것은 체인 홈 송수신기보다 작은 이동식 버전과 흡사했다. 1940년에는 훨씬 유연한 뷔르츠부르그 레이더 접시가 도입되었다. 프레야는 75마일 거리에서 진입하는 항공기를 식별할 수 있었는데 비해, 뷔르츠부르그는 탐지거리가 짧은 대신 정확도가 높았고 설계가 세련되었다. 대포 조준 레이더, 공중요격 그리고 그 밖의 모든 형태의 레이더들도 개발되었다. 영국과 독일 레이더의 차이는 송신기나 수신기와 같은 장치가 아니라—그 측면에서는 독일의 공학이 더 뛰어났다—정보를 수집하고, 여과하고, 표상하는 시스템에 있었다.(Agar, 2012: 272)

결국 레이더는 포괄적인 '정보체계'였다. 송신기는 무선 빔을 송출하고, 수신기가 그 반향을 수집하지만, 이러한 송신기와 수신기는 레이더의 구성부분들이었고 전체 과정의 시작일 뿐이다. 수신국에서 여과실을 거쳐 작전실로 갈 때까지, 수집된 데이터는 반복적으로 걸러져서 유용한 정보가 분리되고 추출된다. 최종적으로 작전실에서, 이 세계의 대폭 축소된 표상을 조사한 후에, 군사적 결정이 이루어진다. 이 과정에 수많은 기술이 요구된다. 영국의 텔레커뮤니케이션 연구소에서, 물리학자와 공학자들이 무선 송신기와 수신 장치를 고안하고 설계하고, 어떻게 데이터를 축소하고 표상하는지 알아냈다. 군 관계자들과 밀접한 관계를 가지며 연구했던 다른 사람들은 장비를 기존의 군사적 하드웨어들과 일치시키는 작업을 수행했다.

이 시기에 이루어진 중요한 혁신은 정보를 처리하는 정보체계가 구축된 것이었다. 적군의 전폭기가 군사시설과 시가지를 초토화하기 위해 날아오는 급박한 상황에서 레이더를 통해 얻은 단서들을 토대로 신속하고 효과적인 결정을 내리는 데 필요한 쓸 만한 정보를 걸러내기 위해서는 입력되는 첩보를 모으고 그 질을 평가해서, 중앙으로 보내 빠르고 정확한 전술적 결정이 내려져야만 했다. 그런 다음, 그 결정은 구체적인 전술적 메시지로 나뉘어서 전투기, 대공 포대, 방공 기구(氣球) 조작자 등 여러 방어체계에 하달되어야 했다. 그래야만 한정된 방어력을 효율적으로 정렬해서 압도적인 적 폭격기의 위협에 대응할 수 있었다. 따라서 펄스 전파 송신기와 수신기만큼이나 중요했던 것이 '필터 룸(filter rooms)'의 발명이었다. 그곳은 방대한 양의 입력 데이터를 보다 단순하고 명료한 형태로 줄여서 중앙 '연산 룸'으로 보내 정보가 배열되고 결정이 내려지게 하는 장소였다. 1940년 여름 영국 남부에서 제공권을 겨룬 공중전에서 영국에게 결정적 승리를 안겨준 것은 이처럼 총체적인 '정보체계'였다. 실제로 그 용어는 여기에서 비롯되었다.(Agar, 2012: 268-272)

정보와 정보체계 개념이 구체화된 것이 전쟁 기간 동안의 레이더를 통해서였다면, 이후 발전하면서 현대적 의미를 획득한 큰 진전을 이룬 것은 비슷한 시기에 출현했던 컴퓨터 덕분이었다.

폰 노이만과 컴퓨팅 구조

헝가리 출신의 전설적인 천재 수학자 존 폰 노이만은 2차 세계대전 당시는 물론이고 그 이후에도 컴퓨터가 여러 과학 분야에서 핵심적인 도구가 되도록 만든 중요한 인물이었다. 폰 노이만이 컴퓨터의 발전에 미친 영향은 매우 컸다. 그가 최초의 전자식 컴퓨터 ENIAC을 직접 개발한 것은 아니었지만, 당시 대포의 탄도 계산을 위해 사용되던 전자식 컴퓨터가 장차 단순한 계산기가 아니라 '정보처리장치'로 사용될 수 있는 가능성을 일찍이 알아차린 사람은 폰 노이만이었다. 그는 전쟁 기간 동안 수많은 군사 프로젝트의 자문역을 맡아야 했던 바쁜 일정 속에서도 전자식 컴퓨터가 향후 어떤 역할을 수행할 수 있을 것인지에 대한 전망을 머릿속에서 계속 구상하고 있었다. 그는 오늘날 우리에게 너무도 익숙한 입력-연산-출력이라는 컴퓨터의 기본 구조(architecture)를 처음 체계화시켜서, 미국에서는 오랫동안 컴퓨터가 '폰 노이만 기계'라고 불리기도 했다. 그는 이후 개발된 프로그램과 데이터 내장식 컴퓨터인 EDVAC[4]의 설계에 크게 기여했다.

1945년 봄에 폰 노이만은 「EDVAC에 대한 보고서 1차 초안(First Draft of a Report on the EDVAC)」을 작성했다. 이 보고서 초안은 저장형 프로그래밍 개념을 처음 글로 기술한 것일 뿐 아니라 저장형 프로그램 방식의 컴퓨터가 어떻게 정보를 처리할 수 있는지를 설명했다는 점에서 중요한 의미를 가진다. 물론 저장형 프로그램 방식의 컴퓨

4　　Electronic Discrete Variable Automatic Computer의 약자이다.

|그림 3| 폰 노이만과 ENIAC

터 개발에서 폰 노이만이 했던 역할을 둘러싼 논쟁이 있지만, 폰 노이만이 중요한 기여를 했다는 데에는 이론의 여지가 없을 것이다.(어스프레이, 2015: 62)

이 보고서의 목적은 고속의 자동 디지털 컴퓨터 시스템의 구조, 특히 그 논리 제어를 설명하는 것이었다. 폰 노이만이 생각했던 컴퓨팅 장치는 두 개나 세 개의 독립변수를 가진 비선형 편미분방정식이나 그와 비슷한 복잡도를 가진 문제를 풀 수 있을 만큼 강력한 것이었다.

그는 컴퓨터 시스템을 다음과 같은 단위 장치들로 나누어서 구성했다.

· 중앙연산장치—기본 산술연산을 수행하고, 제곱근이나 로그, 삼

각함수, 역함수 등 그보다 상위 함수들을 처리할 수 있는 단위 장치

- 중앙제어장치—작업의 적절한 순서를 제어하고, 개별 단위 장치들이 함께 동작해서 프로그래밍된 특정 작업을 수행하도록 해주는 단위 장치
- 메모리장치—중앙처리장치들에서 이루어지는 연산이나 프로그래밍을 기억하는 단위 장치
- 입력장치—외부 기록매체로부터 중앙처리장치들로 정보를 전달하는 단위 장치
- 출력장치—중앙처리장치들로에서 외부 기록 매체로 정보를 전달하는 단위 장치

그는 저장형 프로그램 방식 컴퓨터의 공학적 설명보다는 논리적 설명을 제공하는 데 관심을 가지고 있었다. 다시 말해서, 컴퓨팅 시스템의 전반적인 구조, 그것이 포함하고 있는 추상적 부분들, 각 부분의 기능들, 그리고 각 부분이 정보를 처리하기 위해 어떻게 서로 상호동작하는지가 주된 관심사였다. 이 시스템을 구현하는 구체적인 재료나 설계는 크게 중요시되지 않았다. 이러한 기능적 명세를 만족시키기만 한다면, 그것이 생물학적 기관이든 기계장치이든 전자적 소자이든 중요하지 않았다.(어스프레이, 2015: 63) 즉, 범용 시스템이었던 셈이다. 이러한 범용(汎用) 개념은 단지 컴퓨터를 계산기로 보지 않고 정보처리장치로 보았던데 그치지 않고, 그 구성원리가 기계나 전산에 그치지 않고 생물과 무생물을 뛰어넘어 모든 구조에 적

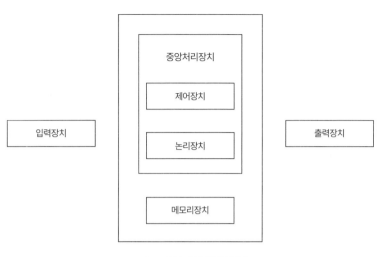

| 그림 4 | 폰 노이만 컴퓨팅 구조

용될 수 있다는 뜻이었다.

폰 노이만이 과학연구를 위한 장비로서 컴퓨터에 대한 전망을 수립하게 된 것도 그가 맡았던 전시 업무 때문이었다. 그는 원자폭탄 제조를 위한 거대과학이었던 맨해튼 프로젝트에도 중요하게 관여했으며, 이후 육군과 해군을 위한 군수 무기 연구에 사용되는 미분 방정식을 풀기 위해 더 강력한 컴퓨터의 필요성을 절감했다. 그는 전쟁이 끝나기 훨씬 전부터 새로운 강력한 컴퓨터들의 가치가 광범위한 분야에 걸친 과학 문제들을 해결하는 데 있다는 것을 간파하고 있었다.(어스프레이, 2015: 17)

한편 폰 노이만은 더 빠른 고성능 컴퓨터를 개발하는 데 많은 비용과 노력을 들여야 할 필요를 정당화하기 위해 복잡한 계산이 필요한 분야들을 적극적으로 개발하기도 했다. 에드워즈는 폰 노이만이 2차 세계대전 과정에서는 원자폭탄 개발 과정에서 몬테카를로 시뮬레이션을 통해서, 그리고 전후에는 기상학(氣象學)과 같은 분야에서 '실제 실험을 고속 계산이 대체할 수 있음'을 보여주려고 노력했다고 말했다.(Edwards, 2010: 114-115) 원자폭탄이나 기상학과 같은 분야는 전통적인 실험이 불가능하기 때문에 실제 실험을 컴퓨터 모형과 시뮬레이션으로 대체할 수밖에 없는 분야였다. 따라서 전쟁이 낳은 산물인 고속 컴퓨터의 적용 분야를 전후에 계속 찾으려는 시도는 컴퓨터 모형과 시뮬레이션을 과학계를 비롯한 전후 세계가 표준적인 과학적 방법으로 간주하도록 설득하는 데 일조했다고 볼 수 있다.

에드워즈는 컴퓨터 개발이 급속하게 이루어진 것이 핵전쟁으로 모든 것이 초토화될 수 있는 가능성이 현실화되면서 복잡한 문제들을 해결하고, 상황을 통제할 수 있는 강력한 도구라는 신념과 은유가 그 바탕에 있었다고 말한다. 컴퓨터가 그런 도구가 되기 위해서는 이 세계가 대규모 시뮬레이션, 시스템 분석, 그리고 중앙통제가 가능한 닫힌 세계라는 가정이 필요했다. 즉, 컴퓨터의 발전과 닫힌 세계라는 가정이 동전의 양면처럼 분리할 수 없다는 것이다. 그는 이러한 담론을 '닫힌 세계 담론(closed world discourse)'이라고 불렀다. 이 과정에서 시스템, 게임, 커뮤니케이션, 정보와 같은 단어들이 널리 확산되었다.

컴퓨터가 연구 프로그램을 이끄는 은유로 채택되는 과학의 사례는 인공지능, 인지심리학, 면역학, 그리고 잘 드러나지 않지만 심오한 방식으로, 유전학을 암호과학으로 재해석하는 과정 등에서까지도 찾아볼 수 있다.

냉전을 집어삼킨 컴퓨터

"데이터는 어디 있나? 내가 컴퓨터에 넣을 무언가를 내놓으라고. 자네가 읊는 시(詩)를 듣고 싶지 않네." 베트남전쟁 막바지에 미국의 패배가 확실시되던 상황에서 당시 국무장관 로버트 맥나마라는 이렇게 말했다.(Edwards, 1996: 127-128)

역사가 에드워즈는 컴퓨터가 냉전의 핵심적인 도구이자 상징이었다고 주장한다. 그는 특히 컴퓨터가 상징체계로 작동해서 당시 사람들의 사고방식 자체를 바꾸어놓았다고 말했다. 여기에는 전쟁 과정에서 에커트와 모클리에 의해 개발되었던 전자식 컴퓨터 ENIAC 이후 컴퓨터 과학에서 이루어진 눈부신 발전이 큰 몫을 했다. 항상 그렇듯이 압도적인 기술력의 등장은 그것을 기반으로 한 새로운 사고방식을 낳는 토대 역할을 해왔고, 컴퓨터과학에서도 마찬가지였다.

전후 MIT의 휠윈드(Whirlwind) 프로젝트는 원래 아날로그 컴퓨터로 계획되었지만, 이후 디지털 방식으로 전환되었다. 그렇지만 제어 시스템의 개발이라는 원래 목표는 그대로 유지되어 반자동식 방공 관제 조직(半自動式防空管制組織, SAGE)의 중심이 되는 전자식 컴퓨터가 되었다.(Edwards, 1996: 75) SAGE는 전국을 포괄하는 컴퓨터-제어 방공 시스템이었으며, 입력되는 레이더 정보가 전투 센터로 전달되고 다시 관제 지시 센터들로 하달되는 방식이었다. SAGE는 최초의 컴퓨터화된 대규모 지휘, 제어, 그리고 커뮤니케이션 시스템이었다.

전략적으로, SAGE의 채택은 군대의 조직과 가치의 변화를 요구했

| 그림 5 | 콘솔 앞에서 SAGE를 작동하고 있는 오퍼레이터.(1959년경) (Bousquet, 2008:86에서 재인용)

다. SAGE는 전쟁의 자동화, 중앙집중화, 컴퓨터화된 제어를 지향했다. SAGE는 그 본질상 인간이 지시를 내리고 명령 완수 방법의 해석 책임을 위임하는 등의 전통적인 군사적 가치들과 배치되었다.(Ager, 2012) 다시 말해서, 전통적으로 일선 지휘관에게 현장 지휘권이 주어져서 전투 상황을 판단하고 통제하는 방식과 달리 컴퓨터를 기반으로 통제와 지휘를 총괄하는 수준을 넘어 컴퓨터에게 많은 것을 위임하는 방식이었다. 이러한 방식은 이후 1960년대에 컴퓨터화된 통제 시스템을 기반으로 최고 지휘관이 전투 상황실(war room)에서 직접 지시를 내리는 전자전의 방식으로 발전하게 된다.

　SAGE가 만들어지는 과정은 기술적이면서 전략적이고, 동시에 정치적이었다. 기술적으로, SAGE는 전자 데이터와 실시간 계산이라는

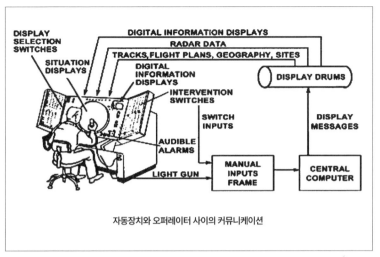

자동장치와 오퍼레이터 사이의 커뮤니케이션

| 그림 6 | SAGE의 인간-기계 사이버네틱 루프. (Bousquet, 2022: 124에서 재인용)

온라인 표상에서 혁신을 요구했다. 당시 존재했던 프로그램 내장식 컴퓨터는 실시간으로 작동하지 않았고, 계산 과제들은 여러 묶음으로 완성되었다. SAGE는 비디오와 그래픽 디스플레이뿐 아니라 데이터 전송과 수신의 새로운 기술 또한 요구했다. 실시간 컴퓨팅과 자기 코어 기억장치가 휠윈드를 위해 개발되었다. 그런데 정작 SAGE는 군사적으로는 제대로 역할을 수행하지 못했다. 프로그램들이 엉키고 결함이 속출했으며, 이 시스템이 완성된 1961년에는 ICBM이 등장해서 사실상 SAGE로는 방호가 불가능한 상황이었다.(Edwards, 1996: 110) SAGE에는 엄청난 자금이 들어갔다. 개발과 배치 및 운용에 들어간 총 비용은 80억 달러에서 120억 달러에 달해서 원자폭탄 제조계획이었던 맨해튼 프로젝트를 훨씬 상회했다.(Bousquet, 2008: 87)

그러나 SAGE 프로젝트는 다른 의미에서 훌륭하게 '작동'했다. 즉, 군사 후원자와 대학 실험실 사이의 상호지향을 확실히 다지는 중요한 단계였다. 공군은 제이 포리스터(Jay Forrester)의 컴퓨터화된 관제라는 비전을 따라 변화했고, MIT는 기능적으로 미공군의 연구개발 부서로 변화했다. 정치적으로, SAGE는 에드워즈의 더 포괄적인 주장을 예증했다. 즉, 컴퓨터가 냉전 시스템들의 중심에서 도구로 쓰였을 뿐 아니라, 자족적인 '닫힌 세계' 속에서 이루어지는 제어라는 은유를 제공하기도 했다. 에드워즈의 말처럼 SAGE는 "단순한 무기체계 이상의 무엇이었으며, 총체적 방어체계의 꿈이자 신화, 은유였으며, 닫힌 세계 담론의 기술이었다."(Edwards, 1996; 111)

이 과정에서 과학은 점차 변화했다. 에드워즈가 주장했듯이 이러한 변화는 이중적 성격을 가진다고 말할 수 있다. 컴퓨터는 과학연구의 혁명적 도구가 되었을 뿐 아니라 새로운 간학문적 프로그램들의 지배적인 은유가 되었다. 도구로서의 컴퓨터의 사례는 전파천문학, X-선 결정학, 기상학, 고에너지 물리학, 그리고 20세기 말이 되기 전까지 모든 과학에서 나타났다.

수학 모델 속으로 들어간 세계, '오퍼레이션 리서치'

전쟁사가들은 걸프전 이래 현대의 전쟁이 마치 컴퓨터 게임과 비슷한 양상을 보여주었다고 지적했다. 전투 사령부는 지하 깊숙한 벙커에서 전쟁 상황을 총괄하는 거대한 상황판을 보면서 야전 지휘관들에게 직접 명령을 하달하고, 병사들에게 장착된 카메라를 통해 실시간으로 전투 상황을 지켜본다. 일반인들도 무인기와 첨단 전폭기의 카메라를 통해 마치 비디오 게임을 관전하듯 폭격과 전투 상황을

'관람'하기에 이르렀다. 그러나 전쟁에 대한 이러한 관점의 변화는 훨씬 오래된 역사를 가지고 있다.

인간의 한계를 극복하고 컴퓨터를 통해 보다 효율적으로 전쟁을 수행할 수 있다는 생각은 2차 세계대전과 냉전 시기에 이미 그 토대가 마련되었다. 오퍼레이션 리서치(operational research)가 바로 그것이었다. 오퍼레이션 리서치는 전시에 적의 위치, 전투의 양상, 효율성, 레이더와 공중 수색에서 나온 정보를 걸러내서 그것을 토대로 대응전략을 추구하는 방식이었다. 따라서 걸러진 정보들을 기초로 이 세계를 축도(縮圖)로 놓고 전략을 수립한다는 점에서 레이더 과학의 연장선이라고도 볼 수 있다. 오퍼레이션 리서치는 오퍼레이션 룸에서 나온 정보의 산물들을 검토했다. 적의 위치, 전투의 패턴과 효율성, 레이더와 공중 수색에서 나온 정보를 이 시스템에서 걸러낸 정보 등이 그것이었다. 오퍼레이션 리서치는 신호, 항적도, 전투 보고 등 전쟁의 축도에 해당하는 과학이었다. 고성능 컴퓨터는 이 모든 정보를 종합해서 한정된 전투력과 자원을 가장 효율적으로 배치하고 전개하는 작전이 무엇인지 알려준다.

최초의 오퍼레이션 리서치는 2차 세계대전 당시 맹위를 떨쳤던 독일의 잠수함 U-보트에 대한 대응 전략을 마련하는 과정에서 이루어졌다. U-보트들은 연합군의 수송선단에 막대한 피해를 입혔기 때문에 미국과 영국의 과학자들은 U-보트의 잠수 패턴과 연합군의 항공 정찰 패턴을 분석했다. 그들은 수학적 기법을 이용해서 항공기들의 최적 정찰 패턴, 수송단과 호송 전함의 최적 크기와 패턴, 기뢰의 배치 등을 계산했다. 그 결과 연합군이 격침시킨 U-보트의 숫자가 3

| 그림 7 | 캐나다 핼리폭스 항에서 체계적인 대형을 이룬 호송단(1942년 4월 1일)

배로 늘어났다.(Edwards, 1996; 115) 한정된 전력을 가장 효율적으로 배치함으로써 오퍼레이션 리서치는 새로운 과학적 기법으로 각광을 받게 되었다.

대규모 호송선단을 구축하는 이유는 수송선들이 흩어져서 항해를 하는 것보다 수십척의 수송선이 선단(船團)을 이루어서 밀집 대형을 형성하는 쪽이 U-보트의 공격에 더 안전하기 때문이다. 수송선을 호위하는 전함의 숫자도 개별 수송선을 호위하는 경우보다 줄어들 수 있다는 점에서 피해를 줄이고 한정된 자원을 통해 최대한의 호송 효과를 노리기 위해 선단의 규모와 형태, 호송 전함의 숫자 등을 계산해서 호송 체계(convoy system)를 구축했다.

독일과 맞서고 있던 영국은 많은 물자를 필요로 했다. 탱크, 여러 종류의 차량, 연료, 무기, 목재, 산업 생산을 위한 원료 물질 등이 모두 미국과 캐나다에서 대서양을 통해 이동할 수밖에 없었다. 선박이 빠를수록 독일의 U-보트의 공격에서 안전할 수 있다. 그러나 호송선단은 선단에 포함된 가장 느린 선박보다 빠른 속도를 낼 수 없다. 오래된 선박은 선단에서 뒤처지지 않게 다른 선박들을 따라잡느라 전속력을 내야 한다. 그렇지만 약간의 기계적 문제만 있어도 선단을 벗어나게 되고, 적의 잠수함의 손쉬운 표적이 될 수밖에 없다. 1942년 4월 1일 캐나다의 핼리팩스 항구에서 구성된 대규모 수송단은 이 문제를 해결하기 위해서 두 가지 속력으로 선단을 구성했다. 약 40척의 선박이 격자를 형성해서 위치를 잡았다. 920미터 간격으로 9개의 줄을 이루었고, 각각의 줄에는 5척의 선박이 550미터 간격으로 배열되었다. 가스, 연료, 폭발물과 같은 위험물을 실은 선박들은 적의 어뢰 공격을 가능한 한 피하기 위해 가운데에 위치했다. 대개 퇴역한 해군 장성이 맡는 호송 전단의 제독은 상선 중 하나에 승선해서 호송을 위해 필요한 조치가 무엇인지 파악하고 호송대에 합류한 초계함과 구축함들을 지휘했다.

'엘리펀트 워크(Elephant walk)'라 불리는 공군의 활주로와 군용기 운영 계획도 오퍼레이션 리서치의 사례이다. 2차 세계대전 당시 제한된 활주로에서 많은 전투기나 수송기들을 짧은 시간 동안 이륙시키거나 착륙시킬 때 항공기 사이의 거리를 어떻게 유지해야 할 것인가가 중요한 문제였다. 활주로와 군용기라는 제한적 자원을 이용한 최적화가 그 목표였다.

| 그림 8 | 2012년 군산공군기지에서 엘리펀트 워크 훈련을 하고 있는 미국과 한국 공군의 F16 팔콘 전투기들

　　오퍼레이션 리서치의 효용성을 주장하는 학자들은 독일이 오퍼레이션 리서치 개념을 알지 못해서 전쟁에 중요한 자원을 적재적소에 투여하지 못해서 패했다고 분석하기도 한다. V-2 로켓에 전쟁의 승패를 걸고 너무 많은 자원을 할당해서 스스로 패전을 자초했다는 것이다.

　　그 후 오퍼레이션 리서치 실무팀은 영국의 모든 군사 지휘체계에 배속되었다. 연안방위대의 오퍼레이션 리서치 부서는 전형적인 초학제적 구성으로 3명의 물리학자, 1명의 물리 화학자, 3명의 레이더 공학자, 4명의 수학자, 2명의 천문학자, 그리고 8명의 생리학자와 생물학자로 이루어졌다. 호송대의 규모, 폭뢰를 폭발시키는 깊이나 대U-보트 항공기의 비행과 비교해서 호송대를 유지하는 데 소요되는 상대적인 일수(日數) 등의 변수를 조정하는 방법을 통해 작전의 효율성은 서서히 향상되었다. 세실 고든은 연안방위대를 '마치 초파리…

군집처럼' 다루면서 효율적인 노동력 관리의 부족이 U-보트에 대항하는 전쟁의 병목이었음을 입증했고, 버날은 방공호의 효율성을 분석했다. 이러한 향상이 전파되면서, 오퍼레이션 리서치는 미군 전체로 확산되었다. 전쟁과 냉전은 이러한 방식으로 물리과학의 패턴, 나아가 전후 과학의 패턴을 고착화시켰다.(Agar, 2012)

전쟁이 끝나고 냉전이 시작된 이후 공군은 냉전 과학에서 중요한 행위자가 되었다. 2차 세계대전 당시에 레이더와 SAGE를 이어 냉전 시기에도 중앙집중화된 지시-통제(command-control) 시스템을 구축할 수 있다는 전망을 수립했고, 상당 부분 실행에 옮겼다. 특히 공군의 싱크 탱크로 1946년에 설립된 랜드 연구소(Rand Corporation,[5] 이후 RAND)는 자연과학자, 사회과학자, 수학자들이 함께 모여서 한층 발전된 컴퓨터 네트워크를 기반으로 언제 날아올지 모르는 적의 핵미사일을 방어할 수 있는 시스템을 개발하기 위해 노력했다. RAND는 전성기에 무려 2천 명이 넘는 직원들이 근무할 정도였으며, 가장 큰 기여는 구체적인 전략 전술보다는 군사 전략에 대한 시스템 철학, 즉 전쟁에 대한 사고방식을 제시했다는 점이라고 할 수 있다.

에드워즈는 RAND가 전쟁에 대한 관점 자체를 바꾸었다고 보았다. 그것은 철저한 수학적 분석을 통해 비용과 이익을 계산하는 비용편익, 전쟁을 일종의 게임으로 보는 '게임이론(game theory)', 실제 데이터에 기반하지 않는 분석을 수행하는 시스템 분석(system analysis)

---

5   RAND는 Research and Development의 머리글자이다.

과 시뮬레이션 기법 등이 대거 전쟁의 기획에 들어오게 되었다는 것이다. 그리고 이러한 기법들은 수학과 컴퓨터에 크게 의존한다는 공통점을 가졌다.

초기의 오퍼레이션 리서치와 이후 등장한 시스템 분석의 차이점을 개략적으로 요약하자면 2차 세계대전 과정의 오페레이션 리서치가 실제 레이더 등의 관찰을 통해 얻은 데이터를 기반으로 한 최적값을 구하고 적의 움직임의 패턴을 찾는 작업이었다면, 냉전 시기 시스템 분석은 사실상 실제 데이터가 없는 상황에서 작전을 수립해야 했다는 것이다. 그것은 냉전 시기의 특징이 실제 적의 잠수함이나 전투기가 오가는 재래식 열전(熱戰) 상황보다는 핵탄두를 실은 전폭기나 대륙간 탄도탄이 날아오는 가상 상황을 가정하기 때문이었다. 이러한 유형의 전쟁은 지금까지 한 번도 경험해본 적이 없었다. 따라서 게임이론과 시뮬레이션과 같은 접근이 유일한 방법인 셈이었다.

2차 세계대전 당시 군과 정치권에 가장 중요한 자문역할을 했던 천재적 수학자 폰 노이만과 경제학자 오스카 모르겐슈테른(Oskar Morgenstern)이 창안한 게임이론은 '죄수의 딜레마'로 잘 알려진 일종의 '제로섬(zero-sum)' 게임이다. 사람들이 흔히 즐기는 화투나 포커 게임에서 잘 나타나듯이 상대의 실패는 나의 성공인 셈이다. 여기에서 경기자들은 합리적인 의사결정을 통해 이기기 위해 최선의 노력을 기울이는 것으로 가정된다. 실제로 RAND는 1960년대까지 레이더 탐색과 예측, 미사일 방어와 전개, 대(對) 잠수함전 등에 폭넓게 적용시켰다.(Edwards, 1996; 117)

시스템 분석과 시뮬레이션 기법이 중요한 역할을 하게 된 것도 전

| 그림 9 | SF 영화 〈닥터 스트레인지러브〉에 등장한 '워 룸' 위쪽에 핵탄두를
실은 전폭기들의 발진 상황이 보인다.

| 그림 10 | 1964년의 실제 미국 공군의 '워 룸' 모습

면적인 핵전쟁이나 상호확증파괴와 같은 상황이 실제로는 한 번도
일어난 적이 없기 때문이다. 냉전 시기의 상황을 잘 묘사한 〈페일 세
이프〉[6]나 〈닥터 스트레인지러브〉와 같은 영화에서 잘 표현되었듯이,

---

6   〈Fail Safe〉는 1964년 시드니 루멧 감독이 만든 영화로 우리나라에는 '핵전략사령부'
라는 제목으로 소개되었다.

1962년 쿠바 사태를 정점으로 미소로 대표되는 냉전의 양 진영이 핵 군비경쟁을 계속하는 상황에서 핵전쟁은 일촉즉발의 상황이었지만 미국이나 소련 모두 한 번도 이런 종류의 상황을 겪은 적이 없었다. 이러한 전쟁은 단 한 번 일어나거나 아니면 영원히 일어나지 않거나 둘 중 하나이다. 따라서 상호확증파괴의 핵전쟁 전략은 존재하지 않는 데이터를 기반으로 한 게임이론, 시스템 분석, 그리고 시뮬레이션을 통해서만 수립가능했다. 핵전쟁은 시뮬레이션, 게임, 컴퓨터 모형으로만 존재했다. 그것은 그 이후 스타워즈 프로그램을 둘러싼 논쟁에서도 마찬가지이다.

2차 세계대전 당시 수학과 수학자들의 역할과 비중이 높아진 것은 이러한 '냉전 합리성'이 수학적 모델에 크게 의존했기 때문이다. 폴 에릭슨을 비롯한 저자들은 『이성이 어떻게 거의 정신을 잃었는가(How Reason Almost Lost Its Mind)』에서 게임이론, 핵전략, 오퍼레이션 리서치, 시스템 분석, 합리적 선택 이론 등이 냉전 시대의 중요한 요소들이었다고 말한다.(Erickson et al, 2013: 4) 또한 당시 비약적으로 발전한 컴퓨터의 계산 능력 또한 이러한 수학적 모델링이 신뢰를 얻을 수 있는 중요한 기반을 제공해주었다. 사실 1950년대에 걸쳐 이루어진 컴퓨터 기술과 컴퓨터 과학의 비약적 발전에는 RAND가 중요하게 기여했다. 그런 면에서 냉전과 컴퓨터 과학, 그리고 IBM과 같은 컴퓨터 업체들은 긴밀한 상생 관계를 이루고 있었다. 시뮬레이션과 컴퓨터 모델링의 정확도를 높이려면 더 빠르고 신뢰도 높은 컴퓨터가 필요했기 때문이다.

RAND의 과학자들은 자신들이 만들어놓은 닫힌 세계 안에 거주하면서, 그 속에서 모든 것을 계산하고 판단할 수 있다고 믿었다. 에드워즈는 냉전이 사실상 상당한 정도까지 이러한 시뮬레이션을 통해 수행되었다고 말한다. 그리고 그것이 가능할 수 있었던 것은 이들 기술뿐 아니라 시뮬레이션과 모형으로 구축한 '닫힌 세계'가 실제 세계와 같다는 '담론'이 끊임없이 생산되기 때문이었다. 이 담론을 통해서만 우리는 냉전을 이해할 수 있으며, 기술, 전략, 그리고 문화를 한데 엮어준다.(Edwards, 1996; 120)

냉전을 닫힌 세계라는 담론체계로 이해하는 에드워즈의 접근방식은 같은 담론이 생명에 대한 이해에서 어떤 식으로 확산되는가를 살펴보는 데 많은 도움을 준다. 이러한 담론체계는 다음 장에서 살펴보게 될 생명을 암호체계로 이해하려는 접근방식에까지 확장되었다.

군(軍)에서 처음 수립된 시스템 개념

한편 '유기체로서의 시스템(systems as organism)'이라는 개념이 수립된 것도 냉전 시기였다. 왓슨과 크릭의 이중나선 구조 발견이 있기 3년 전에 미(美) 공군 참모총장의 과학자문단에 「공군방어체계 공학 위원회 경과 보고서(Progress Report of the Air Defence Systems Engineering Committee, 1950)」가 제출되었다. 이 보고서는 현대의 전문적 용례로 시스템을 정의한 최초의 사례였으며, 동시에 '사이보그(cyborg)'라는 말에 대해서도 처음으로 원형적(原型的) 정의를 내렸다.

공군방어체계(Air Defence System, ADS)는 웹스터 사전에 나오는 여러 종류의 시스템과 여러 가지 면에서 공통점을 가지고 있다. 그러나 ADS는 특별한 범주에 속한다. 그것은 유기체라는 범주이다. 웹스터 사전에 의거하면, 유기체라는 말은 '각 부분의 기능과 서로 다른 부분들과의 관계가 전체와의 관계에 의해 지배되도록 구성된 서로 다른 부분들로 이루어진 구조'를 뜻한다. 여기에서 강조점은 패턴이나 배열뿐 아니라 공군 방어 시스템이 원하는 속성인 기능(function)에 의해 결정된다는 점이다.

> 따라서 공군 방어 시스템은 유기체이다. (중략) 그렇다면 유기체란 무엇인가? 거기에는 세 가지 종류가 있다. 첫째, 사람을 비롯한 동물과 그 집단들을 포함하는 생물 유기체, 둘째 ADS처럼 무생물 장치들을 포함하는 부분적인 생물 유기체, 그리고 세 번째는 자판기와 같은 무생물 유기체이다. 이 세 가지 유기체들은 모두 공통적인 요소를 가진다. 감각을 담당하는 구성요소, 의사소통 장치, 데이터 분석 장치, 판단을 내리는 중앙 장치, 행동을 지시하는 지시자, 그리고 명령을 이행하는 실행기 또는 실행 기구가 그것이다.
>
> 유기체는 발달이나 성장하는 힘도 가진다. … 나아가 그들은 물질을 공급받아야 한다. … 거의 모든 유기체들은 외부세계뿐 아니라 자신의 활동도 감지할 수 있다. … 유기체의 기능은 일반적으로 정해진 목적을 달성하기 위해 다른 유기체들의 행동과 상호작용하고 그것을 바꾸는 것이다.[7]

이 보고서에서 시스템의 중심적인 특징은 기능, 조정, 상호의존성,

그리고 목적이다. 이러한 특징은 생물에서 잘 드러나는 것들이다. 그리고 순환적 피드백(circular feedback)은 이러한 특징들을 아우르는 모형을 제공해주었다. 순환 시스템이 그 중심에 해당하는 시스템과 유기체의 유사성은 사이버네틱스가 출현하는 데 핵심적인 역할을 했다.

초(超)학제적 연구 관행의 수립과 과학연구의 군사화

다른 한편, 초학제적 연구방식도 전쟁과 냉전 시기에 이루어진 과학지식 생산의 특징적인 방식이었다. 물리학, 생물학, 화학 등 전통적인 학문 분야들(discipline)은 전문화와 세분화를 거치면서 독자적인 인식론, 즉 자연을 보는 관점과 연구 방법론을 갖기 때문에 같이 모여서 논의하는 경우는 드물었다.

이러한 초학제적 연구방식은 연구자들 사이의 자연스러운 교류나 소통 방식으로 나타난 것이 아니라 전쟁이라는 비상한 상황에서 주로 국가에 의해 과학자와 전문지식이 동원되고 징발되는 과정에서 빚어졌다는 특성을 가진다. 이것은 2차 세계대전 이후의 과학 연구방식으로 흔히 거론되는 거대과학(big science)의 특징과 여러 가지 점에서 궤를 같이 한다고 볼 수 있다. 거대과학은 연구주제나 방식, 그리고 목적 등을 대체로 과학자 개인이나 과학자 사회(scientific

---

7　　Progress Report of the Air Defence Systems Engineering Committee(1950). Evelyn Fox Keller, 1995, Refiguring Life, Columbia University Press. pp.90-91에서 재인용.

community)가 결정하고 주도하던 전통적인 방식에서 벗어나 국가, 특히 군부가 주도하게 되었다는 점에서 이전 시대의 연구방식과 큰 차이를 빚는다. 최초의 전자식 컴퓨터인 ENIAC, 원자폭탄 제조계획 이었던 맨해튼 프로젝트, 그리고 냉전 시기에 미소의 우주개발 경쟁 이 빚어낸 아폴로 계획 등이 그 전형적인 사례에 해당했다.(Barry and Born, 2013)

여기에는 나치의 박해를 피해 독일, 오스트리아, 헝가리 등 여러 나라를 탈출한 망명 과학자들, 특히 물리학자들이 상대적으로 연구 환경이 좋은 미국으로 모이게 된 역사적 맥락도 작용했다.

마이클 기본스(Michael Gibbons), 헬가 노보트니(Helga Nowotny), 그리고 동료 사회학자들은 20세기의 마지막 수십 년 동안 과학이 생성되는 방식에 변화가 일어났다고 말한다. 첫째, 그들이 '모드 1(mode 1)'이라고 부른 전(前) 단계에서, 과학이 풀어야 할 문제는 학계에서 주어졌고, 학문 분과 내에서 해결되었으며(위계적인 학문 제도들 속에서 이루어진 연구에 의해), 자율적인 과학의 규범과 절차에(동료 심사와 같은) 의해 관리되었다. 그러나 그후 과학은 점차 두 번째 방식, 즉 '모드 2'에 의해 이루어졌다. 이 방식에서 문제는 학계에 의해 통제되지 않는 적용의 맥락에서 설정되며, 일반적으로 학계 바깥의 다양한 분야에 종사하는 전문가들로 이루어진, 흔히 일시적인 초학제적 조합에 의해 해결되며 사회적·정치적, 그리고 상업적 이해관계에 호소하기 위해 자율성을 포기한다.(Agar, 2012: 434)

냉전 합리성은 이러한 거대과학의 특성을 공유하면서, 거기에 과학연구의 '군사화(軍事化, militarization)'라는 편향을 더한다. 전쟁 시기는 당연히 모든 연구가 당면한 전쟁에서 승리한다는 급박한 요구를 위해 수렴하게 되었고, 따라서 초학제적 연구는 전쟁에서 승리를 거두기 위해 과학자와 과학 지식, 그리고 다른 분야의 전문성 등 가용한 모든 자원을 징발하고, 전시 경제하에서 평시에는 상상하기 어려운 많은 비용을 한꺼번에 쏟아부어 시급한 목표를 달성하려는 특성을 나타낸다. 즉, 모드 2의 지식 추구, 지식 성격의 프래그머티즘, 해당 지식이 미칠 수 있는 영향이나 파급력에 대한 고찰의 여유가 없는 즉각적 적용(원자폭탄, DDT), 지식 생산에 들어가는 비용이나 그 비용을 다른 영역에 투자했을 때 얻을 수 있는 기회비용에 대한 성찰이나 실제 효용성에 대한 고려 없이 이루어지는 연구들, 예를 들어 아폴로 계획, 인간유전체계획 등이 이루어졌다.

2장

정보 이론과 사이버네틱스

2차 세계대전에서 미국이 승리를 거둔 중요한 요인 중 하나는 과학기술에서 추축국들보다 우위를 누렸다는 점이었다. 짧은 기간 동안 원자폭탄 제조에 성공한 것은 과학뿐 아니라 공학적으로도 큰 업적이었고, 비록 전쟁이 끝난 후인 1946년에 완성되었지만 전자식 컴퓨터 ENIAC도 미국이 거둔 또 하나의 개가였다. 승전국이 된 미국에서는 전쟁 이후 과학기술에 대한 낙관적 전망이 팽배했고, 과학과 기술의 적용으로 중요한 문제를 해결할 수 있다는 믿음이 높아졌다.

전쟁과 냉전 시기에 정보 이론과 사이버네틱스가 세상을 해석하는 중요한 도구로 등장하게 된 것도 같은 맥락이었다.

역사적으로 수학자들이 전쟁의 참모이자 지략가로 가장 중요한 역할을 했던 시기가 2차 세계대전이었을 것이다. 미국의 경우 수학자들은 대통령의 지근거리에서 중요한 의사결정을 내릴 때마다 영향력 있는 자문역을 도맡았다. 그 정도로 수학이 중요한 역할을 하게 된 이유는 근대세계에서 수학의 중요성이 점차 높아졌기 때문이라고도 볼 수 있다. 뉴턴 이래 근대과학이 수립되는 과정 자체가 자연의 수학화로 특징지을 수 있고, 과학혁명이 곧 수량화혁명이었기 때문이다. 그렇지만 폰 노이만과 같은 수학자들이 대통령과 독대를 하면서 전쟁과 연관된 중요한 정책 수립에 조언을 하고, 숱한 위원회에서 자문역을 맡으면서 실질적으로 전쟁의 향배에까지 영향을 미치게 된 것은 앞장에서 서술했듯이 강력한 컴퓨터를 도구로 삼아 수학 모형으로 전쟁을 모델화하고, 오퍼레이션 리서치로 계획을 세워서 수학을 통해 전쟁의 승리를 가져올 수 있다는 강한 믿음이 확산되었기 때문이다. 그 덕분에 폰 노이만은 정치와 군사 지도자들에게 삼국지의 제갈공명보다도 훨씬 강한 영향력을 미쳤고, 그의 머릿속에는 너무도 많은 일급 기밀들이 들어 있어서 1957년 미국의 한 군(軍) 병원에서 맞은 임종 자리까지 국방장관과 각 군 참모총장 등이 마지막 조언을 들으려 모였고, 그가 정신이 혼미해진 틈에 혹여 군사기밀을 누설할까 두려워하던 군인과 경찰의 철통 경비 속에서 세상을 떠났다.

냉전 시기에 이루어진 중요한 진전은 정보 이론과 사이버네틱스의 수립이었다. 이미 전쟁기에 그 토대가 형성된 정보 피드백, 자기-조절(self-regulation), 항상성과 같은 개념들과 함께 사이버네틱스는 유기체, 기계, 그리고 조직을 모두 일종의 닫힌 체계로 인식했다. 그 체계는 정보의 연속적인 순환적 흐름을 통해 환경 속에서 작동하는 것으로 가정되었다. 불확실하고 위태로운 냉전의 맥락에서 새로운 정보 커뮤니케이션 기술이라는 뗏목 위에 올라탄 이러한 개념틀은 당시 더 높은 예측 가능성과 통제력을 갈구했던 냉전 정치가와 군인들의 열망과 더할 나위 없이 완벽하게 궁합을 이루었다.(Bousquet, 2008: 82)

클로드 섀넌과 정보 이론

수학자 클로드 섀넌은 1948년에 「커뮤니케이션의 수학적 이론(Mathematical Theory of Communication)」을 출간했다. 이 논문에서 그는 전화, 라디오, TV, 전신과 같은 통신장치들이 필수적인 요소들을 공유한다는 것을 밝혔다. 그의 연구 이전에도 전선에 전자가 흐른다는 사실은 알려져 있었지만, 그의 독창적인 측면은 이러한 전자들이 표상하는 개념이 객관적으로 측정되고 조작이 가능하다는 것을 입증했다는 것이었다.

1939년 벨 연구소에서 일하던 당시 섀넌은 버니바 부시에게 보내는 편지에서 "저는 시간날 때면 소식을 전하는 일반적인 체계의 근본적인 속성들을 분석하고 있습니다."라고 썼다.((글릭, 2017; 21) 당시까지만 해도 정보보다는 소식, 또는 첩보(intelligence)라는 포괄적이고 두루뭉술한 의미를 가진 말이 널리 사용되고 있었다. 이후 몇몇 엔지니어들, 특히 벨 연구소의 공학자들이 '정보(information)'라는 말을 사용하기 시작했다. 그것은 정보의 양을 측정하고, 기술적인 관점에서 규정할 명확한 개념이 필요했기 때문이다.

섀넌은 MIT에서 경력을 쌓은 수학자였다. 벨 연구소에서 그가 맡았던 음성 암호화 시스템 향상 임무, 즉 프로젝트 X는 그것이 디지털이었기 때문에 새로웠다. 단지 음성 메시지를 왜곡시켜서 감청을 훼방하는 데에 그치지 않고, 이 시스템은 음성을 디지털화해서 디지털 키와 섞으려고 시도했다. 그는 이 시스템에서 달성한 향상을 '비밀 시스템의 커뮤니케이션 이론'이라는 비밀보고서에서 밝혔다. 비밀 취급 분야 이외의 외부 독자들에게, 이 개념은 좀 더 추상적인 '커뮤니케이션의 수학 이론'이었고 전후에 정보과학의 기초가 되었다.(Agar 2012)

제임스 글릭(James Gleick)은 이렇게 말했다.

> 정보가 과학적 개념이 되기 위해서는 특별한 어떤 것을 뜻해야 했다. 3세기 전에 물리학이라는 새로운 학문이 진전을 이룰 수 있었던 것도 뉴턴이 '힘', '질량', '운동', '시간'과 같은 낡고 모호한 단어들에 새로운 의미를 부여했기 때문이었다. 뉴턴은 이 용어들을 수량화했고(즉, 양적 개념으로 만들었고), 수학공식에 쓸 수 있게 만들었다. 즉, 그때까지 운동(motion)이라는 단어는 정보처럼 유연하고 포괄적인 의미를 지니고 있었다. 아리스토텔레스 학파에게 운동이란 복숭아의 숙성, 돌의 낙하, 아이의 성장, 몸의 노화와 같은 폭넓은 현상들을 가리키는 단어였다. 이처럼 운동의 의미가 너무 많았기 때문에 뉴턴은 자신의 법칙을 적용하고 과학혁명을 이루기 위해서 그중 많은 의미를 버려야 했다. 마찬가지로 19세기에는 '에너지'가 비슷한 변환을 겪기 시작했다. 자연철학자들은 활력이나 강도를 뜻하는 말로 에너지라는 단어를 썼다. 이들은 에너지를 수학적으로 연구했으며, 기본적으로 자연을 파악하는 물리학적

시각에서 에너지를 보았다.(글릭, 2017; 22)

따라서 정보라는 개념의 탄생 과정은 당시 그보다 느슨했던 많은 개념들과 다른 무엇을 필요로 했던 전환(transition) 또는 변화(shift)가 있었기 때문이라고 볼 수 있다. 이러한 전환은 새로운 개념의 탄생이나 기존 개념의 의미 변화를 수반한다. 가령 시간이나 공간과 같은 개념도 뉴턴의 역학적 관점에서 규정되는 의미와 상대성이론이나 양자역학에서 가지는 의미가 다른 것과 마찬가지이다. 여기에서 중요하게 제기되는 것이 측정 가능성, 즉 '양화(量化)'이다. 이것은 수학적 계산이나 경제적 셈을 위한 필수적인 변환 과정에 해당한다. 근대과학에서 측정 가능성은 곧바로 조작 가능성으로 번역될 수 있는 중요한 토대이다. 그리고 이러한 작업을 처음 했던 사람이 섀넌이었다.

역사학자 릴리 케이에 따르면 '정보'라는 말은 그 기원이 14세기까지 거슬러 올라가지만 2차 세계대전을 거치면서 큰 변화를 겪게 되었다. 정보론과 사이버네틱스를 통해서 정보라는 개념 자체가 역사상 처음으로 물리적 변수이자 수학적으로 정의된 개념으로 바뀐 것이다. 정보 개념이 의미론적(semantic) 측면을 잃고 오로지 구문론적(syntactic) 맥락으로 국한되면서 '양화'와 과학적 연구가 쉬워진 것이다. 이제 정보는 주체나 그 내용으로부터 분리되어서, "임의적으로 수집된 문자들과 셰익스피어의 소네트가 같은 정보 내용으로 다루어질 수 있게 되었다."(Kay, 1998)

정보의 기본 단위인 'bit' 개념을 정립한 섀넌은 「커뮤니케이션의 수학적 이론」(1948)에서 정보에 대한 수학적 접근의 기초를 닦았다. 그는 정보라는 테크니컬한 개념이 의미와 혼동되어서는 안 된다고 주의를 촉구했다. 이 책에서 그는 정보가 내용이나 주체와 완전히 분리될 수 있다는 생각을 제기했다. 모든 정보가 비트, 즉 이진 숫자(binary digit)로 환원될 수 있다는 생각은 이후 생명을 모든 맥락으로부터 벗어날 수 있는 '벌거벗은 정보', 즉 일종의 암호로 나타내고 쓸 수 있다는 생각이 나올 수 있는 토대를 제공했다. 섀넌은 정보의 전달에서 의미는 아무런 관계도 없다고 주장했다.(Soni & Goodman, 2017) 위너의 사이버네틱스 개념은 정보와 커뮤니케이션 개념을 이러한 방향으로 진일보시켰다.

섀넌은 논문에서 커뮤니케이션의 근본적인 문제가 선택된 메시지를 한 지점에서 다른 지점으로 정확하거나 그에 가깝게 재생하는 것이라고 정의했고, 메시지가 종종 의미를 갖지만 커뮤니케이션의 의미론적 측면은 공학적 문제와 무관하다고 분명하게 밝혔다. 그는 논문 첫머리에서 자신이 제기하는 정보 개념이 첩보라는 모호한 개념과 다르며 의미가 무시될 수 있다는 점을 강조했다.(Shannon, 1949)

그의 논문에 나오는 그림 11에서 정보원은 메시지를 생산하고, 송신자는 메시지를 신호로 전송될 수 있도록 암호화한다. 채널은 신호가 전달되는 매체이며, 잡음원은 전송되는 신호를 왜곡시키거나 변질시키는 원천에 해당한다. 수신자는 송신자가 했던 작업의 역의 과정을 거쳐서 신호로부터 메시지를 재구성하며, 도착지(destination)는 그 메시지가 최종적으로 향하는 사람이나 사물을 뜻한다. 섀넌이 이 그림에 '일반 커뮤니케이션 시스템(general communication system)'이라는 설명을 붙여놓은 것은 그가 이러한 정보 전달 체계를 보편적

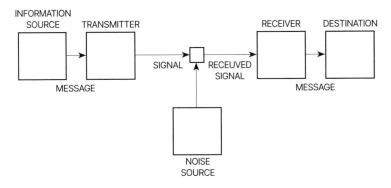

| 그림 11 | 클로드 섀넌이 그의 논문에서 제기했던 일반 커뮤니케이션 시스템(Shannon, 1949) Information Source;메시지 생산, Transmitter; 신호로 전송 가능한 형태로 메시지를 부호화, Noise Source; 수신기로 가는 신호에 손상하는 왜곡을 가하는 원천, Receiver; 송신기의 동작을 역전해서 메시지 해독, Destination; 메시지 수신자

인 체계로 생각하고 있었음을 시사한다. 그는 그런 이유 때문에 이러한 요소들을 그 물리적 대응물들에서 적절히 이념화시켜서 '수학적 실체(mathematical entities)'로 다루고자 했다. 실제로 논문에서 그는 3가지 범주의 커뮤니케이션 시스템으로 이산적 시스템(discrete system), 연속적 시스템, 그리고 2가지가 섞인 혼용 시스템을 나누어서 설명하고 있다. 이산(離散) 시스템의 대표적인 예로 그는 모스 부호를 이용하는 전신을 그 사례로 들고 있다.(Shannon, ibid)

이처럼 의미를 벗어버린(stripped-down) 이념화된 모형의 아름다움은 보편적으로 적용될 수 있다는 것이었다. 다시 말해서, 이 모형은 어떤 종류의 메시지에도 적용될 수 있는 일반 모형이었다. 그 메시지는 모스 부호, 전투 현장의 암호문, 심지어 유전정보일 수도 있었다. 개념도에서 나온 6개의 정사각형은 지금까지 상상할 수 없었던 모든 종류의 메시지에도 적용할 수 있을 만큼 충분히 유연했다.

따라서 섀넌은 이 커뮤니케이션 이론에서 아직까지 다루어지지 않은 종류의 메시지도 다룰 수 있을 만큼 형식적인 모형을 제시한 것이었다.

아직 밝혀지지 않은 유전자의 정보를 전화통화에서 이루어지는 메시지 전달과정과 비교해보자. 전화통화를 위의 도표에 적용해서 설명해보면 다음과 같다.

1) 당신(정보원)이 전화기(송신기)에 말을 하면 송화기가 음성의 압력을 전지 신호로 부호화한다.
2) 전기신호가 전선(통신로)을 따라 이동한다.
3) 상대편 수화기(수신기)에서 신호가 음성으로 다시 해독된다.
4) 음성이 상대방(수신자)의 귀에 도달한다.

유전자의 메시지 전달을 이 과정과 똑같이 적용하면 다음과 같다.

1) 우리 몸을 구성하는 세포에 들어 있는 DNA 가닥(정보원)에는 단백질을 합성하는 암호(메시지)가 들어 있다. 이 암호가 전령 RNA(송신가)에 의해 부호화된다.
2) 전령 RNA는 암호를 단백질이 합성되는 세포 소기관인 리보좀에 전달한다. 이때 RNA에 수록된 암호 중 하나가 돌연변이(잡음)에 의해 무작위로 바뀐다.
3) 3문자로 이루어진 암호가 단백질의 구성요소인 아미노산으로 번역된다.

4) 아미노산이 단백질 사슬(수신자)에 결합되어 단백질이 만들어 진다.

샤넌이 정보 이론에서 이룬 또 다른 중요한 업적은 정보를 양화 (量化)할 수 있는 단위를 새롭게 만들어낸 것이었다. 그는 가장 간단한 정보원으로 동전 던지기에서 출발했다. "가장 간단한 정보원, 또는 보낼 수 있는 가장 단순한 것에서 시작했습니다. 그래서 동전 던지기를 생각했습니다."(Soni & Goodman, 2017: 141) 새로운 과학은 새로운 측정 단위를 필요로 했고, 그는 동전 던지기에서 앞면이나 뒷면이 나올 확률을 기반으로 1과 0의 이진수 정보 단위를 후보로 생각했다. 모든 면에서 혼자 연구를 하기 좋아했던 샤넌은 유독 이 정보 단위의 명칭은 벨 연구소 동료들의 의견을 구했다. 처음에 'binit'와 'bigit'가 거론되었지만 최종적으로 '비트(bit)'로 결정되었다. 그것은 벨 연구소에서 일하던 프린스턴 대학의 존 튜키(John Tukey) 교수가 제안한 것이었다. 이제 정보는 추상적인 개념이 아닌 계량 가능한 확고한 토대를 확보하게 되었다.

1990년대 정보화 혁명의 사도 역할을 톡톡히 했던 니콜라스 네그로폰테(Nicholas Negroponte)는 우리나라에도 당시 정보화 시대를 주창하던 학자들에 의해 소개되어 큰 반향을 일으켰던 저서 『디지털이다(Being Digital)』에서 새로운 '비트의 시대'가 도래했음을 강력하게 주장하면서 비트 개념을 이렇게 설명했다.

비트는 색깔도 무게도 없다. 그러나 빛의 속도로 여행한다. 그것은 정보의 DNA를 구성하는 가장 작은 원자적 요소이다. 비트는 켜진 상태이거나 꺼진 상태, 참이거나 거짓, 위 아니면 아래, 안 아니면 바깥, 흑이거나 백, 이들 둘 가운데 한 가지 상태로 존재한다. 이해를 쉽게 하기 위해 우리는 비트를 1 아니면 0으로 간주한다. 1의 의미 또는 0의 의미는 별개의 문제(separate matter)이다. 컴퓨팅 초기에 비트열(列)은 대개 수치 정보를 가리켰다.(네그로폰테, 1995: 15)

비트는 지금까지 존재하지 않았던 새로운 측정 단위였다. 섀넌이 창시한 과학의 새로운 단위는 선택이라는 기본적 상황을 표현하려는 것이었다. 1비트란 확률적으로 동등한 두 가지 선택지 중에서 하나를 선택하면서 발생한 정보량이라고 할 수 있다. 이 과정에서 두 가지 안정된 상태, 즉 1과 0이라는 상태가 탄생한다. 각각의 상태는 1비트의 정보를 가지는 것이라고 가정된다. 오늘날 우리가 매우 당연하게 여기는 두 가지 상태, 즉 전등 스위치를 켜고 끄고, 동전 던지기를 해서 앞면이나 뒷면이 나오는 상태가 탄생한 셈이다.

　여기에서 두 가지 상태가 뜻하는 비트성은 선택의 결과가 아니라 가능한 선택의 가짓수, 즉 선택의 확률성에서 비롯된다. 섀넌의 척도는 2진 로그(log)에 해당하며, 선택이 가능한 숫자는 제곱으로 증가하며 그에 따라 비트의 수도 그 제곱이 된다.

비트	선택
1	2

2	4
8	256
16	65,536

이러한 비트라는 단위는 정말 무언가를 측정하는 것일까? 동전을 원하는 만큼 던지면 모종의 정보를 얻을 수 있을까? 섀넌은 그에 대해서 부정한다. 단지 우리가 이미 알고 있는 것만을 알려주기 때문에 저절로 불확실성이 해소되지 않는다는 것이다. 그렇다면 이러한 비트가 뜻하는 것은 무엇인가? 비트를 기반으로 하는 정보가 측정하는 것은 무엇인가? 정보는 "우리가 극복하는 불확실성을 측정한다."고 말할 수 있다. 말을 바꾸자면 "우리가 아직 알지 못하는 것을 알아낼 수 있는 가능성을 측정하는 것"이다.

정보 이론의 출현과 거의 비슷한 시기에 등장하는 사이버네틱스 개념은 생명에 대한 관점을 새롭게 재구축하는 중요한 계기가 되었다.

사이버네틱스

2차 세계대전 직후인 1946년부터 1953년까지 수학자, 공학자, 생물학자, 사회과학자, 그리고 인문학자들이 모여서 전쟁 시기에 등장했던 커뮤니케이션 이론과 제어공학의 발견들을 인간과 기계에 모두 적용시킬 수 있는 방법을 찾기 위해 토론을 벌였다. 이들에게 연구비를 제공해준 것이 조시아 메이시 주니어 재단(Josiah Macy, Jr., Foundation)이었다. 이 회의는 조시아 메이시 주니어 재단의 후원으로 열려서 메이시 회의(Macy Conference)라 불렸다. 이 모임에서 중요한 역할을 수행했던 노버트 위너가 1948년에 『사이버네틱스(Cybernetics; or Control and Communication in the Animal and the Machine)』라는 책을 내면서 자연스럽게 사이버네틱스가 토론의 중심이 되었다. 냉전 시기 사이버네틱스와 정보 이론은 그 영향력이 매우 높았기 때문에 그들은 정보 이론이 물리과학과 생물학, 그리고 사회 과학을 하나로 이어줄 수 있을 것이라고 믿었다.(Kline, 2015)

사이버네틱스는 대공(對空) 레이더 연구라는 맥락이 직접 투영되었다는 점에서 전쟁의 산물이라고 할 수 있다. 고속으로 급강하하는 독일 폭격기들은 인간 대공포수들이 목표의 위치를 등록하고 발포를 지시할 시간 여유를 거의 주지 않았다. 이러한 급박한 문제가 기술혁신을 위한 명백한 초점이었고, 그 중 워렌 위버(Warren Weaver)가 NDRC를 위해서 실제로 연구를 했다.(Mindell, 2002: 185)

처음에 사이버네틱스는 새로운 과학의 기반이 될 성 싶지 않았다. 어린 시절 신동으로 이름을 날렸고, 18세에 하버드에서 수학으로 박사학위를 받은 위너는 1940년에 대공 기술을 혁신적으로 향상시키라는 과제가 주어졌을 때, 이미 중년에 접어든 MIT의 뛰어난 수학자였다. 전기공학자인 줄리안 비글로우(Julian Bigelow)의 도움을 받아서, 위너는 대공화기를 자동화시키는 방안을 모색하면서, 빠르게 접근하는 항공기의 위치에 대한 레이더의 반향 데이터를 피드백하는 문제를 고려했다. 그는 자신의 장치를 '대공 조준 산정기(anti-aircraft predictor)'라고 불렀다. 그에게 주어진 과제는 대포알의 매끄러운 궤적처럼 항공기 경로를 외삽하는 식의 단순한 일이 아니었다. 물론 위너는 탄도학을 알고 있었지만 말이다. 실제 현실은 탄도학의 세계와는 달랐다. 조종사는 의식적인 행동뿐 아니라 무의식적인 행동도 했기 때문에 이런 조종사의 모든 움직임이 끊임없이 비행경로를 요동하게 만들었기 때문이다. 위너와 비글로우는 그들의 획기적인 통찰을 이렇게 보고했다.

> 우리는 항공기의 경로의 '임의성', 또는 불규칙성이 조종사에 의해 입력된다는 것을 깨달았다. 그의 동역학적 기체가, 직선 비행이나 180도 방향전환과 같은, 유용한 동작을 하게 만들기 위해서, 조종사는 마치 서보메커니즘(servomechanism)처럼 움직인다.(Agar, 2012: 373에서 재인용)

조종사의 의식은 대공 장비의 움직임에 표상될 수 있으며, 이 전체가 음의 피드백, 수정 루프에 초점을 두고 일반화될 수 있다. 이미 미래를 내다보고 있던 위너는 대공 조준 산정기가 조종사의 정신을 포획했다는 사실이 '생리학자, 신경병리학자, 적성 검사 전문가들의 관심을 끌 수 있을 것'이라고 보고했다. 갤리슨은 당시 급박하게 주어졌던 직접적인 과제를 상기키면서 이렇게 지적했다. "사실 더 중요한 점은 좀 더 향상된 대공 산정기가 개발된다면 조종사 고유의 특징적인 비행 패턴을 이용해서 다음 움직임을 계산해서 적을 죽일 수 있게 될 것이다."(Galison,1994: 233),

대공 조준 산정기를 개발하는 과정에서 위너는 인간과 기계 사이의 피드백을 본격적으로 연구하는 계기를 얻게 되었다. 그는 대공 설

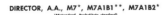

DIRECTOR, A.A., M7*, M7A1B1**, M7A1B2*
(**standard, *substitute standard)

DIRECTOR M7 OR
M7A1B1

LEFT SIDE

| 그림 12 | M7 대공 조준 산정기. 사이버네틱스가
적용된 초기 모델이다.

| 그림 13 | 병사들이 조준산정기를 이용해서 적 항공기에 대공포를 발사하는 장면

| 그림 14 | 위너와 비글로우, 무니가 개발했던 대공조준 산정기 후기 모델(Galison: Ontology 1994: 239).

비에 대한 숙고를 통해 위너는 기초 계획 수립으로 나아갔다. 그것은 자연, 인간, 그리고 물리과학 사이에 놓인 학문분과들의 경계를 해소하고, 피드백이라는 관점에서 '사이버네틱스'라는 새로운 과학을 고쳐서 다시 만드는 것이었다. 기계를 따라가지 못하는 인간적 문제를 해결하기 위해 전체적인 통제가 가능해질 수 있는 완전한 수학적 처리를 위해서 인간이든 기계든 모든 요소들을 단일한 기반을 토대로 통합하는 작업이 필요했다. 멕시코의 신경생리학자 아르투로 로센블루에트(Arturo Rosenblueth)와 함께, 위너와 비글로우는 '행동, 목적, 그리고 목적론(Behavior, purpose, and teleology)'이라는 제목의 1943년 논문에서 이 체계에 대한 민간 진영의 관심을 끌었다. 또한 위너는 두 명의 컴퓨터 선구자들인 하워드 에이켄(Howard Aiken)과 폰 노이만과 함께 연구를 시작했다.

노버트 위너는 『사이버네틱스』에서 두 가지 중요한 개념을 제기했다, 제어와 커뮤니케이션의 공학은 마치 동전의 양면처럼 불가분의 관계이며, 메시지라는 근본적인 개념의 중심에 놓여 있다는 것이다. 그의 견해에 따르면, 메시지란 시간상 연속적이거나 불연속적으로 분포해 있는 측정 가능한 사건들의 순차(sequence)에 불과한 무엇이었다. 그는 18세기가 시계의 시대였고, 18세기와 19세기가 증기기관의 시대였다면, 현재는 커뮤니케이션과 제어의 시대라고 단언했다.

오늘날 우리가 이야기하는 기계는 감상주의자의 꿈이 아니며 먼 미래에 이루어질 희망도 아니다. 그 기계들은 자동온도조절장치, 선박의 자동 자이로컴퍼스 조종 시스템, 자기추진 미사일, 특히 목표물을 스스로 찾아내는 대공 화기제어 시스템, 자동제어 오일 분해 장치, 초고속 컴퓨팅 머신처럼 이미 우리 곁에 있다. 그런 기계들은 전쟁 이전부터 사용되었다. 사실 아주 오래된 증기기관도 그런 장치에 속하지만 2차 세계대전의 엄청난 기계화는 독자적인 장치들을 만들어냈고, 극도로 위험한 원자에너지를 다루어야 할 필요성으로 한층 높은 수준의 발전을 가져왔다 … 18세기가 시계의 시대였고, 19세기가 증기기관의 시대였다면, 오늘날은 진정 서보메커니즘의 시대이다.(Wiener, 1948: 55)

서보메커니즘, 즉 사이버네틱스는 3가지 요소로 이루어진다. 첫째, 주위환경으로부터 입력을 받아들이는 수용기나 센서. 둘째, 입력을 기록하고 번역하고 원하는 상태와 비교할 수 있는 처리 장치. 셋째, 시스템이 환경과 상호작용하기 위해 적절한 지시를 출력 메커니즘을 통해 제공하는 장치. 이렇게 만들어진 출력은 새로운 입력으로 이어지면서 이른바 닫힌 피드백 루프(closed feedback loop)를 형성한다.

위너의 주장이 특히 중요한 의미를 가지는 것은 그가 단지 공학적 시스템뿐 아니라 생물 시스템까지도 염두에 두고 있었다는 사실이다. 그는 사이버네틱스 개념이 분자, 세포, 그리고 생물에도 적용될 수 있으며, 효소, 뉴런, 그리고 염색체에도 마찬가지로 적용가능하다고 보았다. 여기에서 항상성 개념이 중요한 위치를 차지한다. 항상성(Homeostasis)은 1930년대에 생물이 안정된 상태를 유지하기 위해서 자신의 내부 환경을 조절하는 과정을 기술하기 위해 탄생한 개념

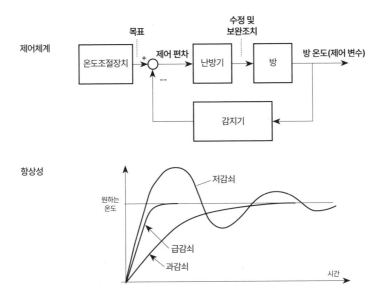

| 그림 15 | 위너가 생각한 제어체계와 항상성. 그는 생물과 무생물이 근본적인 작동원리에서 동일하다
고 보았다.

이다. 가령 동물이 체온이나 심장 박동 리듬을 유지하고, 신체 내에
노폐물과 영양분의 농도를 조절하는 등의 활동이 그런 예에 해당한
다.(그림 15)

위너가 항상성 개념을 채택한 것은 엔트로피 증가를 막기 위해 네
거티브 피드백에 의존하는 모든 시스템으로 사이버네틱스를 확대
적용시키려 했기 때문이다. 따라서 항상성은 끊임없이 변화하는 환
경 속에서 어떤 시스템이 자신의 목적을 유지하기 위해서 의존하는
수단인 셈이다. 생물의 경우, 그 목적은 생명을 유지하는 것이다.

위너와 로젠블루에트는 생물체계와 무생물 체계 사이의 경계를
불분명하게 만들었다. 그들은 자신들이 사이버네틱스라는 용어를
사용한 이유가 과학적 탐구대상으로 인간이 기계와 별반 다르지 않

기 때문이라고 믿었기 때문이라고 말했다. 과학사가 존 에이거(Jon Agar)는 이렇게 대담한 관점이 출현하고 이후 이러한 흐름이 지속될 수 있었던 것이 냉전이라는 역사적 맥락에서 기인하며, 냉전 시기 군사체계에서 인간과 기계의 통합이 중심적인 문제였기 때문이라고 말했다. 그리고 인간과 기계의 통합이라는 주제는 냉전 이후에도 계속 중요한 주제의 지위를 유지했다.

위너를 사로잡았던 생각은 우리가 생물학적 기능에서 볼 수 있는 능력들, 즉 목적의식적이고, 스스로 조정하고, 목표물을 탐색하는 능력을 기계장치에 통합시키는 것이었다. 오래된 생물학적 전통에 따라 그는 항상성 유지 메커니즘에 대한 생리학적 연구와 상호 영향(reciprocal influence)이라는 호르몬 시스템을 기초로 삼았고, 그 결과 그가 얻은 답은 순환적 피드백 원리에 의존하는 것이었다.(Keller, 1995: p.91)

냉전을 삼킨 사이버네틱스 담론

『사이버네틱스』가 출간된 1948년 가을, 불과 넉 달만에 초판 7천 부가 모두 팔려나갔고 이듬해인 1949년 말까지 모두 1만 5천 부가 판매되었다. 쉽지 않은 수학적 내용이 들어 있는 과학책으로는 이례적인 판매 기록이었다. 이 책에 대한 소개와 서평은 과학저널뿐 아니라《타임》지와《뉴스위크》와 같은 일반 대중잡지들에도 실렸고,《비지니스 위크》는 이 책의 인기가 같은 해에 출간되어 큰 화제를 불렀던 알프레드 킨제이의 『인간 남성의 성적 행위(Sexual Behavior in the

Human Male)』에 비견될 정도라고 썼다.(Kline, :68-69) 사이버네틱스가 과학계를 넘어 다양한 사회집단들로부터 '사이버네틱스 광풍(cybernetics craze)'이라고 불릴 만큼 열광적인 관심과 인기를 얻은 까닭은 무엇일까?

일차적으로 당시 냉전 시기의 독특한 군사정치적 지형이 이러한 관심을 촉발시켰다. 에드워즈는 군부의 빠른 컴퓨터화가 '분쟁의 극적으로 제한된 장면, 즉 모든 사고, 언어, 그리고 행동이 궁극적으로 중심 투쟁을 향해 방향지워질 수밖에 없었던 불가피한 자기준거적(self-referential) 공간'을 전달하는 닫힌 세계 담론이 형성되는 데 중심적이었다고 말한다.(Edwards, 1996: 12)

핵전쟁에 의한 상호확증파괴의 급작한 위험으로 틀지워진 냉전에서, 컴퓨터는 "총체적 감독, 통제의 정확한 표준, 실타래처럼 얽힌 복잡한 문제들에 대한 전문적-합리적인 해법"의 제공을 약속하는 강력한 도구이자 은유로 작동했다. 에드워즈는 닫힌 세계 담론의 특징을 다음과 같이 설명했다.

> 첫째, 이 세계를 닫힌 체계로 간주하는 모형을 창조하는 공학적이고 수학적 기법들이 대규모 시뮬레이션, 시스템 분석, 그리고 중앙 통제를 가능하게 해주는 컴퓨터와 같은 기술과 결합한다.
> 둘째, 시스템, 게이밍, 커뮤니케이션, 그리고 정보와 같은 단어들이 선택되고, 추상적은 형식화가 경험적이고 상황 지어진 지식보다 우위를 점한다.

셋째, 중앙집중화되고, 자동화되고, 즉각적인 지시 통제(command and control)에 의해 뒷받침되는 공군력과 핵무기가 팽창일로에 있는 소련제국의 위협에 맞서 호출된다.(Edwards, 1996: 12)

원자폭탄에 이어서 더욱 강력한 수소폭탄이 개발되고 세계가 핵전쟁으로 휩쓸려 들어갈 위기상황이 조성되면서 전쟁을 좀 더 체계적이고 과학적으로 준비할 수 있다고 여겨지는 수학적인 모델과 시뮬레이션의 중요성이 높아졌고, 예측 가능성과 통제에 대한 믿음은 사이버네틱스 담론의 물신화(物神化)로 이어졌다. 어떤 면에서 이런 모형이 실제로 유용하고 작동 가능한지 여부와 무관하게, 이 담론은 군사 지도자와 정책 입안자들에게 막강한 영향력을 발휘했다.(Bousquet, 2008: 83) 실제로 상호확증파괴로 이어지는 핵전쟁은 단 한 차례 일어나거나 그렇지 않거나 둘 중 하나이기 때문에 모의실험 이외에는 현실에서의 실험이 불가능했다. 따라서 수학 모형과 시뮬레이션에 기반하는 사이버네틱스 담론은 유일하게 기댈 수 있는 수단이었다.

냉전 시기 사이버네틱스 담론은 군부나 정치권에 국한하지 않고 훨씬 넓은 영역으로 확산되었다. 사이버네틱스는 등장한 지 얼마 되지 않아서 강력한 지적 운동이 되었다. 1950년대에 인류학자, 언어학자, 심리학자, 사회학자, 철학자, 공학과 컴퓨터 과학자 등 거의 모든 영역에서 사이버네틱스는 완전히 새로운 간학문적인 이론과 방법을 제공하는 것처럼 보였다.(카프라, 1998: 78-79) 사이버네틱스 자체가 전통적인 과학적 개념이나 철학적 원리가 아니었고, 인공적인 기계와 생물학적 유기체, 그리고 사회조직 모두를 단일한 원리들에 의해 작동하는 동일한 제어와 커뮤니케이션 시스템으로 보았다. 사이버네티스트(cybernetist)들은 생물학자도 생태학자도 아니었고, 스스로 독자적으로 유기체설 생물학과 일반 시스템 이론을 수립했다. 처음에 위너의 목표는 사이버네틱스를 통해 동물과 기계의 제어와 커뮤니케이션 이론을 수립하는 것이었지만, 곧 그 정의는 사회체계(social system)를 비롯해서 모든 복잡계(complex system)의 거동을 포함하는 방식으로 확장되었다. 그는 동물이나 사람의 개체가 신경 근육계(neuromuscular system)가 외부의 자극을 받아들이는 커뮤니케이션 장치인 것과 마찬가지로 사회체계도 사람과 사람 사이의 커뮤니케이션을 연구하는 학문으로 여겼다.(Bousquet, 2008: 81)

위너는 사회체계가 개인과 마찬가지로 커뮤니케이션 시스템에 의해 하나로 통합되어 있고, 피드백이라는 순환과정이 중요한 역할을 담당하는 동역학을 가진다고 주장했다. 이러한 주장에 동조해서 한층 발전시켰던 그룹에는 인문학과 사회과학 분야의 학자들도 많이 포함되었다. 가령 프라하 출신의 정치학자 카를 도이치(Karl Deutsch)는 사회체계와 정부의 통치개념을 이해하기 위해 사이버네틱스에 기반한 정보 피드백 개념을 도입했다.(Bousquet, 2008: 81)

그렇지만 정작 위너 자신은 사이버네틱스 개념이 사회체계를 설명하는 방식으로 확장되는 것을 그리 탐탁지 않게 여겼다. 사실 그는 자신의 사이버네틱스 이론을 사회에 잘못 적용했을 때 빚어질 수 있는 위험성을 제기하기까지 했다. 위너는 프랑스의 《르몽드》지 1948년 12월 28일자에 실렸던, 도미니크회 수사 페르 뒤발(Père Dubarle)

이 자신의 저서 『사이버네틱스』에 대해서 쓴 '통찰력 있는 비평'을 자세히 언급했다. 이 글에서 듀발은 갑옷을 입은 체스게임 기계가 가지고 있는 무서운 점들을 지적했다.(위너, 2011: 215-220) 듀발은 폰 노이만이 제기한 게임이론과 위너의 사이버네틱스 개념을 포괄하면서 이러한 장치들이 "모든 정치적 결정 시스템을 관장하는 통치기계(machine a gouverner)"가 될 수 있다고 우려했다. 듀발은 세계적으로 점차 증가하는 군사적 및 정치적 기계화가 사이버네틱스 원리에 따라 작동하는 거대한 초인간적인 장치, 즉 통치기계로 성장하고 있다는 점을 과학자들이 파악해야 한다고 촉구했다. 이 통치기계가 특정한 수준마다 국가를 가장 고급 정보를 가진 경기자로 만들 것이며, 국가가 모든 결정을 총괄할 유일한 최고 책임자가 될 수 있다는 것이다. "이는 어마어마한 특권이며, 만일 그러한 특권이 과학적으로 획득된다면 그 국가는 모든 상황에서 자신을 제외한 모든 다른 경기자들에게 즉각적인 파멸이 아니면 계획된 협력이라는 양자택일의 딜레마를 제시함으로써 상대를 물리칠 수 있게 될 것이다. 이는 외부의 폭력 없이 게임 그 자체로 이루어질 수 있으며, 세계 최고를 지향하는 사람들은 바로 이러한 꿈을 꾸고 있는 것이다."[8]

위너는 듀발이 우려하는 지점을 잘 이해하고 있었고, 한걸음 더 나아가 이러한 장치가 가진 한계를 스스로 지적했다.

페르 듀발이 언급한 통치기계는 그것이 자율적으로 인류를 통제

8　위너의 같은 글 216쪽에서 재인용.

할지 모른다는 위험 때문에 두려운 것이 아니다. 인간의 목적성 띤 독립적 행동을 천분의 1정도만 나타내기에도 그 기계는 너무도 유치하고 불완전한 수준이다. 진정한 위험성은 그 기계들 자체는 무력한 존재이지만 어느 한 인간이나 인류 전체가 나머지 인간들에 대한 통제력을 증가시키는 데 이 기계가 사용될 수 있다는 점이다. 혹은 기계 자체를 이용하지 않더라도 정치 지도자들이 마치 인간을 기계적으로 파악된 것처럼 인간의 가능성에 대해 인색하고 무관심한 정치적 기법을 사용해서 사람들을 통제하려 할 수 있을 것이다.(위너, 2011: 218-219)

이처럼 위너는 자신이 사이버네틱스 개념을 수립했지만, 이 개념이 과학의 영역을 넘어 정치 및 사회에 과도하게 확대해석되는 데 대해 비판적 입장을 견지했다. 그는 사이버네틱스 개념을 제기했음에도 인간의 자율성, 인간 사회의 독자적 특성을 지지했다.

영국의 사이버네틱스

한편 영국에서는 미국과 다른 흐름의 사이버네틱스 연구가 이루어졌다. 사이버네틱스는 나라마다 다른 방식으로 받아들여졌다. 영국에서 나타난 특징은 정신병학의 측면, 즉 뇌의 작동방식과 이상 현상에 대한 연구를 위해 사이버네틱스를 개발했다는 점이다.

1948년 영국의 《데일리 헤럴드(Daily Herald)》지는 1면 기사로 W. 로스 애시비(W. Ross Ashby)가 만든 '호메오스타트(homeostat)'

라는 기계 장치를 대서특필했다. 비슷한 시기에 W. 그레이 월터(W. Grey Walter)는 BBC 텔레비전에 출연해서 자신이 만든 로봇인 '거북(tortoises)'을 선보였다. 전시(戰時)에 레이더를 연구했던 신경생리학자 월터가 만든 로봇 거북은 먹이를 찾을 수 있고 상호작용이 가능하고, 심지어 '애정'까지 나타낼 수 있었다. 월터는 뇌를 레이더와 크게 다르지 않은 전자 스캐닝 장치로 규정했다.

1959년에 스태퍼드 비어(Stafford Beer)는 생물 컴퓨터에 의해 제어되는 자동화된 공장을 상상하는 책을 발간했고, 훗날인 1970년대에는 당시 최초로 선거를 통해 남아메리카에서 출현한 공산주의 정권인 살바도르 아옌데(Salvador Allende) 정권의 초청을 받아 칠레 경제를 발전시키기 위한 '사이버신(Cybersyn)' 프로젝트를 개발해서 실제 적용하려는 실험을 하기도 했다. 이 실험은 다음 절에서 다루어진다.

뇌를 중심으로 사이버네틱스를 연구했던 애시비와 월터는 영국의 1세대 사이버네틱스 연구자에 속했다. 이들은 1949년에서 1958년 사이에 활동했던 레이쇼 클럽(Ratio Club)이라는 사이버네틱스 연구자 그룹에 속해 있었다. 그렇지만 영국의 사이버네틱스 연구자들은 공동으로 연구를 한 적이 없으며, 제각기 독립적으로 연구를 계속했다.(Pickering, 2020: 4)

당시 애시비와 월터가 했던 연구는 전후에 등장했던 '적응적 뇌(adaptive brain)' 과학의 사이버네틱스라고 할 수 있다. 그들은 뇌의 특징을 적응이라고 보았으며, 우리가 한 번도 겪은 적이 없는 상황이나 환경과 맞닥뜨려서 살아남을 수 있게 해주는 것이 바로 이러한 뇌의 적응 능력이라고 생각했다. 뇌의 핵심적인 기능은 표상

| 그림 16 | 호메오스타트. 전쟁 폐품으로 제작되었다.

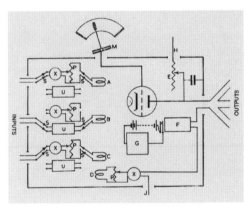

| 그림 17 | 호메오스타트 회로도. Pickering, 2020. p.103

| 그림 18 | 그레이 월터가 만든 로봇 거북의 구조

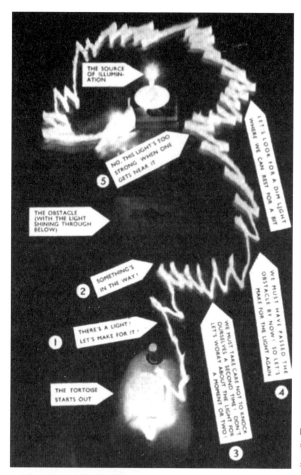

| 그림 19 |
월터가 '댄싱(dancing)'이라고 불렸던
스캐닝을 통한 목표물 탐색 방법

| 그림 20 |
가족들과 함께 거실에서 거북을 작동
시키며 즐기는 월터

(representation)이 아니라 수행적인(performative) 기능이었다. 애시비의 호메오스타트와 월터의 거북은 이러한 적응 메커니즘을 보여주는 가장 간단한 '서보메커니즘', 즉 환경 속에서 나타나는 숱한 요동들에 반응해서 그러한 요동을 상쇄시키는 공학적 장치였다. 애시비는 자신의 '항상성' 이론을 기반으로 변화하는 환경 속에서 스스로 항상성을 유지할 수 있는 호메오스타트라는 장치를 만들었다. 흥미롭게도 이 장치는 영국 공군이 사용하는 4개의 폭탄 제어장치를 기반으로 제작되었다.

월터는 1930년대까지 두개골에 부착한 전극을 이용해서 뇌의 전기적 활동을 탐색하는, 흔히 뇌파라 불리는 EEG(electroencephalography)를 연구했다. 그는 뇌의 작동원리를 이해하려는 시도로 전통적인 환원주의적 접근방식 대신 뇌의 모델을 만들어서 뇌를 인지적 기관이 아닌 수행적 기관(performative organ)으로 접근하는 방식을 택했다.

이 로봇 거북은 뇌가 수행하는 적응 행동의 특정한 형태를 모델로 만든 것이다. 거북은 생물과 똑같이 주위환경을 탐색하고 거기에서 발견된 것에 반응한다. 월터가 이 거북 로봇을 처음 발표한 논문의 제목은 「생명의 모방(An Imitation of Life, 1950)」이었다. 여기에 들어 있는 가정은 생물의 뇌가 로봇 거북처럼 밸브, 릴레이, 모터로 이루어진 것은 아니지만 기능적으로 그에 상응하는 구조를 가지고 있을 것이라는 생각이었다. 이 거북은 360도로 지속적으로 회전하는 광전지를 이용해서 목표물을 찾았다. 월터는 이것을 '스캐닝(scanning)'이라고 불렀다. 당시 스캐닝은 사이버네틱스의 가장 뜨거운 관심사였다.

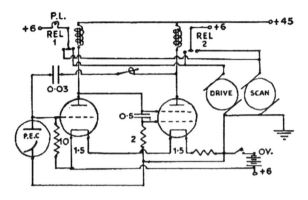

| **그림 21** | 거북의 간단한 '뇌' 구조. Pickering, 2020. p.48

월터는 자신의 거북이 '뇌'를 가진다고 보았고(그림 21 참조), 그 작동방식이 실제 뇌와 흡사하다고 생각했다. 앤드루 피커링(Andrew Pickering)은 그의 저서 『사이버네틱 브레인(The Cybernetic Brain)』에 (2020)서 월터가 뇌의 기능을 '생각하는 기계(thinking machine)'가 아니라 '행동하는 기계(acting machine)'로 간주했다고 썼다. 그가 만든 거북은 주위환경을 표상하거나 기억하지 않고 학습하지도 않는다. 단지 장애물에 반응하면서 길을 찾아갈 뿐이다. 그것은 '수행적 뇌'의 개념을 실제로 구현한 것이었다. 월터의 뇌과학은 뇌의 궁극적인 단위, 즉 뉴런의 특성을 탐구하거나 그에 상응하는 전자적 장치를 기반으로 삼는 것이 아니라 간단한 장치들이 특정한 방식으로 연결되었을 때, 전체적인 실행이 특정한 성격을 가진다는 것을 보여주기 위한 목적을 가지는 것이었다. 복잡한 행동이 반드시 복잡한 구조를 필요로 하는 것이 아니라는 뜻이다.(Pickering, 2020: 48-49)

이후 월터는 로봇 거북을 개량한 '코라(conditioned reflex analgue, CORA)'라는 장치를 만들었다. 코라는 일종의 조건반사 회로였는데 고전적인 파블로프의 동물 조건반사 실험을 전자회로로 모방하는 것이었다. 실제로 월터는 파블로프의 제자와 1년 이상 함께 연구를 했고, 동물의 조건반사라는 블랙박스를 열어서 뇌의 작동방식과 이상 현상을 알아내기 위한 시도로 코라를 만들었다. 실제로 코라는 뇌의 전기 리듬과 조건 학습을 연결했고, 전압 변동을 통해서 뇌의 신경생리학적 특성을 어느 정도 밝히는 데 기여했다. 그는 이 장치를 거북 로봇과 연결해서 로봇이 '미치게(mad)' 만들고, 다시 모든 회로를 끊었다가 연결하는 실험을 통해 정상으로 돌려놓았다. 그는 이런 실험으로 광기(狂氣)와 정신질환을 치료하는 방법을 찾으려는 시도를 했던 것이다.(Pickering, 2020: 64-69)

사실 이런 방법은 당시 정신병원에서 많이 적용되던 전기, 인슐린, 화학약품 등을 이용한 충격요법이나 신경 연결을 외과적으로 끊어서 치료 효과를 찾으려는 뇌엽절제술(lobotomy)과 원리상 유사한 것이었다. 그러나 이런 방법들은 환자들을 유순하게 만들어서 쉽게 관리할 수 있게 하는 데에는 어느 정도 효과가 있었지만, 환자들의 정신을 피폐화시키고 심지어는 치료를 받던 환자들이 목숨을 잃는 경우도 비일비재했기 때문에 1950년대 말엽부터 효과적인 약물 요법들이 등장하면서 차츰 자취를 감추게 되었다.

월터의 사례를 중심으로 살펴보았듯이, 영국의 사이버네틱스 연구는 미국과 비슷한 시기에 이루어졌지만 여러 가지 면에서 차이를 가졌다. 월터를 비롯한 영국의 초기 사이버네틱스 연구자들은 미국의 사이버네틱스 과학자들과 교류를 가졌고 메이시 회의에도 여러 차례 초청을 받았으며, 미국에서 처음 만들어진 사이버네틱스라는 용어를 받아들였다. 그렇지만 영국의 사이버네틱스는 미국처럼 전쟁과 직접적인 연관성을 갖지 않았고, 정부의 전폭적인 지지를 받지도 않았다. 월터는 전시 폐품을 이용해서 로봇 거북을 만들었고, 자신의 관심에 의해 연구를 지속해나갔다는 점에서 개인의 관심사를 추구하는 양상이 강했다.

현실에 적용하려 했던 사이버네틱스 실험들

사이버네틱스를 현실에 적용시키려 했던 실험들은 여러 방면에서 이루어졌다. 그중에서 가장 전형적인 실험 중 하나는 베트남전에서 이루어졌다. 베트남전은 냉전 시기 중국의 마오쩌둥이 승리를 거두면서 거세게 밀어닥친 공산화의 물결을 막아내야 하는 상황에서 미국에게 중요한 시험대가 된 전쟁이었다. 경제학자이자 유명한 반공 사상가였던 월터 로스토(Walter Rostow), 국방장관 맥나마라와 같은 사람들이 제3세계를 이러한 방어가 가능한지 시험하는 실험실로 보았듯이. 베트남은 미국의 능력을 가늠하는 '시험 케이스'였다.(Edwards, 1996: 136) 1963년 케네디가 암살당한 후 그의 뒤를 이어 미국 대통령이 된 린든 존슨은 전형적인 테크노크라트였고, 정력적으로 케네디의 안보관을 실천에 옮기기 위해 노력했다.

미국은 이 실험을 성공으로 이끌기 위해 자신이 가진 역량을 모두 동원했다. 그중에서 주목할 부분은 베트남전에서 이루어진 전자전장(electronic battlefield) 실험이었다. 오퍼레이션 리서치와 시스템 분석 개념이 철저히 이 전장(戰場)에 적용되었다. 정책 수립은 현장에

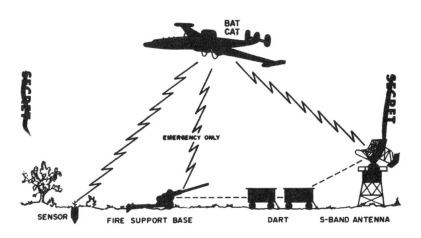

| 그림 22 | 이글루 화이트 작전개념도

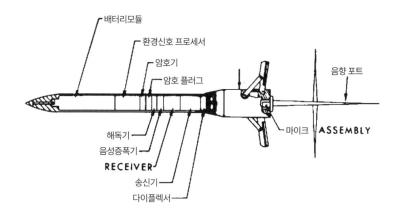

| 그림 23 | 작전에 사용된 센서 중 하나인 ACOUSID Ⅲ. 음향과 진동을 감지할 수 있고, 장착된 마이크로폰으로 소리를 전송할 수 있다. 공중에서 투하하면 땅에 박혀서 마이크와 안테나 부분만 지면 위에 남는다. 배터리는 2주가량 지속 가능하다.

서 수집된 정보를 기초로 원거리에서 지시가 이루어지는 사이버네틱 명령-통제(cybernetic command-amd -control) 방식이 광범위하게 적용되었다.

1967년에서 1972년 사이에 미 공군은 연간 1억 달러의 비용을 들여서 '이글루 화이트 작전(Operation Igloo White)'를 수행했다. 이것은 수많은 감지기를 장치해서 소리, 열, 진동, 심지어는 오줌 냄새까지 기록해 태국에 있는 중앙 센터로 보내고, 현장을 순찰하는 전투기에게 폭격해야 할 목표 정보를 제공해주는 작전이었다. 경우에 따라서는 전투기 조종사를 대신해서 원격 조종으로 폭탄을 투하할 수도 있었다.

이 시스템은 3가지 요소로 이루어졌다. 첫째는 센서로 항공기를 이용해서 주요 병참로 일대에 뿌려졌다. 둘째는 이 감지기에서 나오는 정보를 수집하는 항공기, 그리고 마지막으로 데이터를 수신하고 분석해서 전투기 조종사에게 폭격 목표를 알려주는 ISC(Infiltration Surveillance Center)였다. 이 거대한 사이버네틱 메커니즘은 '호치민 루트(Ho Chi Minh Trail)'라 불리는, 라오스 및 캄보디아를 통과해 북베트남과 남베트남을 이어주는 병참 도로와 오솔길의 복합망을 교란하고 파괴하기 위해 설계되었다. 이 루트는 베트남전쟁 기간 동안 베트콩과 베트남 인민군에게 병력과 군수품을 제공하는 통로 구실을 했다. 1970년에 이루어진 과장된 주장에 따르면, 이 작전은 대성공이었고 1970년 한 해에 파괴한 트럭의 숫자가 북베트남 전체의 트럭 숫자로 추정되는 수치를 넘어서는 것이었다. 그러나 실제로 파괴시킨 트럭의 숫자는 훨씬 적었고, 베트콩이라 불렸던 비정규군과 라

오스의 동맹군들이 센서를 무력화시키기 시작하면서 시스템의 효율
성은 급격히 떨어졌다. 공식적 통계에 따르면 호치민 루트의 모든 시
설과 장비의 파괴 비율이 90퍼센트에 달했지만, 북베트남군이 1972
년에 남베트남에서 탱크와 포를 앞세운 대대적인 공세를 벌인 점을
감안하면 이러한 주장은 설득력을 얻기 힘들었다.(Bousquet, 2008:
95-96)

　천문학적 투자와 오랜 준비에도 불구하고 이 작전이 실질적 성공
을 거두기 어려웠던 이유는 실제 작동을 위해 필요한 엄청나게 많
은 양의 정보와 통계 수치 때문이었다. 예를 들어, 전과를 확인하기
위한 아군과 적군의 전사자 숫자 파악도 실제 전투가 벌어지는 전장
에서는 무척 힘든 일이었다. 미군 병사들은 대개 야간 전투에서 덤
불 속에서 사망하는 경우가 많았고, 발포가 끝난 후 베트남군의 사체
를 확인하는 일도 쉽지 않았다. 베트콩들은 후퇴하면서도 저격병이
나 지뢰를 남기는 일이 많았기 때문에 전투의 성과를 파악하기 위해
목숨을 담보로 전사자를 확인하라고 요구하기 어려웠다. 따라서 이
글루 화이트 작전은 직접 관찰된 사실보다 추정치에 의존해서 적에
게 입힌 손실을 파악하는 경우가 많았다. 이처럼 방대한 데이터를 필
요로 하는 작전이라는 점에서 군(軍) 역사가이자 이론가인 마틴 반
크레벨트(Martin van Creveld)가 베트남의 '정보병리학(information
pathologies)'이라 불렀던 문제점을 근본적으로 안고 있었다.(Edwards,
1996: 141에서 재인용) 그것은 낮은 수준의 정보를 기반으로 상세한
명령과 통제를 수행하려 시도하면서 나타나는 커뮤니케이션 과부
하, 그리고 그 결과 통계학이라는 추상적 렌즈를 통해 전쟁을 이해하

려는 노력에 내재한 문제점을 나타냈다.

또 하나의 특징적인 실험은 전시가 아닌 평화시에 이루어진 것으로, 1970년대 초에 칠레의 아옌데 대통령 재임 시절 영국의 사이버네티션인 스태퍼드 비어가 야심차게 수행했던 사이버신 프로젝트이었다. 칠레는 1968년에 아옌데 대통령이 이끄는 인민연합(Popular Unity)이 폭력혁명이 아니라 평화적으로 방식으로 정권을 잡으면서 기존의 공산주의 체제와는 다른 혁명을 추구했다. 아옌데는 마르크스를 재해석했고, 칠레의 기존 민주주의적 과정들을 존중하면서 사회주의 개혁을 추진했다. 소련이 중앙 계획화를 실천에 옮긴데 비해서, 아옌데는 탈중앙의 분권화된 거버넌스(decentralized governance)를 지향했고, 개인적 자유를 존중하면서 노동자들이 개혁과 국가 경영에 적극적으로 참여할 수 있는 방식을 원했다.(Medina, 2011: 39)

1971년 7월에 신생 사회주의 칠레의 아옌데 정부에서 일하던 젊은 공학자 페르난도 플로레스(Fernando Flores)가 비어에게 칠레 경제의 새로운 관리에 사이버네틱스를 적용시키는 문제에 대해 조언을 구했다. 당시 비어의 관심사가 중앙화된 통제와 분권화된 통제의 균형을 찾는 문제였기 때문에 비어는 플로레스의 초대를 받아 칠레의 개혁 과정에 참여하게 되었다. 앞에서도 언급했듯이 위너는 사이버네틱스를 사회 문제 해결에 적용하는 데 부정적인 의견이었지만, 비어를 비롯한 영국의 사이버네티션들은 수학적 엄밀함보다는 실제적인 작동과 수행 가능성에 중점을 두었기 때문에 칠레의 실험에 매료되었다.[9]

사이버신(Cybersyn)은 'cybernetics'와 'synergy'의 합성어이다. 이

| 그림 24 | 사이버신 프로젝트의 중심인 육각형 '오퍼레이션 룸'. 광섬유로 제작된 현대적 디자인의 회전의자 팔걸이에 달려 있는 패널은 신속한 정보수집과 판단을 도와주도록 설계되었다. 1970년대가 아니라 요즘 사무실처럼 느껴진다. (cc) Rame

신조어는 이 프로젝트가 사이버네틱스를 기반으로 삼으며, 시스템 전체가 부분의 합보다 더 큰 효과를 얻을 수 있다는 믿음을 나타냈다. 비어는 1970년에 이미 '리버티 머신(Liberty Machine)'에 대한 아이디어를 발표했다. 그것은 위계체계(hierarchy)가 아닌 분산 네트워크(disseminated network)로 작동하는 사회기술 시스템을 모형으로 삼았는데, 정보를 행동의 기반으로 삼았고 즉각적인 의사결정을 용이하게 하고 관료화된 프로토콜을 피하기 위해 실시간에 가깝게 작동하는 방식을 추구했다.

비어는 100개에 달하는 산업을 텔렉스로 연결하려고 시도했던 텔렉스 네트워크 사이버네트(Cybernet), 통계 소프트웨어인 사이버스

---

9   이하 내용은 Medina, 2011을 기반으로 재구성한 것이다.

트라이드(Cyberstride), 그리고 경제 시뮬레이터인 CHECO(CHilean ECOnomic simulator) 이외에 네 번째 요소인 오퍼레이션 룸에 강조점을 두었다. 비어는 자신의 개념인 리버티 머신을 여러 시스템으로부터 실시간으로 정보를 받는 일련의 오퍼레이션 룸(operation room)들로 구성할 수 있을 것이라고 생각했다.

그렇지만 이러한 시도는 기대했던 성과를 내지 못했다. 우선 현실적으로 필요한 데이터와 정보를 얻는 데 실패했다. CHECO 팀은 칠레의 사회주의 경제를 모델링하는 데 실패했고, 그 주된 원인이 경제 정보를 얻을 수 없었기 때문이라고 평가했다. 사이버네트 텔렉스 네트워크가 가동되기 전까지 칠레의 산업능력에 대한 데이터의 수집은 1년 이상 지연되었고, 거시 경제 데이터는 2년 이상 뒤처졌으며, 농업 관련 정보는 더욱 수집이 힘들었다.

외적 환경인 미국의 봉쇄 정책과 투자 부재와 같은 상황도 이러한 실험을 힘들게 만들었다. 1972년에 일어났던 칠레의 10월 파업 이후 경제 상황이 악화되고, 이후 미국의 지원을 받은 피노체트의 군사 쿠데타로 아옌데 정권이 무너지면서 사이버신 프로젝트는 미완으로 그치게 되었다. 사실 이 프로젝트는 완성되지 않았기 때문에 그 평가를 내리기 힘들다. 비어는 노동자들의 참여를 통한 분산형 네트워크를 구축하려는 시도가 나름의 의미를 획득했다고 주장했지만, 1973년에 나온 CORFO 사이버신 보고서는 노동자 참여가 실제 작동하는 수준이라기보다는 '선언적' 수준에 머물렀다고 지적했다. 비어는 사이버신이 실시간 통제 시스템이었다고 주장했지만, 실제 작동은 너무 느려서 산업 관리자들에게 실질적인 도움이 되지 못했다.

사이버신 프로젝트는 영국의 진보적 과학계로부터도 지지를 받지 못했다. 비어는 어떤 집단보다도 이들 좌파 과학자들이 자신을 지지해줄 것이라고 기대했었다. 1973년 영국의 진보적인 과학저널인 《민중을 위한 과학(Science for the People)》[10]은 비어와 사이버신 프로젝트를 모두 비판하는 기사를 실었다. 비어가 아옌데의 사회주의 개혁을 지지하지만, 정작 비어 자신은 칠레 정부로부터 거의 3만 3천 파운드에 달하는 자문비를 받으며 부유하고 안락한 생활을 누린다는 점에서 그의 진정한 동기가 의심을 받았기 때문이었다.(Medina, 2011: 191) 그렇지만 이런 이유만은 아니었다. 1974년 1월에 발간된 《급진과학 저널(Radical Science Journal)》 1호에는 마이크 헤일즈(Mike Hales)의 〈경영학과 '2차 산업혁명'〉이라는 글이 실렸다. 헤일즈는 새로운 전문적인 영역으로 경영학이 부상하고 있다고 지적하면서, 그 기반이 되는 '테크니컬 오퍼레이션 리서치(OR)'는 정량적 기법에 크게 의존하며 자본주의 사회 관계의 속성을 투영하고 있다고 비판했다.(Hales, 1974: 6-13)

비판적 관점

이처럼 정보개념이 확산되면서 사이버네틱스 담론이 여러 영역으로 확장되었지만, 모든 사람들이 아무런 비판 없이 받아들인 것은 아

10　　이 저널은 1968년에 결성된 '책임있는 과학을 위한 영국협회(British Society for Social Responsibility in Science)'가 발간했다.

니었다.

중요하게 여겨지는 다른 실체들과 달리 '보이지 않고 만져지지도 않는' 정보개념에 대해서 많은 사람들이 반론을 제기했다. 역사학자 시어도어 로작은 1980년대에 자신의 저서 『정보의 숭배(The Cult of Information)』에서 무분별하게 받아들여지고 있는 정보개념을 강하게 비판했다.

> 정보는 만져지지도 않지만 백성들의 찬사를 받았던 어리석은 왕의 옷처럼 상상 속에서 실재하고 있으며, 정보라는 단어는 모든 사람들에게 혜택만을 가져다주는 존재로 보편적으로 인식되고 있다. 그러나 모든 것을 의미하는 단어는 결국 아무것도 의미하지 않으며, 이 아무것도 아닌 속이 텅 빈 단어는 결국 사람들을 미혹(迷惑)하는 것들로 가득 채워지게 된다. 정보경제, 정보사회에 대한 논의들은 그 나름의 의미를 획득하게 되었다. 그러나 이제는 이미 상투적인 것이 되어버린 이 용어들은 대중들로부터 숭배의 대상으로 변모하였다.(로작, 2005: 14)

'하이테크, 인공지능, 그리고 진정한 사고의 기술에 대한 신 러다이트 선언'이라는 부제가 잘 나타내듯이, 로작은 이 책에서 사람들이 정작 정보가 무엇인지 정확히 모르면서도 자신이 정보시대에 살고 있다고 믿고 있고, 컴퓨터가 마치 신앙의 시대에 구원을 상징했던 십자가처럼 숭배되고 있다고 말한다. 이러한 숭배현상은 결코 우연이 아니다. 정보는 2차 세계대전 중 일군의 정보 이론가들에 의해 비교

(秘敎)적 의미를 획득하게 되었고, 그 후 대기업 정부, 광고주들의 현란한 수사 속에서 묘사되는 변화하는 삶의 경제적 양상과 밀접한 연관을 맺기 시작했다. 나아가 로작은 이러한 정보시대라는 개념이 지배적이 되면서 학생들을 가르치는 커리큘럼에까지 영향력을 행사하는 바람에 사고의 본질마저 왜곡하기에 이르렀다고 지적했다.

로널드 클라인(Ronald Kline)도 정보혁명, 정보경제, 정보사회, 그리고 정보시대(information age)와 같은 개념들이 일상적 대화에까지 퍼져나가면서 휴대전화, 퍼스널 컴퓨터, 인터넷이 새로운 경제와 사회 질서를 창조하고 있다는 생각이 당연하게 여겨졌다고 말하면서, 그 뿌리에 냉전 시기에 형성된 정보 담론(information discourse)이 있다고 지적한다.(Kline, 2015: 5)

생명을 다시 기술(記述)하다

사이버네틱스 담론은 생명에 대한 이해에서도 큰 변화를 야기했다. 실제로 사이버네틱스 개념을 제기한 위너는 처음부터 이 개념이 생물과 무생물에 모두 적용될 수 있다는 점을 염두에 두었다. 위너는 『사이버네틱스』를 쉽게 풀어쓴 『인간의 인간적 활용(Human Use of Human Beings)』(1950)의 '메시지로서의 유기체'라는 장에서 개체(individual)와 유기체(organism)라는 개념 자체가 정보의 관점에서 새롭게 주조(鑄造)되어야 한다고 주장했다.

개체의 육체적 정체성은 그 구성물질에 의해 달라지는 것이 아니다. … 유기체의 생물학적 개체는 어떤 과정의 연속선 상에 있는 것으로 보이며, 그 유기체의 과거 발생 효과에 대한 기억에 따라 달라지는 것처럼 보인다. … 정신적 발달도 마찬가지인 것 같다.

그는 생명의 중요한 특성으로 간주되는 개체성(individuality) 자체를 그 물질성과 분리시켜서 특정한 패턴의 연속, 즉 커뮤니케이션의 본성을 공유하는 무엇으로 인식하려고 시도했다. 위너는 세포 분화와 유전자 전달을 통해서 영속되는 것은 물질이 아니라 형태에 대한 기억이라고 주장했다. 나아가 그는 미래에 생물이나 인간을 이루는 부호화된 메시지를 전자적인 방식으로 전송하는 것이 가능할지 모른다고 내다보았다. 그는 생물의 개체성을 돌의 개체성이 아니라 불꽃의 개체성으로 보았고, 따라서 이러한 몸의 형태는 전송되거나 수정, 또는 복제가 가능하다고 생각했다. 그리고 이렇게 말했다. "한 나라에서 다른 나라로 전신을 보낼 때 사용할 수 있는 전송양식과 인간 등의 살아 있는 유기체를 전송할 수 있는 가능성 사이에는 적어도 이론상으로는 절대적인 차이가 없다."(위너, 2011: 124-125)

위너가 유기체를 메시지로 보는 까닭은 그에게 메시지가 곧 정보이기 때문이다. 그는 메시지가 그 자체로 하나의 패턴이자 조직의 형태를 띤다고 말한다. 그렇기 때문에 외부 세계들과 마찬가지로 메시지들의 조합 역시 엔트로피를 가진 것으로 취급할 수 있게 된다. 따라서 위너는 정보를 음(陰)의 엔트로피로 간주했다. "엔트로피가 무질서의 단위라면 메시지가 전달하는 정보는 질서의 단위이다. 실제로 메시지가 전달하는 정보는 근본적으로 음의 엔트로피, 즉 확률의

로그에 마이너스를 붙인 값이라고 해석될 수 있다."(위너, 2011: 27) 메시지의 확률이 커질수록 거기에서 얻을 수 있는 정보는 적어진다. 뻔한 이야기에서 정보를 더 이상 얻을 수 없는 것은 그 때문이다. 이처럼 생명활동은 메시지를 주고받는 대화와 근본적으로 동일하고, 도서관에서 책을 빌려보고 사회활동을 하는 것이나 생물이 자신에게 필요한 정보를 받아서 주변 환경에 적응하는 것이나 같은 지위를 얻게 된다.

> 정보란 우리가 외부 세계에 적응하고 또 우리의 적응이 외부 세계에 감지되는 상황에서 외부 세계와 교환되는 내용을 일컫는 말이다. 정보를 받고 사용하는 과정은 우리가 외부 환경의 우발성에 적응하는 과정이며, 그 환경 내에서 우리가 효율적으로 살아가기 위한 과정이다 … 따라서 커뮤니케이션과 제어는 사회를 살아가는 인간 삶의 한 부분일 뿐 아니라 인간 생명의 핵심에 속하는 것이기도 하다.(위너, 2011: 23)

켈러는 사이버네틱스와 정보 이론의 개념들, 가령 '피드백', '제어', '네트워크' 등의 용어들이 1950년대 중엽에 생물학에 들어오게 되었다고 말한다.(Keller, 2002: 148) 앞에서 살펴보았듯이 사이버네틱스는 미국과 영국에서 상당한 차이점을 나타내지만, 생물과 무생물을 관통해서 피드백과 조절이라는 개념이 공통적으로 작동한다는 개념을 수립했다. 따라서 그 이후 이러한 용어와 은유(metaphor)는 생물학의 담론에 크게 영향을 미치게 되었다. 이것은 생명 자체를 새롭게 다시

기술하는 과정으로 볼 수 있다.

프랑수아 자콥(François Jacob)은 『생명의 논리(Logic of Life)』에서 이렇게 썼다.

> 세포는 전적으로 사이버네틱 피드백 시스템이다. … 그리고 사실상 에너지 소비가 필요없이 작동한다. 예를 들어, 현대산업의 화학공장을 작동시키는 계전(繼電) 방식에는 공장이 수행하는 주된 화학적 변환에 엄청난 양의 에너지가 들어가는 데 비해 거의 에너지를 소비하지 않는다. 이들 둘, 공장과 세포 사이에는 정확한 논리적 등치(等値)가 이루어진다.[11]

피드백 시스템의 은유는 단지 은유로 그치지 않고 고등동물의 유전자를 박테리아에 도입해서 유용한 단백질을 돈을 쓸어담을 만큼 엄청난 규모로 합성하는 데 이용할 수 있게 된다. 박테리아가 공장이 되는 셈이다.

다음 장에서는 이러한 사이버네틱스 담론이 고도화되어 생물학이 암호풀이가 된 과정을 살펴본다.

---

11   Agar, 2012. p.394에서 재인용.

3장

암호풀이와 생명

1950년대 이후 분자생물학은 큰 변화를 겪었다. 스스로를 사이버네틱스, 정보 이론, 그리고 컴퓨터와 결합된 커뮤니케이션 과학으로 다시 기술하기 시작한 것이다. 정보, 피드백, 암호(code), 알파벳, 단어, 명령, 텍스트, 프로그램 등의 말들이 도입되면서, 분자생물학자들은 생물과 분자를 정보저장과 검색체계로 보게 되었다. 대물림(heredity)은 유전암호에 의해 지배되는 전자식 커뮤니케이션으로 개념화되었다. 이러한 기호학적 개념은 1950년대 이전에는 분자생물학에서 나타나지 않았다. 이러한 독해적(scriptural) 표상을 기반으로, 게놈은 분명하게 판독되고 편집이 가능한 것으로 간주되었다. 이러한 경향은 생명에 대한 통제의 새로운 수준들이 등장했음을 뜻한다.

이처럼 모든 현상을 정보시스템의 관점에서 표현하려는 현상은 분자생물학으로 국한되지 않으며, 생물학의 다른 분야들, 즉 면역학,

내분비학, 발생학, 생리학, 신경과학, 진화생물학, 생태학, 분자유전학 뿐 아니라 사회학, 심리학, 인류학, 정치학, 경제학 등 거의 모든 사회과학 분야들까지 1950년대의 사이버네틱스와 정보 이론의 개념들을 건드렸다.

위너, 섀넌, 그리고 헝가리의 수학자 폰 노이만의 연구는 폭넓은 연구 분야와 그 문화적 감수성에 영향을 미쳤다. 영향의 범위도 미국에 그치지 않고, 영국, 프랑스, 소련 등에까지 확산되었다. 케이는 이러한 영향의 포괄적 특성을 설령 정보 이론이 실제로 구현되기 힘든 분야에서도 다양한 언어적 비유와 상징(icon)을 통해—정보 전송, 메시지, 단어, 암호, 텍스트 등—생명현상에 대한 사고와 상상, 그리고 표상을 지배했던 '정보 담론'이라는 개념으로 설명했다.

따라서 대물림의 정보적 표현은 DNA 유전학의 내부 논리에서 발생한 것이 아니며, 1953년의 이중나선 구조가 밝혀진 결과도 아니다. 케이는 그 시초를 53년 이전으로 보고 있으며, 아직 DNA 구조가 밝혀지기 이전인 1940년대 단백질 패러다임 당시에 이미 사이버네틱스, 정보 이론, 컴퓨터 설계 등에서 분자생물학으로 이송되었다고 말한다.(Kay, 2000)

암호(code) 개념의 등장

사이버네틱스와 정보 이론은 커뮤니케이션과 피드백에 대한 새로운 사고방식을 제안했으며 동시에 이와 유사한 관념들이 분자생물학의 수립에도 영향을 주었다. 1942년 당시 더블린에 있었던 물리학자 에르빈 슈뢰딩거(Erwin Schrödinger)는 〈생명이란 무엇인가?(What is Life?)〉라는 일련의 강좌를 통해 생명현상을 물리적으로 이해할 수 있을 것이라는 주장을 제기했다.[12] 이 강좌에서 슈뢰딩거는 살아 있는 시스템이 그 생명과 유전적 특징을 지속하는 동안 엔트로피 효과에 저항할 수 있는 원인이 무엇인지 탐구했다. 그는 그 이유를 '코드-스크립트(code-script)'라고 불렀던 것에서 찾았다. 그는 코드 스크립트가 살아 있는 시스템, 즉 생물을 발생시키는 데 필요한 정보를 담고 있다고 보았다.(기어, 2006: 73-74)

정보기술의 증식, 그리고 냉전 기간을 통해 정보기술에 부여된 높은 지위로 인해 '정보'와 '암호(code)'에 대한 논의가 고무되었다. 이러한 수사적 전환을 가져온 가장 괄목할 만한 과학적 진전은 유전자의 화학적 조성이 밝혀진 것이다. 디옥시리보핵산(DNA)은 1940년대까지도 전혀 유전자의 후보로 물망에 오르지 않았다. DNA가 핵산이 균일하게 반복되는 비활성적인 구조로 여겨졌기 때문이다. 사람들은 DNA가 진짜 유전물질을 지지해주는 공사장의 비계와 같은 역할을 할 뿐이라고 생각했다. 반면 단백질은 그 구조가 놀랄 만큼 다양하다. 따라서 '단백질 패러다임(protein paradigm)'이 오랫동안 지속되었다. 그것은 아직 구성방식은 알려지지 않았지만, 유전자가 단백질로 이루어져 있다는 가정이었다.

그 후 과학자들이 복잡한 방식으로 미생물을 대상으로 실험을 하

12　슈뢰딩거의 강연 '생명이란 무엇인가?'에 대한 자세한 내용은 다음 문헌을 참조하라. 김동광, 『생명의 사회사』, 174-177쪽.

고 조작하는 작업에 초점을 맞추면서 진전이 이루어졌다. 미생물은 놀라운 속도로 증식할 수 있으며, 먹이도 단순해서 유용한 실험 대상이었다. 조지 비들(George Beadle)과 그 밖의 연구자들은 영양에 관여하는 유전자가 효소의 형성을 제어한다는 것을 입증하기 위해 붉은 빵곰팡이를 연구했다. 또한 1940년대에, 뉴욕 록펠러 연구소의 오스왈드 에이버리(Oswald Avery)는 폐렴연쇄구균, 또는 폐렴쌍구균을 연구했다. 이 박테리아는 매끈한 모양(S형)과 거친 모양(R형)의 두 가지 형태가 있었다. S형은 유독했고, R형은 그렇지 않았다. 박테리아는 배양기에서 배양되어 쥐에게 주입할 수 있었다.

1920년대에 런던 병리학 실험실에서 프레더릭 그리피스(Frederick Griffith)에 의해 이루어진 연구를 통해, 살아 있는 R형 박테리아와 죽은 S형 박테리아를 함께 주입한 쥐가 죽는다는 사실이 밝혀졌다. 더구나, 그 쥐의 혈액에서 살아 있는 S형 균이 발견되었다. 어떤 식으로든 박테리아의 독성이 전환되어 전달된 것이다.

에이버리는 이 '형질전환 원리(transformative principle)'를 밝혀내기 위해 노력했다. 폐렴쌍구균을 고깃국물이 들어 있는 통 안에서 배양하고, 원심분리기에 넣고 휘젓고, 섬유질로 만들기 위해 당과 대부분의 단백질을 제거하기 위해서 소금과 효소로 처리했다. 그들은 그 물질의 화학적 성질에 대한 단서를 얻기 위해 실험에 실험을 거듭했다. 그리고 모든 결과는 DNA를 가리켰다.(Agar, 2012: 387-388)

암호풀이와 암호화 이론

왓슨과 크릭이 DNA 이중나선 구조를 발견했을 당시 두 사람은 암호라는 표현을 사용했지만, 그것은 일반적 의미에서의 암호였지 오늘날 우리가 이야기하는 유전암호의 의미를 가진 것은 아니었다. 왓슨과 크릭의 논문을 읽은 사람들 중에 빅뱅 가설을 수립한 인물로 잘 알려진 러시아 출신 물리학자이자 우주론 학자인 조지 가모브(George Gamow)가 있었다. 가모브는 4개의 염기가 각기 다른 조합으로 20가지 단백질을 조성하는 데 어떻게 관련되는지를 암호해석의 문제로 풀어내는 데 관심을 가졌다.

크릭은 자서전에서 러시아 태생의 물리학자이자 우주론자인 가모브의 편지를 받았을 당시 놀라움을 다음과 같이 표현했다.

> 그가 1953년 7월에 난데없는 편지를 보내왔다. 우리 두 사람의 두 번째 DNA 논문을 읽고는 그 의미를 즉시 꿰뚫어보았던 것이다. "숫자 1,2,3,4가 네 개의 염기를 뜻한다고 했을 때 그 4진 체계로 씌어진 하나의 기다란 수에 따라 모든 유기체의 특징이 정해질 것입니다."(리들리, 2011: 120-121)

그는 DNA 구조 자체가 단백질 합성에 대한 주형(template)이라고 생각했고, DNA 구조가 국부적인 염기배열에 따라 20가지 다른 종류의 공동(空洞)을 가질 것이라고 주장했다. 단백질은 서로 다른 약 20가지 아미노산으로 구성되기 때문에 그는 과감하게 각 아미노산

| 그림 25 | 가모브가 그린 '생명의 카드 게임'. 트럼프의 다이아몬드, 하트, 클로버, 스페이드가 4개의 염기 A, T, C, G를 상징한다. (Lily E. Kay, Who Wrote the Book of Life? p.143에서 재인용.)

에 대해 한 종류의 공동(空洞)이 존재할 것이라고 생각했다. 가모브 는 자서전에서 자신의 연구를 '생물 과학 영역으로의 일탈'이라고 불 렀다.

《네이처》 1953년 5월호에 발표된 왓슨과 크릭의 논문에는 유전 정보가 DNA 분자에 네 종류의 염기라 불리는 간단한 원자단(아 데닌, 구아닌, 시토신, 티민)의 서열(sequence) 형태로 저장되어 있다 는 설명이 들어 있다. 이 논문을 읽고서 나는 어떻게 DNA 분자의 정보가 단백질을 형성하는 '스무' 종류의 아미노산 서열로 번역되 는가라는 문제에 의문을 품기 시작했다. 당시 내 머리에 떠오른 하나의 단순한 착상은 네 개의 서로 다른 종류로부터 만들 수 있는 트리플렛(3중조)의 숫자를 계산하면 '4에서 20'을 얻을 수 있다는 것이었다. 예를 들어 트럼프 카드를 한 벌 집어들어 그 속에 들어 있는 네 종류에 주목해보자. 같은 종류의 카드로만 이루어지는 트리플렛은 몇 가지나 가능할까? 물론 네 가지이다. 하트가 세 장, 스페이드가 세 장, 다이아몬드가 세 장, 그리고 클로버가 세 장인 경우이다. 두 장은 같은 종류이고 한 장만 다른 종류인 경우는 12가지이다. 마지막으로 세 장 모두 다른 카드로 이루어진 트리플렛은 네가지이다. 따라서 4+12+4=20이 되며, 이것은 처음에 구하려던 아미노산의 숫자와 정확히 일치한다.(가모브, 2000: 236-238)

이것이 유명한 '다이아몬드 코드(diamond code)'라는 번역 코드이다. 크릭은 가모브가 제기한 뉴클레오티드와 아미노산을 연결하는 유전암호 개념을 받아들였다. 가모브가 제기한 암호는 삼중조(三重組), 즉 코돈(codon)인데, 이 3개의 염기 묶음이 서로 다른 아미노산을 암호화한다는 것이었다. 그는 AGC나 TGA와 같은 3개 1조의 조합이 20개의 아미노산을 충분히 포괄할 수 있을 만큼 많다고($4 \times 4 \times 4 = 64$) 제안했다. 그는 이 내용을 논문으로 썼고, 생물학자들 사이에서 논란을 일으켰다. 그 논문은 DNA-단백질 특이성 문제를 '정보 전달, 암호해석, 그리고 언어학'의 관점으로 제안한 것이었다.

가모브는 나선형의 DNA 구조로 인해 여러 염기 기둥 사이에 다이아몬드 모양의 구멍이 생기며, 이 다이아몬드의 각 측면에 있는 4개의 염기가 코드를 구성한다고 생각했다. 그는 20가지 구멍의 종류

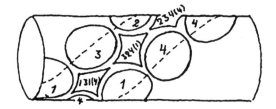

| 그림 26 |

다이아몬드 코드. 가모브가 1954년에 직접 그린 것이다. 그는 뛰어난 스케치 솜씨로 자신이 쓴 책의 삽화를 그린 것으로도 유명했다.

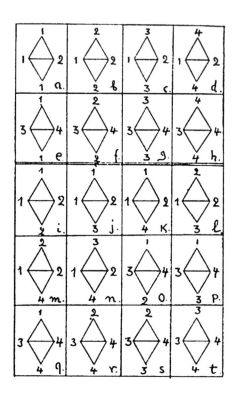

가 있다고 주장했고, 살아 있는 생물에 필수적인 20종류의 아미노산과 이 구멍을 연관시켜서 생각해야 한다고 말했다. 그가 자신의 다이아몬드 코드를 설명하면서 전제했던 가정은 다음과 같았다. 각각의 염기가 하나 이상의 아미노산의 구멍의 형태에 기여하기 때문에 인접한 구멍은 2개의 공통 뉴클레오티드를 갖게 된다. 그렇다면 단백

| 그림 27 |
위는 삼각형 코드의 계통도. 아래 그림은 삼각형 코드에서 나올 수 있는 20가지 삼각형을 보여준다.(Lily E. Kay, 2000: 145)

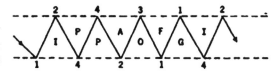

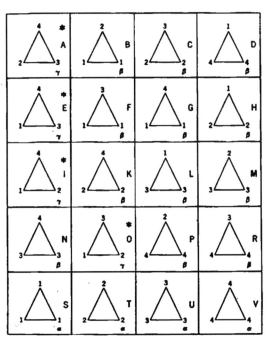

질 분자의 인접한 아미노산은 서로 부분적인 상관관계를 가지게 된다는 것이었다. 따라서 가모브는 이 암호를 생물학적 문제가 아니라 수학적 문제로 다루었으며, 그 결과 앞으로 생물학의 주된 관심이 유전암호의 본질을 알아내는 방향으로 나아가야 한다는 것을 제기한 셈이었다.(코브, 2015: 140)

가모브는 잘 알려진 삼각형 코드에서 20개의 서로 다른 삼각형 배열이 나올 수 있다는 것을 보여주었다.[13] 그는 '암호화(coding)' 문제로 간주된 것에 도전하기 위해서 비슷한 생각을 가진 과학자들을 모왔다. 그의 협력자 마르티나 이카스(Martynas Yčas)는 러시아에서 망명해서 미군에서 일하는 과학자였고, 암호화 문제를 '정보의 저장, 전달, 그리고 복제'로 규정했다. 이 그룹에는 크릭도 포함되었고, 그들은 자신들만의 특별한 넥타이를 만들어서 맸고 스스로를 'RNA 타이 클럽'이라고 불렀다. 로스앨러모스의 동료였던 니콜라스 메트로폴리스의 도움으로, 가모브는 매니악(MANIAC) 컴퓨터를 이용해서 여러 가지 다른 암호화 접근방식들을 적용하는 몬테 카를로 시뮬레이션을 할 수 있었다. 이 연구는 암호화 문제를 냉전의 안보국가가 가지고 있는 자원으로 해결해야 할 암호분석 과제로 보았던 셈이다. 이 과정은 블랙박스화되었고, 오로지 입력(4문자 염기)와 출력(20개의 아미노산)만이 고려 대상이었다. 이러한 암호화 문제의 이론적 공략은 대체로 실패로 돌아갔지만, 그 과정은 유전학을 정보의 관점으로 재서술하는 결과를 낳았다.

1954년 3월에 가모브는 자신의 다이아몬드 체계가 작동할 수 없다는 증거를 완전히 수긍했다. 그렇지만 그는 용기를 잃지 않았고 여전히 다이아몬드 코드를 가지고 노는 것이 매우 유용하다고 생각했다. 그는 이러한 종류의 암호해독이 절대 쓸모없는 작업이 아니라는 것을 보여주고 있다고 믿었다. RNA 클럽 모임을 한 후, 그는 새로운 종류의 코드에 열광했다. 단백질 합성에 관여하는 것이 두 가닥의 DNA가 아니라 한 가닥의 DNA라는 증거가 점차 쌓이면서, 가모브,

---

13 George Gamow, Alexander Rich, and Martynas Yčas, "The Problem of Information Transfer from Nucleic Acids to Protein, "Advances in Biological and Medical Physics 4 (New York: Academic Press, 1956). pp-48-49. Kay, 2000, p.145에서 재인용.

리치, 파인만, 그리고 오겔은 여러 가지 암호체계를 제안했다. 그 암호체계들은 외가닥의 핵산을 따라서 배열되어 있는 3문자의 염기들이 각기 폴리펩티드 조각들과 일치한다는 원리를 기반으로 삼는 것이었다.

앞 그림에서 볼 수 있듯이, 삼각형 코드는 두 가지 변형판이 있었다. 하나는 조밀한(compact) 버전이고, 다른 하나는 느슨한(loose) 유형이다. 조밀한 코드에서는 아미노산이 I-P-P-A-O-F-G-I의 순서로 배열되어 단백질을 합성하고, 여기에서 기호간 결합 규칙은 다이아몬드 코드보다 더 엄격하다. 반면 느슨한 형태에서는 I-P-O-G와 P-A-F-I처럼 서로 상보적인 두 가지 단백질을 합성할 수 있다.(Kay, 2000. p.144)

단백질이 직접 DNA로부터 만들어진다는 가모브의 가설은 곧 'DNA → RNA → 단백질'의 메커니즘이 밝혀지면서 잘못으로 판명되었지만, 20가지 아미노산의 숫자와 A, C, G, T 4가지 염기로 만들어질 수 있는 암호의 형태에 대해 처음으로 문제를 제기했고, 두 글자 암호가 아니라 세 글자 암호가 되어야 64가지 조합이 가능하다는 사실을 밝혀냈다는 점에서 큰 의미를 가진다. 결국 그는 생명에 대한 이해를 암호풀이로 정식화한 셈이다.

크릭은 「유전암호, 어제, 오늘, 그리고 내일(The Genetic Code - Yesterday, Today, and Tomorrow)」이라는 1966년의 논문에서 유전정보의 암호화 이론(coding theory)에서 가모브가 기여한 점을 이렇게 서술했다.

암호화라는 관념은 1953년에 발표된 DNA 구조에 대한 지식에 의해 크게 조장되었다. 그 구조의 단순함이 많은 사람들의 관심을 끌었고, 그런 사람 중에 조지 가모브가 포함되어 있다. (중략) 가모 브 연구의 중요성은 그것이 진정한 의미에서의 암호화의 추상이 론이고, 그가 이중나선 DNA의 단백질 합성의 주형(鑄型)이라는 사고를 기반으로 삼았음에도 불구하고, 그의 이론이 불필요한 수 많은 화학적 세부 사항들로 어지러운 난장판이 되지 않았다는 점 이다. 그가 명확히 지적한 것은 부분적으로 겹치는 암호가 아미노 산의 서열에 제한을 부과하며, 이미 알려진 아미노산 서열을 연구 함으로써 여러 가지 중첩 암호들을 증명하거나 최소한 반증할 수 있으리라는 점이다.[14]

에이거는 가모브를 비롯한 RNA 타이클럽 학자들의 활동이 가지 는 의미를 '냉전이라는 언어로 생명이 재기술(再記述)된 것'이라고 말 했다.(Agar, 2012, p.392) 여기에서 냉전의 언어란 케이가 '정보 담론' 이라고 부른 것이었다. 그는 전쟁과 전후 기간 동안 이루어진 변화된 질서가 분자생물학을 새로운 방향으로 이끌었다고 말한다. 그것은 정보 이론, 사이버네틱스, 시스템 분석과 같은 새로운 커뮤니케이션 이론들, 전자식 컴퓨터와 시뮬레이션 기술과 같은 물적, 기술적 토대 수립, 그리고 냉전을 통해서 급속히 부상한 생물과 무생물에 대한 통 합적 이해에 대한 요구 등이 한데 결합해서 탄생한 담론적·물질적,

---

14　　가모브, 같은 책, 238-240쪽에서 재인용.

그리고 사회적 실행이 결합된 무엇이었다.(Kay, 2000)

중심원리의 수립

DNA 이중나선 구조의 공동 발견자인 크릭은 1957년에 실험생물
학회의 초청으로 런던 대학에서 '거대분자의 생물학적 복제'라는 주
제의 강연을 했다. 당시 그는 단백질의 합성 메커니즘을 밝히는 데
주력하고 있었고, 이 과정에서 유전자가 실제로 어떻게 작동하는지
밝히려고 노력했다. '단백질 합성에 관하여'라는 제목의 강연에서 그
는 유전암호가 단백질의 합성에서 핵심적인 역할을 하고 있다는 추
측을 제기했다. 그는 아직 실제 증거가 빈약하다는 것을 인정하면서
도 단백질 합성을 제어하는 것이 유전자의 역할이라고 가정했다.

나는 유전물질의 주요 기능은 단백질 합성을 (반드시 직접적일 필
요는 없다) 제어하는 것이라고 주장한다. 이것을 뒷받침하는 직접
적인 증거는 거의 없다. 그러나 현 시점에서 내 마음속에 이 가설
을 믿게 하는 심리적 기반은 그러한 증거와는 별개이다. 일단 단
백질에 대한 유전자의 핵심적이며 독특한 역할이 확인되기만 하
면, 유전자가 다른 어떤 일을 하는지는 다음 문제이다.(코브, 2015,
160)

크릭이 정식화한 중심원리(central dogma)의 핵심은 '일방향적
(unidirectional) 인과관계'의 주장이었다. 또한 그는 외부 환경, 내부

환경, 세포간 영향 등 그 이외의 일체의 영향을 거부했다. 앞에서 다루었던 사이버네틱스가 기본적으로 순환적 피드백을 그 기반으로 삼은 것과 달리, 크릭은 DNA라는 중앙 사무국에서 외곽에 있는 부수적인 단백질 생산 공장으로 정보가 일방향적으로 전달되면서 인과관계가 선형적(linear) 구조를 이룬다고 생각했다. 크릭은 사이버네틱스의 '정보'라는 용어를 사용해서 이 흐름을 설명했지만, 그것은 사이버네틱스에서 쓰이는 전문적인 의미라기보다는 일상적인 의미

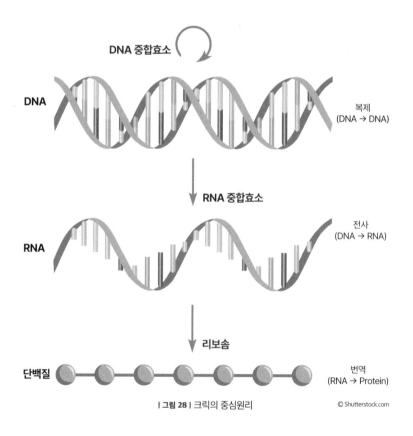

| 그림 28 | 크릭의 중심원리

© Shutterstock.com

에 가까운 것이었다. 크릭은 이렇게 썼다. "일단 정보가 단백질로 전달되면, 다시 나올 수 없다."(Keller, 1995: 93)

중심원리는 생명의 가장 핵심적인 원리를 말 그대로 도그마로 이해한 것으로 이후 생명에 대한 이해에 큰 영향을 미쳤다.

크릭이 중심가설을 정식화한 이후 그의 주장이 가지는 명료함은 눈에 띄게 흐릿해졌다. 정보의 흐름이 그가 상상했던 것에 비해 훨씬 덜 일방향적이었을 뿐 아니라, 단백질 합성 암호를 담은 유전자는 인간 유전체의 DNA에서 작은 부분, 즉 2퍼센트 미만을 차지할 뿐이라는 사실이 분명해졌다. 또한 최근 새롭게 등장한 후성유전학(後成遺傳學, epigenetics)은 발생과정에서 주위환경의 영향에 의해 유전자의 발현이 영향을 받을 수 있다는 것을 밝혀내면서 기존의 DNA 중심 설명체계에 많은 수정이 필요함을 제기했다.

그렇지만 이러한 새로운 발견들에도 불구하고 아직도 생명현상을 정보의 일방적인 흐름으로 보는 정보 담론은 지배적이다. 그것은 일종의 은유방식으로 우리의 일상 속에서 폭넓게 자리잡고 있다.

정보 담론
─정보라는 언어로 생물을 이야기하다

영어로 '암호(code)'라는 말은, 기호를 새기는 데 쓰인 나무 고갱이를 가르키는 카우덱스(caudex)에서 유래했다. 싯다르타 무케르지(Siddhartha Mukherjee)는 암호를 새기는 데 쓰인 도구가 암호라는 단어 자체를 의미하는 말이 되었다는 것이 의미심장하다고 말했다.(무케르지, 2017: 209) 그것은 형태가 기능이 되었다는 뜻이다. 왓슨과 크릭의 DNA 이중나선 구조 발견은 분자의 형태와 결합 구조가 기능과 관련된다는 것을 밝혀내서 생물학을 암호의 과학으로 만들어냈다.

켈러가 말했듯이 생명을 암호로 간주하는 사고방식은 하나의 '은유방식'이라고 볼 수 있다. 흔히 과학이 엄밀한 사실과 논증의 과정으로 여겨지지만, 은유는 과학연구에서 매우 중요한 역할을 해왔다. 그 중 하나의 사례가 생명현상의 본질이 유전자라는 은유였다.(Keller, ibid)

1960년대가 되면서 생화학자들도 동일한 정보라는 언어로 말하는 법을 배우게 되었다. 1960년에 버클리에 있는 웬델 스탠리 바이러스 실험실의 하인츠 프렝켈 콘라트(Heinz Fraenkel-Conrat)를 비롯한 생화학자들은 담배모자이크 바이러스를 구성하는 RNA 핵과 단백질 외막을 재구성했을 뿐 아니라 단백질을 만드는 158개의 아미노산의 서열을 밝혀냈다. 언론은 이 성공을 인공생명의 창조라고 반겼다.

유전암호의 해독은 캘리포니아, 케임브리지, 그리고 파리의 여러 연구센터에 속한 과학자들의 국제적 연결망의 업적이었다. 그것은 분자생물학의 두 번째 물결이 거둔 최고의 업적이었다. 이제 분자생물학자들은 이론적 축에서, 유전자가 DNA로 구성되었으며, DNA가 복제와 단백질 합성을 결정하는 정보를 지시한다고 주장했다. 그 세포 기구는 복제, 발현, 등의 생화학적 경로를 통해 상세하게 기술되었고, 단백질 촉매인 효소들은 분리되어 염기서열과 연관되었다. 기술적 측면에서도 DNA를 조작하는 새로운 방법이 고안되었다. 1970년에 하르 고빈드 코라나(Har Gobind Khorana)는 처음으로 유전자의 완전한 화학적 분석을 이루었다.

정보처리, 암호, 프로그래밍과 같은 전후 분자생물학의 중심적인 은유들은 생물이 재프로그래밍되거나 재설계될 수 있다는 생각을 북돋았다. 1967년에 유전암호가 완전히 밝혀지자 곧 유전공학의 예측들이 나왔다. 1970년대 초에, 과거보다 훨씬 간편하게 DNA를 조작하는 기술적 돌파구가 마련되었다. 재조합 DNA 기술을 통해서 DNA를 훨씬 쉽게 자르고, 접합하고, 편집할 수 있게 된 것이다. 그렇지만 곧바로 유전자를 마음대로 자르고 붙이는 생명공학의 발전이 이루어질 수 있는 것은 아니었다. 다시 말해서 이러한 기술은 생명공학의 발전을 위한 필요조건이기는 했지만 충분조건은 아니었다. 재조합 DNA 연구를 주도했던 스텐리 코헨(Stanley Cohen)과 허버트 보이어(Herbert Boyer), 그리고 재조합 DNA 연구의 위험성을 적극적으로 제기했던 폴 버그(Paul Berg)를 비롯한 생물학자들은 거의 대부분 대학의 과학자들이었다. 이 연구가 실제 생명공학 기술로 연결되기 위해서는 국립보건원(NIH)과 같은 국가기구와 기업들의 참여가 필요했다.

분자적 모델과 은유

분자화가 신자유주의적 세계화와 결합하면서 전 세계에 영향을 미치게 되는 과정은 분자가 생명을 설명하는 지배적인 모델이 되는 과정으로 볼 수 있다. 과학에서 모델과 은유는 설명에서 중요한 역할을 수행한다.

양자역학의 중요한 원리인 불확정성 원리를 수립한 물리학자 베르너 하이젠베르크(Werner Heisenberg)는 과학자가 쓴 가장 철학적 자서전이라는 평을 받는『부분과 전체(Der Teil und das Ganze)』(1969)의 "현대 물리학에서 '이해'라는 개념"이라는 장(章)을 "이해란 무엇인가?"에 할애하고 있다. 아인슈타인의 상대성이론을 이해하느냐는 질문을 받은 하이젠베르크는 이렇게 말한다.

> 나는 도대체 자연과학에서 이해란 말이 무엇을 의미하는지가 분명치 않았기 때문에 알지 못한다고 대답할 수밖에 없었다. 상대성이론의 수학적 구조는 나에게 그다지 어려움을 주지 않았으나 어째서 운동하고 있는 관찰자는 시간이라는 말을 정지하고 있는 관찰자와는 다르게 생각하는지를 아직도 이해하지 못하고 있었다.(하이젠베르크, 1995: 30)

이어서 하이젠베르크는 물리를 배우지 않고도 우리가 시간이 무엇인지 안다고 생각하지만 이것은 소박한 시간개념을 전제하고 있는 것이라고 말한다.

하이젠베르크의 통찰은 우리가 다루고 있는 생명공학과 분자화라는 주제에도 마찬가지로 적용할 수 있다. 켈러는 '모델'이 생명현상을 설명하는 중요한 요소라고 주장한다. 정자와 난자가 만나서 수정란이 탄생하고 이후 성체로 발생하는 과정은 너무나 익숙한 설명이다. 이러한 설명은 분자생물학이 등장한 이후 급격한 기술적 발달을 통해서 변화해왔다. 특히 컴퓨터 기술의 발달과 재조합 DNA 기술의 등장은 생물학자들이 설명이라고 간주하는 것 자체를 변화시켰다고 할 수 있다.(Keller, 2002: 8) 도구로서의 컴퓨터의 사례는 전파천문학, X-선 결정학, 기상학, 고에너지 물리학, 그리고 20세기 말이 되기 전까지 모든 과학에서 찾아볼 수 있었다. 컴퓨터를 연구 프로그램을 이끄는 은유로 받아들이는 이러한 흐름은 2000년대 이후 DNA가 다양한 형태의 은유로 이용되면서 분자 문화(molecular culture)의 출현을 낳았다.(Chadarevian and Kamminga, 1998)

생명에 대한 이해와 설명의 변화는 생명현상에 대한 개입양식의 변화와 직결된다. 과거에는 인위적인 육종이 새로운 품종을 얻는 수단이었지만 1970년대에 DNA를 재조합하는 분자 육종이 육종의 기본적인 방식으로 간주되었듯이, 유전자가위 기술이 등장하면서 생명을 원하는 대로 편집할 수 있다는 생각이 받아들여진다. 여기에서 '가위'라는 은유는 매우 강력한 영향력을 발휘한다. 제한효소에서부터 크리스퍼 Cas9에 이르는 유전자 절단 기술의 발전은 '무엇이든 자르고 붙일 수 있는 만능 가위'라는 은유를 통해서 급속한 속도로 과학자 사회는 물론 일반 대중들에게도 받아들여졌다. 이러한 과정은 분자화가 비트겐슈타인이 이야기했던 '삶의 양식'이 되는 과정이기도 하다.

분자화와 '삶의 양식' 변화, 그리고 길들여지기

생명을 정보로 인식하는 관점은 1953년의 DNA 이중나선 구조발견, 1973년의 재조합 DNA 기술의 등장, 그리고 1990년 인간유전체계획을 거치면서 분자화는 비트겐슈타인이 이야기했던 '삶의 양식(form of life)'에 큰 변화를 일으켰다. 비트겐슈타인은 1953년의 저서 『철학적 탐구(Philosophical Investigation)』에서 "어떤 하나의 언어를 상상한다는 것은 어떤 하나의 삶의 양식을 상상하는 것이다."(비트겐슈타인, 2006: 34)라고 말했다. 비트겐슈타인은 언어게임을 중요하게 분석했는데, 그것은 언어의 의미가 아니라 그 언어가 어떻게 사용되는가의 용법이 중요하기 때문이었다.

피터 윈치(Peter Winch)는 그의 저서 『사회과학의 빈곤(The Idea of Social Science and its Relation to Philosophy)』에서 비트겐슈타인의 삶의 양식 개념을 병원균 개념의 도입을 예로 들어 설명했다. 그는 병원균 개념이 의학 언어로 처음 소개되었을 때의 충격을 '옛 관념들이 퇴장하고 새로운 관념들이 그 언어에 자리를 차지할 때' 발생하는 현상으로 설명했다. 그것은 "질병의 원인을 바라봄에 있어서 완전히 새로운 방식 및 새로운 진단기술의 채택, 그리고 각종 질환과 관련하여 제기되는 새로운 종류의 물음들이 포함되어 있다." 이것은 토마스 쿤이 이야기한 패러다임의 변화와 유사한 개념이다. 윈치는 병원균을 하나 발견하는 것도 중요한 발견이지만, 병원균 이론을 발견하는 것은 그보다 훨씬 더 중요하다고 말한다. 그 이유는 후자가 우리가 사는 방식, 즉 삶의 양식을 바꾸어놓기 때문이다.(윈치, 2011: 208-209) 병원균 이론이 수립되고 우리 사회에 받아들여지면서 많은 변화가 수반되었다. 그중 한 가지만 예를 들어도 외과의사들은 더 이상 피로 얼룩진 일상복을 입고 수술할 수 없으며, 수술에 들어가려면 오늘날 TV 메디컬 드라마에서 흔히 나오듯이 손을 철저히 소독하고 위생적인 수술복과 장갑을 착용하는 '의식(儀式)'을 치러야 한다. 이것을 의식이라고 칭하는 까닭은 만약 감염증과 질병의 원인이 바이러스나 박테리아와 같은 원인균 때문이라는 이론이 등장하지 않았다면 이런 절차를 거치지 않았을 것이기 때문이다. 우리는 병원균이라는 단어의 의미를 사전을 찾거나 과학서를 탐독하면서 찾지 않고, 코로나19를 예방하기 위해 손을 닦고 손소독제를 사용하고 마스크를 착용하면서 이해한다. 언어가 그 용례들에서 그 의미를 보여주듯이, 우리는 매일같이 손을 닦으면서 병원균 이론을 이해하고 있다.

해리 콜린스(Harry Collins)는 2016년에 중력파가 검출되고 과학자 사회가 그 사실을 확인한 이후 중력파 이론은 단지 물리학자들에게만 영향을 미친 것이 아니라 우리의 삶의 양식을 바꾸었고, 질서변화(changing order)를 야기했다고 주장한다.(Collins, 1985) 그는 중력파 검출이 우리의 '세계 내 존재방식'의 중대한 변화라고 말한다. 그는 중력파 검출이 확인되면서 "블랙홀이나 힉스 입자가 길들여진 것과 똑같은 방식으로 중력파가 길들여지고" 있다고 말한다.

이런 길들이기는 우주, 빅뱅, 스티븐 호킹, 천재적인 과학자들, 아인슈타인, 우주, 평행우주, 시간 여행, 웜홀, 천문학, 로켓, 빨려 들어가기를 포함한 의미망(semantic net) 안에서 작동하는 우리 모두의 일상생활에서 나타나는 특징이다. … 토요일에 《가디언》은 정기적으로 싣는 정치만화에서 시리아 평화회담의 주요 인물들을 우스꽝스러운 천체로 묘사하고, "중력파가 아니라 중력 침몰이야."라는 설명을 단다. 그렇게 중력파가 일상 언어 속으로 퍼져 나

간다.(콜린스, 2020: 336-337)

증력파의 발견은 한편으로 중력파를 길들이고, 다른 한편으로는 우리의 삶의 양식을 바꾸어놓으며 우리를 길들인다. 중력파와 마찬가지로 생명의 분자화는 우리가 생명을 이해하고, 그 의미를 소통하고, 생명을 다루고, 조작하고 개입하는 방식에 큰 변화를 가져온다. 그리고 우리는 세계는 그 과정에서 길들여진다.

분자화도 생명을 둘러싼 '삶의 양식'을 크게 바꾸었다. 불륜을 주제로 한 TV의 아침 드라마에서는 친자확인을 하기 위한 유전자 검사가 일상적인 주제가 되고, 침을 뱉어서 해외의 유전자검사 업체에 보내면 200달러도 안 되는 비용으로 자신의 게놈에 대한 분석결과를 받을 수 있다. 우리는 시장에서 식품을 구입하면서 라벨에 작은 글씨로 적혀 있는 원료 표시를 들여다보면서 GMO 원료가 들어 있는지 살피는 것이 일상이 되었다. 이처럼 분자화는 우리를 길들였다.

2부

생명 정보 개념의 확장과
신자유주의

DNA 이중나선 구조가 발견된 것은 1953년이었지만, 많은 학자들은 생명현상을 특정한 분자로 환원시켜서 이해하려는 시도가 이미 1930년대부터 시작되었다고 본다. 분자생물학(molecular biology)의 출현은 개혁주의 시대 미국의 독특한 사회적 실행 양태에 크게 빚지고 있다. 자본주의의 고도화와 급속한 산업화 과정에서 발생한 대공황과 같은 여러 가지 문제점을 해결하려 하던 록펠러와 같은 거대기업은 과학을 통해 인간을 개량하고 사회를 통제하기 위한 '인간 과학(science of man)' 기획의 일환으로 분자생물학을 탄생시켰다.[1]

분자생물학의 대두는 이후 생명에 대한 이해에 큰 영향을 미쳤고, 생물과학의 전개과정을 틀지웠다. 생명의 분자적 관점의 형성과정을 연구한 릴리 케이는 분자생물학이라는 새로운 생물학의 접근방식이 가지는 특성과 그러한 특성이 이후 생물학 연구에 미친 포괄적인 영향을 지적했다. 분자생물학은 모든 생물체에 공통된 생명현상이라는 통일성을 강조했고, 주로 모든 생명체에 공통된 호흡이나 생식과 같은 주제에 관심을 집중했다. 따라서 생물이 가지는 다양성이나 복잡성보다 모든 생물이 공통적으로 가지는 특성에 더 집중해서 생명의 본질을 이해하려는 경향을 강화시켰다. 그로 인해 생명현상의 근저에 궁극적인 법칙성이 내재할 것이라는 믿음이 형성되었고,

---

1　　분자생물학의 탄생과 록펠러 재단의 'science of man' 기획에 대해서는 다음 문헌을 보라. 김동광, 2017,『생명의 사회사 – 분자적 생명관의 수립에서 생명의 정치경제학까지』, 궁리. 미셀 모랑쥬, 2002,『실험과 사유의 역사, 분자생물학』, 강광일, 이정희, 이병훈 옮김, 몸과 마음. 모랑쥬는 최근 2002년 저서의 확장 개정판이라고 할 수 있는 저서에서 인간유전체계획을 비롯한 생물학과 의학의 분자화 과정을 다루고 있다. 다음 문헌을 보라. Michel Morange, 2020,The Black Box of Biology, A History of Molecular Revolution, Harvard University Press

분자와 같은 좀 더 근본적인 단위로 내려가면 복잡성과 다양성을 걷어내고 생명의 본질을 알아낼 수 있으리라는 이른바 분자적 생명관이 형성되었다. 또한 생명이 근본적으로 물리화학적 메커니즘이라는 관점으로 접근함으로써 이 새로운 생물학은 생명현상 역시 다른 물리현상과 마찬가지로 개입과 조작이 가능할 수 있다는 인식적 토대를 제공해주었다.(Kay, 1993: 4-6) 분자생물학은 궁극적으로 생명의 본질을 분자적 수준으로 물화(物化)시키고 연구와 실험의 실행을 재편성해서 '생물학 연구의 인식론적 기초' 자체를 변화시켰다. 이제 생명은 복잡한 기술과 표상 시스템을 통해서 이해되고 다루어지기 쉬운 무엇이 되었다.

2차 세계대전과 뒤이은 냉전은 생명에 대한 이해가 한 차례 큰 굴곡을 거친 시기였다. 이 시기에 출현한 정보 이론과 사이버네틱스는 생물과 기계 모두를 일종의 정보현상으로 이해할 수 있는 기틀을 마련했다. 1부에서 살펴보았듯이 오늘날 우리에게 익숙한 '정보로서의 생명' 개념이 이 시기에 탄생했다.

그렇지만 분자화와 정보 생명 개념이 저절로 생명에 대한 지배적인 관점으로 정립된 것은 아니다. 이러한 개념들이 토대가 되어 오늘날 생명공학의 시대가 꽃피게 된 중요한 정치경제적 맥락은 1980년대 이후 신자유주의와 생명공학이 서로를 공구성하는 과정이었다. 1980년대 말에 소비에트와 동구권의 몰락으로 냉전 체제가 사실상 끝나고 전 세계가 자본주의의 독주 체제로 전환되면서 세계는 그 어느 때보다도 자본의 논리에 철저히 지배되었다. 과학기술 또한 예외가 아니었다. 자본의 자유로운 흐름을 방해하는 모든 요소들을 제거하려는 신자유주의의 움직임은 과학기술의 실행양식에도 크게 영향을 미쳤다. 오늘날 과학은 철저히 자본에 포박되었고, 이제는 그러한 현상이 너무도 당연한 것으로 여겨지기까지 하고 있다.

사실 신자유주의는 이제 너무도 익숙한 말이 되어서, 그 자체를 분석의 대상으로 삼는다는 것이 어색할 지경이다. 그렇지만 신자유주의와 과학기술의 관계에 대한 연구는 놀랄 만큼 적다.(Lave, Mirowski, Randalls. 2010 :659-675) 특히 한편으로 오늘날 과학과 기술 사이의 경계는 물론, 과학과 정치경제, 사회, 문화 등의 경계가 흐려지고 그 관계가 고도화되는 테크노사이언스의 양상을 띠면서 현실 세계에서 신자유주의와 너무도 긴밀히 얽혀 있어서 그 관계를 분석하는 것이 녹록지 않기 때문일 수 있고, 다른 한편으로는 그동안 과학기술학(Science & Technology Studies, 이하 STS)이 거대 담론이나 구조적인 접근방식을 꺼리고 행위자를 중심으로 한 미시적인 접근방식을 채택해왔기(Collins, 1983: 86) 때문일 수도 있다.

흔히 신자유주의에 대한 논의에서 범할 수 있는 오류 중 하나는 자칫 신자유주의를 세계화의 고유한 논리쯤으로 받아들여서 작금의 세계화가 이루어지는 과정에서 신자유주의라는 경향성이 필연적이라고 생각하는 것이며, 반대로 또 다른 오류는 신자유주의를 쉽게 제거해낼 수 있는 실체로 간주하는 태도이다. 신자유주의와 테크노사이언스를 함께 살펴보려는 것은 두 가지 모두 실체화시켜서 파악하거나 그 성격을 규정하는 것이 사실상 불가능하기 때문이다. 즉, 우리와 분리되어 있는 것으로 대상화시키는 순간, 화석화(化石化)되어 이미 분석적 및 실천적 효용성을 잃을 수 있다. 따라서 이러한 분리

불가능성을 인식하는 것이 중요하며, 그 자체가 분석의 대상이 되어야 할 것이다.

생명 정보 개념이 생명에 대한 지배적 관점이 될 수 있었던 것은 자본주의가 세계체제가 되면서 생물 또는 생명현상이 자본의 이익 극대화를 위한 상품과 그 시장으로 급속히 편입되는 과정이 작용한다. 분자생물학과 생명공학이 등장하는 정치경제 및 사회적 맥락과 역사적 궤적에서 이러한 모습이 구체화된다.

4장에서는 20세기 이후 분자화가 실험실을 거쳐 병원과 산업과 연결되면서 모멘텀을 얻게 되고, 1980년대 이후 전 지구적 사유화 체제가 수립되면서 생명공학과 신자유주의가 서로를 공구성하면서 떼려야 뗄 수 없는 관계를 맺는 과정을 살펴본다. 탈냉전시대의 거대 과학인 인간유전체계획은 앞으로 형성될 거대한 생의학 시장 전망을 염두에 두고 인간 유전체의 염기서열을 분석하면서 생물학을 거대한 사업으로 변형시켰다. 유전체를 ACGT의 염기서열 정보로 해석하게 되자, 생명공학은 곧바로 생명을 원하는 방식으로 조작하기 시작했다.

5장은 이러한 조작가능성이 실현된 사례로 GMO와 유전자가위를 살펴본다. GMO는 오래된 주제이지만, '정보로서의 생명' 개념이 분자적 패러다임으로 전환되어 구체적인 산물을 낳은 대표적 사례라 할 수 있다. 재조합 DNA 실험이 성공하자 당시까지 변방에 불과하던 연구 분야가 주목을 받기 시작했고 노벨상이 쏟아져 나왔다. 인체유해성과 생태계 방출에 따른 위험성 등 안전과 윤리 문제가 충분

히 검토될 겨를도 없이 향후 이루어질 시장에 대한 전망으로 GMO
가 탄생했고, 그 과정에서 불확실성은 소거가 불가능한 기술 체제의
일부가 되었다. 그런 면에서 GMO는 언던사이언스의 특성을 잘 보
여주는 사례이기도 하다. 오늘날까지 GM 식품의 안전성을 둘러싼
불확실성이 해소되지 못하고 있는 것은 신자유주의와 신흥기술의
공구성 과정이 낳은 피할 수 없는 결과로 볼 수 있다.

6장에서는 최근 중요한 화두로 부상한 인공지능을 다룬다. 인공지
능은 전쟁과 냉전의 산물이며, 정보 이론과 사이버네틱스 이론가들이
그 선구자들이었다. 초기에는 사람의 지능을 완전히 이해할 수 있으
며 컴퓨터로 구현할 수 있으리라는 낙관적 믿음이 팽배했다. 이른바
인공지능의 겨울을 거치면서 이러한 낙관주의는 무너지고, 이후 사람
의 지능의 일부 기능을 흉내내는 방향으로 연구가 전환되었다. 그렇
지만 지금도 포스트휴먼을 주장하는 학자들은 기계가 인간을 능가하
는 '특이점(singularity)'이 곧 도래하리라는 주장을 하고 있다.

7장에서는 일반적으로 뇌과학으로 불리는 신경과학을 살펴본다.
신경과학은 인공지능과 밀접한 연관성을 가지면서 최근에 가장 뜨
거운 관심의 대상이 되고 있다. 신경과학은 생명공학의 전개과정에
서 아직 정복되지 않은 '마지막 남은 프론티어'라고 여겨지기까지 한
다. 신경과학도 인간의 정신활동을 뉴런의 연결구조로 밝힐 수 있다
는 '신경본질주의'를 토대로 하고 있다는 점에서 정보 생명 개념의
확장이라고 할 수 있다. 신경과학은 여러 측면에서 생명공학의 발전
과정과 궤를 함께 하지만, 아직까지 정신활동을 설명할 수 있는 기본
적인 이론을 결여하고 있다는 점에서 차이가 있다.

· 4장 ·

분자화와 전 지구적 사유화 체제

정보로서의 생명 개념이 생물학에서 구체화되는 양상은 생명의 분자화(molecularization)로 이해될 수 있다. 생명을 이해하는 방식에는 여러 가지 접근이 가능할 수 있지만, 분자적 수준에서 생명을 이해할 수 있다는 믿음이 확산되고 이러한 방향성이 지배적인 경향으로 틀지워지는 과정은 단순하지 않다. 하나의 개념이나 이론이 등장해도 저절로 지배적인 관점이 되는 것은 아니기 때문이다.

20세기 이후 분자화의 초기 형태는 두 가지 혁신에 크게 힘입었다. 하나는 의학적 개입이 분자적 수준으로 내려가게 된 것이고, 다른 하나는 산업의 활발한 참여이다. 기업들은 생산에서뿐 아니라 치료적 분자를 찾아내는 작업에서도 중요한 역할을 맡게 되었다. '마법의 탄환(magic bullet)'이라는 말을 처음 만들어낸 독일의 미생물학자이자 면역학자인 파울 에를리히(Paul Ehrlich)의 화학요법

(chemotherapy) 프로그램이 이러한 두 가지 요소를 모두 잘 보여주는 사례이다. 화학요법은 20세기 초에 프랑크푸르트에서 처음 시작되었으며, 합성염료에서 나온 파생물에서 기생충에 의한 질병을 치료할 수 있는 물질을 얻기 위해 시도되었다. 이 연구는 산업체의 적극적인 협력으로 큰 도움을 얻었고, 결국 매독 치료에 뛰어난 화학물질인 '606호(compound 606)'를 만들어내는 데 성공했다. 606호라는 이름은 에를리히가 606번의 실험을 거쳐 개발했기 때문에 붙여졌다.(멀케히, 2002: 81) 이 약품은 제약회사인 훼스트에 의해 1911년에 '살바르산(Salvarsan)'이라는 이름으로 판매되었다. 치료적 특성을 가지는 합성 화학물질들이 성공적으로 개발되고 임상시험을 거쳐서 표준화되고 치료를 위해 많이 쓰이면서 분자는 의학에서 큰 성공을 거둔 산업이 되었다.

분자화가 실험실을 넘어 병원과 산업과 연결되기 시작한 것은 양차 세계대전 사이의 간전기(間戰期)였고, 2차 세계대전 시기에 당면한 요구로 생의학이 광범위하게 동원되면서 모멘텀을 얻게 되었다. 그후 생의학 연구와 질병에 대한 설명에 분자가 광범위하게 사용되고, 분자라는 개념이 널리 회자되면서 실험실, 병원, 그리고 산업 사이에서 새로운 연결, 즉 '동맹'이 형성되었다. 이런 맥락에서 분자화는 생물학과 의학 분야가 분자를 중심으로 세운 일종의 '전략적 접근방식들(strategic approaches)'으로 볼 수 있다.(Chadarevian, Kamminga, 1998) 이러한 접근방식들이 대두하고 힘을 얻게 된 중요한 요인은 전쟁이었다.

분자화의 동역학

분자화를 둘러싼 동역학은 같은 시기에 비타민과 필수 영양소 개념이 수립되는 과정에서 잘 나타난다. 오늘날 우리에게 건강을 유지하기 위해 필수적인 영양소로 널리 알려진 비타민은 간전기에 비타민의 개념이 수립되는 과정에서부터 이후 기업에 의해 양산되어 잘 나가는 약품으로 상품화되기까지 '분자화의 동역학(dynamics of molecularization)'을 보여주는 하나의 사례이다.

비타민(vitamine)은 'vital amine'을 줄인 말로 생명을 유지하는 데 필수적인 아민(유기화합물)이라는 뜻이며, 폴란드의 생화학자 차시미르 푼크(Casimir Funk)가 1912년에 처음 사용한 것으로 알려져 있다. 초기에는 '보조 식품인자(accessory food factor)'라고 불리기도 했지만, 이후 '보조'라는 말이 오해를 일으킬 수 있다고 해서 비타민으로 불리게 되었다.

비타민은 20세기 초부터 그 효능이 알려졌지만 화학적으로 충분한 연구가 이루어지지 못했다. 간전기에 비타민의 화학적 구조를 밝히려는 노력이 이루어졌고, 그 과정에서 가설적인 존재에서 과학자들에 의해 분리 식별되고 조작이 가능하고 합성될 수 있는 분자가 되었다. 그로 인해 여러 종류의 비타민의 표준 필요량의 측정이 가능해졌고, 질병을 예방하고 치료하는 것을 목표로 하는 영양학이나 의학적 개입의 새로운 근거가 마련되었다. 이후 산업계는 이 비타민을 점점 더 순수한 형태로 생산하는 방법을 개발했다. 그후 비타민 생산은 치료용으로 국한되지 않고 소비자들에게 널리 사용되는 건강식품으

로 확장되었다.(Kamminga, 1998; 83)

간전기에 비타민에 대한 과학적 탐구에서 서로 다른 이해관계가, 여러 사회적 영역 사이에 형성된 복수의 연결에 의해 매개되면서, 서로를 추동시켜 비타민의 구조로 수렴했다. 캐밍가는 이것을 "분자화의 동역학"이라고 불렀다.(Kamminga, 1998; 100)

비타민에 대한 의학적 및 사회적 관심은 사회 정치적으로 중요한 의미를 가지는 질병의 치료와 예방, 그리고 보다 나은 영양 공급으로 공중 보건을 향상시키는 데 맞추어져 있었다. 이러한 관심은 비타민의 기능과 식품의 화학에 대한 과학적 연구 영역과 결부되었다. 비타민에 대한 관심이 높아지면서 사람들은 식품에 어떤 비타민이 들어 있는지 묻는 것이 일상이 되었다. 과학자들은 사람들에게 필요한 비타민의 기준을 정량하고, 평상시 섭취하는 음식으로 충분하지 않은 비타민을 어떻게 보충할 수 있는지에 대해 연구했다. 이처럼 비타민이 사회적으로 중요한 지위를 차지하게 되는 과정은 식품산업과 제약산업이 비타민에 관심을 두면서 한층 강화되었다.

비타민에 대한 산업적 관심은 일차적으로 이윤 추구에 있었기 때문에 기업들은 비타민의 판매를 높이기 위해 과학적 정당성을 제공하고 비용을 적게 들이면서 비타민제(vitamin preparation)와 비타민이 풍부한 식품을 생산하는 데 몰두했다. 비타민을 정제 및 추출하고, 비타민제의 표준을 정하는 데에는 화학적 지식과 기술이 필요했다. 그리고 이후 자연의 원료가 아닌 인위적 합성(synthesis)을 통해 값싸게 비타민을 생산하는 과정에서 한층 더 비타민의 분자구조에 대한 지식이 필요했다. 화학구조에 대한 관심은 특정 목적을 위해 비타민 제품을 판매하는 것을 정당화하기 위해 비타민의 구조와 기능 사이의 관계를 설명해야 한다는 측면에서도 요구되었다.

비타민에 대한 과학계의 관심은 영양의 생리학과 생화학에 대한 지식을 획득하고 적용하는 것이었다. 따라서 일차적으로 사람의 정상적인 성장과 특정 질병들의 병인(病因)에 대해 비타민이 어떤 역할을 하는지에 집중되었지만, 이러한 관심은 궁극적으로 개별 비타민들이 신진대사에서 구체적으로 어떤 기능을 수행하는지와 결부되었다. 이 과정에서 국부적인 신진대사 기능이 밝혀지려면 비타민의 화학구조에 대한 지식이 반드시 필요하다는 확신이 형성되었고, 이러한 확신은 음식, 특정 질병, 나아가 우리 몸 자체에 대한 분자적 관점(molecular vision)을 강화시켰다. 비타민은 몸의 징상적 기능과 이상(異狀) 기능을 분자적 수준과 분자들의 반응이라는 수준에서 연구하는 생화학적 실행과 그 탐구 전략을 떠받치고 강화시켰다.(Kamminga, 1998: 100-101)

1930년대에 생화학 연구는 독일을 넘어 영국을 비롯한 여러 나라로 확산되었으며, 영국의 의학연구협회(Medical Research Council, MRC)와 미국의 록펠러 재단 등의 연구비 지원으로 발전을 거듭했다. 1930년대 말엽에는 연구소, 병원, 국가, 산업 사이의 다중 연결고리가 자리를 잡기 시작했다.

2차 세계대전은 이러한 흐름에 한층 박차를 가했으며, 유례없이 많은 과학자들이 참여하게 되었다. 2차 세계대전의 생의학 동원은 그 중심에 분자가 위치했다. 과학자, 임상의, 산업, 노동자, 그리고 수많은 전시(戰時) 정부 기구 등이 일련의 전략적 분자들을 생산하기

| 그림 1 | 비타민 D를 강화한 글락소의 분유 광고

위해 동원되었다. 이런 분자들에는 술폰아미드나 페니실린과 같은 항(抗) 박테리아제, 말라리아 치료제, 그리고 수혈을 위한 혈액 분류제 등에 쓰였다. 특히 영국과 미국이 수행했던 페니실린 연구는 연합군과 의사들에게 '질병과의 전쟁(war against disease)'을 치를 수 있는 강력한 무기를 제공해주었다. 전후 재건기에 페니실린 프로젝트는 하나의 모델이 되었다. 그것은 생의학 연구에서 국가가 기초 연구를 지원해야 한다고 주장하고, 생의학의 연구 전략을 관리할 필요가 있다는 점을 제기한 측면에서 모두 모델이 되었다고 할 수 있다. 이 과정에서 신약 개발용 대규모 임상시험을 수행하기 위한 동원 모델 (mobilization model)도 등장하게 되었다.

비타민은 하나의 사례에 불과했다. 그렇지만 분자화를 2차 세계대전 전후에 등장한 분자를 중심으로 한 일련의 전략적 접근방식이자 생물학, 의료, 그리고 산업 사이에서 형성된 동맹으로 보는 관점은 오늘날 분자를 중심으로 생명현상을 이해하고 그 처방을 얻으려는 경향이 왜 이처럼 큰 힘을 얻게 되었는지를 설명할 수 있는 좋은 틀을 제공해준다. 여기에서 분자화는 자연스럽게 이루어진 과정이라기보다는 분자를 중심으로 한 일련의 실행(practice)으로 간주되며, 이러한 실행이 처음 수립되고 이후 변형되는 과정에는 여러 사회집단들의 상호작용이 있었다.

전 지구적 사유화 체제

분자화는 이미 간전기부터 정부, 군, 산업 등 여러 세력들에 의해 형성된 동맹에 의해 활용되면서 동시에 스스로 강화되는 일련의 실행양식이었다. 신자유주의 상황은 이러한 분자화의 실행양식에 큰 변화를 초래했다. 변화가 두드러지게 된 것이 대체로 1980년대 이후라는 데 많은 학자들이 동의한다.(Mirowski, Sent, 2008; 프리켈, 무어, 2013) 그 변화는 과학기술의 실행 주체인 행위자, 규율양식, 그리고 지원체계 등 테크노사이언스의 실행양식 전반에서 포괄적으로 나타났다.

먼저 행위자의 측면에서 몬산토(Monsanto)나 신젠타(Syngenta)와 같은 초국적 종자 및 생명공학 기업들의 등장과 이윤추구를 위한 공격적인 활동은 기존의 과학기술 행위자들과는 크게 다른 이종적(異種的) 행태를 나타냈다. 이들 기업은 인수합병을 거듭하면서 점차 공룡화되었고, 그 영향력의 측면에서 개별 정부를 능가할 정도이며 미국에서도 식품의약품국(FDA) 등 규율기관과 정부기관들에 포괄적인 로비 활동을 벌이고, 인도를 비롯한 제3세계 국가들에서 종자 판매를 둘러싼 갈등을 빚는 등 국제적으로 많은 긴장을 야기하고 있다. 이러한 기업들의 활동은 유전자 조작 생물을 비롯한 생명공학의 지식 생산 방식에도 크게 영향을 미치고 있다.

과학기술의 규율양식에서 나타난 변화로는 공교롭게 같은 1980년에 있었던 베이돌 법안(Bayh-Dole Act)이라 불리는 특허 및 상표 수정법(Trade and Trademark Act Amendments)의 제정과 다이아몬드-차크라바티 판결을 들 수 있다. 베이돌 법안은 연방자금의 지원을 받아서 연구를 진행한 대학이나 기업이 발명에 대한 권리를 가지고 특허를 신청할 수 있는 길을 열어주었다.(김동광, 2010: 324-347) 또한 미국 제너럴 일렉트릭 사의 유전공학자인 아난다 차크라바티(Ananda Chakrabarty)는 방사선을 이용해서 유전자를 변형시켜 석유를 분해할 수 있는 미생물을 개발하는 데 성공했고, 1970년대 초반부터 특허를 신청했다. 처음에는 생물에 대한 특허라는 낯선 상황 때문에 기각되었지만 결국 1980년 연방대법원은 5대 4의 근소한 차이로 생물특허를 인정해주었다. 당시 생물의 유전자 변형은 새로운 사건이어서 이 역사적 판결은 언론의 비상한 주목을 받았다. 《워싱턴 포스트》는 만평을 통해 프랑켄슈타인을 현실에서 만들어낸 사건에 비유했고, 미국의 과학사학자 대니얼 케블스(Daniel Kevles)는 그 충격을 이렇게 말했다.

대법원 판결이 얼마나 아슬아슬했든 간에 대중은 이윤을 위해 괴물을 만드는, 혹은 생명의 본질을 조작하는 일이라고 생각할 것

같다. 엄밀히 말해 생명공학계에서 미국 특허법 역사상 최초로 특허 심의에 도덕적 논쟁을 끌어들인 사례이므로 그 결과를 계속 지켜봐야 한다.(뇌플러, 2016: 60-61에서 재인용)

다른 한편, '과학기술 = 전문가의 영역'이라는 전통적인 고정관념을 넘어 일반 시민들이 과학기술을 둘러싼 의사결정에 참여하고, 나아가 과학기술 지식을 공동생산하기까지 하는 등 적극적인 역할을 수행하게 된 것도 중요한 변화 중 하나이다. 여기에는 과거 노동조합이나 정치적 단체들을 중심으로 정치적 투쟁으로 한정되었던 사회운동이 환경, 보건, 과학기술 등 다양한 주제를 포괄하는 신사회운동으로 주체와 주제가 확장된 것도 한몫을 했다.(김동광, 2017: 315)

2010년대 이후에는 전통적인 형태의 과학기술 시민참여, 즉 합의회의, 과학상점 등 과학기술과 관련된 의사결정에 시민이 직접 참여하는 것을 넘어서, 메이커(maker) 운동과 리빙랩(living lab) 활동 등 다양한 층위와 영역에서 시민들의 과학기술 활동이 늘어나는 시민과학(citizen science)의 차원으로 확장되고 있다. 이러한 변화는 신자유주의적 상황이 가져온 또 다른 적극적 측면으로 일반 시민들이 과학기술의 지식 및 그 산물의 생산에까지 직접 참여할 수 있는 가능성을 열어주었다고도 볼 수 있다.[2]

2　시민과학의 새로운 전개양상에 대해서는 『과학기술학연구』 제18권 제2호(통권 제36호)의 특집 "시민과학의 현황과 새로운 가능성"에 실린 논문들을 참조하라. 박진희는 "한국 시민과학의 현황과 과제", 김지연은 "한국의 시민과학이 전하는 메시지: 1982-2018", 김동광은 "메이커 운동과 시민과학의 가능성"을 주제로 썼고, 김동광의 글은 메이커 운동을 비롯한 시

이러한 과정에서 과학지식의 생산양식에서도 큰 변화가 일어났다. 과학기술학을 비롯한 여러 분야의 학자들은 오늘날 과학기술지식 생산양식이 과거의 그것과 상당한 차이를 나타내고 있다는 점에 주목해왔다. 스콧 프리켈(Soff Frickel), 데이비드 헤스(David Hess), 대니얼 클라인먼(Daniel Kleinman) 등은 상업화가 지식생산에 미치는 영향을 분석하는 데 그치지 않고, 상업화를 비롯한 과학을 둘러싼 정치경제학의 변화에 새롭게 초점을 맞추었다.(Hess, S. Frickel. 2014: 1-33; Scott. Sahara, Howard, et al, 2010: 444-473)

과학기술의 상업화에 대한 연구는 1980년대 이후 과학기술학을 비롯한 여러 분야의 학자들에 의해 이루어졌지만, 2000년대 이후에 들어서면서 단순한 상업화의 문제를 넘어서 과학지식 생산양식 자체에 영향을 미치는 체제(regime)의 문제로 인식하게 되었다. 신과학정치사회학(new political sociology of science, 이하 NPSS)은 신자유주의가 빚어낸 새로운 환경 속에서 등장한 이종적 행위주체들, 테크노사이언스의 산물로 등장한 GMO와 같은 낯선 인공물들에 어떻게 대응할 것인가라는 학문적 및 실천적 요구에 대한 부응이라고 할 수 있다. 이러한 접근방식에서 상업화는 단지 국소적이거나 일화적(逸話的) 현상이 아니라 전 지구적 사유화 체제(globalized privatization regime)로 이해되며, 그로 인해 과학활동 자체가 이전 시기와 크게 달라졌고 지식추구의 양상과 과학지식 생산양식에 큰 변화가 나타난

민과학의 전개과정과 신자유주의와의 관계에 대해 고찰했다(김동광. "메이커 운동과 시민과학의 가능성", 『과학기술학연구』, 제18권 제2호 2018, 95-134면).

것으로 해석된다.(Mirowski, Sent, 2002: 635-689)

인간유전체계획

1990년에 미국을 중심으로 한 국제 컨소시엄의 형식으로 시작된 인간유전체계획(Human Genome Project, HGP)은 이러한 진전과정에 중요한 토대를 제공했다. '생물학의 맨해튼 프로젝트'로 불리기도 하는 HGP는 미국이 냉전 이후 생명공학 기술을 통해 초강대국의 지위를 유지하려는 의도적인 노력으로 이루어졌다. 전쟁 기간 전자식 컴퓨터 개발로 대표되는 전자공학이 극소전자혁명으로 이어졌지만, 일본을 비롯한 후발국들의 추격을 받자 미국은 1973년 재조합 DNA 기술 실현으로 그 가능성이 확인된 생명공학으로 눈을 돌렸다. 여기에는 냉전 종식으로 이데올로기가 아닌 기술력과 경제력을 중심으로 한 국가 경쟁력이 새로운 안보축이 된 점도 함께 작용했다. 냉전 이후의 거대과학인 인간유전체계획은 전쟁을 위해 시작된 맨해튼 프로젝트나 ENIAC과 달리 향후 형성될 천문학적 규모의 생물학과 의료 시장을 염두에 두고 추진되었다는 점이다.(김동광, 2001: 105-122)

아데닌, 시토신, 구아닌, 티민이라는 4가지 염기로 이루어진 인간의 유전체를 해독하는 인간유전체계획은 '생물학의 성배(聖杯)' 찾기로 치장되었고, 2003년 염기서열이 모두 해독되면서 '생명 = 유전자'라는 환원주의적 · 분자적 생명관이 지배적인 생명관으로 자리잡게 되었다. 이처럼 생명 정보 개념은 새로운 과학적 진전이 이루어질 때마다 변형을 계속해나갔다. 이제는 사이버네틱스의 유비에 기댈 필요없이 유전자의 염기서열이라는 구체적 정보개념이 획득되었기 때문이다. 인간유전체계획으로 인간을 비롯한 생명현상이 염기서열로 표상되면서, 생명이 정보로 기술될 수 있을 뿐 아니라 마음대로 조작할 수 있다는 조작 가능성에 대한 신념 또한 극대화되었다. 이후 재조합 DNA기술을 기반으로 GMO가 등장하고, 줄기세포 치료를 둘러싼 논란이 이루어졌으며, 최근에는 유전자가위 기술이 등장하면서 생명을 편집하고 조작할 수 있다는 생각이 극대화되었다.

NPSS 진영에 속하는 데이비드 헤스를 비롯한 학자들은 상업화와 신자유주의 세계화가 결합하면서 사실상 전 세계가 시장 기능과 무역 자유화에 대한 과도한 믿음을 가지고, 복지국가의 역할이 축소되고, 전통적인 국민국가의 역할을 약화시키고 신자유주의 이념을 강요하는 국제조약과 국제기구들 등이 '촘촘한 그물망'을 이루면서 불평등이 심화하고 민주주의가 후퇴했다는 측면에서 이전 시기와 사뭇 다른 양상을 나타내고 있다고 주장했다.

먼저 경제적 관점에서 전 세계적 공급 연쇄의 복잡성과 밀도 증가, 금융의 국제화, 대규모 초국적 기업과 그들로부터 혜택을 받는 엘리트들에게 부(富)가 집중되면서 경제변화가 자연스러운 진화과정과는 거리가 멀게 국가정책이나 국제조약에 의해 추동되는 현상을 들 수 있다. 이러한 정책과 조약은 무역 자유화를 지지하고, 복지국가의 역할을 축소시키고, 시장구조를 재편하고, 기업 간 합병을 용이하게 해주는 방향으로 일관한다. 이러한 변화는 엄청난 부를 창출하지만, 미국을 비롯해서 많은 나라들에서 부의 재분배에서 나타나는 불평등이 날로 증가해왔다. 정치적인 관점에서, 세계화는 국민국가가 그 경제를 지시하고 조직하는 능력을 약화시킨다. 식민주의에서 벗어난 작은 나라들은 이미 이러한 제약을 오랫동안 겪어왔지만, 미국과 같은 강력한 정부도 국제조약들, 국제정부조직, 초국적기업, 교역관계, 초국적 시민사회 조직 등의 날로 촘촘히 늘어나는 그물망에 의해, 자신들의 주권이 제약된다는 것을 깨닫게 되었다. 게다가 중앙정부와 도시, 지방 자치체 등은 각기 독립적으로 글로벌 경제와 관계를 모색하게 되었고, 부분적으로는 국가정책이나 정치를 우회한다. 각급 수준의 정부들은 한때 그들의 고유한 권한이라고 여겨졌던 많은 기능을 비영리 부문이나 영리 부문에 넘겨주게 되었고, 선출직이나 지명직 공무원들에 의해 이루어지던 의사결정의 상당부분은 이제 이해당사자들 사이의 거버넌스로 대체되었다. 그 결과 '민주주의 결핍(democracy deficit)' 현상이 점차 만연하게 되었다.(Hess. 2009: 2-3)

한편, 전 지구적 사유화 체제는 그 속에서 이루어지는 과학적 실행들을 초국적 기업과 같은 일부 집단의 이윤을 극대화시키는 방향으로 편향시키는 구조적 영향을 미치면서 "과연 과학이 누구를 위한 것인가?"라는 근본적인 문제를 야기한다. 따라서 헤스는 돈이 되는 지식은 차고 넘칠 만큼 만들어지면서 왜 정작 공익적으로 필요한 과학지식은 생산되지 않는가라는 '언던사이언스 문제(Undone Science Problem)'를 제기했다. 전 지구적 사유화 체제에서 윤리와 안전, 젠더와 연관된 과학지식이 생산되지 않는 것은 특히 이러한 과학지식 생산이 자본에 의해 지배되는 양상에서 일반 시민에게 무지가 강요되는 결과를 가져온다는 것이다. 5장에서 다룰 GMO 사례가 바로 이러한 경우이다. 따라서 헤스를 비롯한 NPSS 학자들은 이러한 현상을 '체계적인 지식의 비생산'으로 간주한다. 이러한 관점에서 과학기술을 둘러싼 불확실성이 증대하고, 과학이 발전할수록 사회적 불평등이 높아지는 것은 일화적인 현상이 아니라 구조적인 문제이다.

생명과학과 신자유주의의 필연적 결합

영국과 미국에서 이루어진 일련의 움직임은 국가가 지원하는 생명공학의 연구, 신기술을 기반으로 한 시장, 그리고 금융자본 사이의 강고한 동맹을 불렀다. 특히 미국은 레이건 행정부 이래 생의학의 혁명을 이끌어내기 위해 일련의 개혁 조치를 단행했다. 이미 앞에서 거론했던 1980년의 베이돌 법안과 다이아몬드-차크라바티 소송에 따른 생명 특허가 그러한 조치에 해당한다.

미국의 신자유주의 프로젝트는 생명과학과 그 인접 학문들의 새로운 가능성과 결정적으로 연관되어 있었다. 이제 생물학적 재생산과 자본 축적은 긴밀하게 맞물려서 생명과학을 이야기할 때 정치경제학의 전통적인 개념들, 즉 생산, 가치, 위기, 성장, 혁명 등을 거론하지 않기 힘든 상황이 되었다. 1980년대 이후 이러한 결합이 워낙 강고해지면서, 어쩌면 전통적인 정치와 경제의 영역들이 과거의 범주에 국한되지 않고 생명공학과의 연관 속으로 편입되어 들어오기 시작했다고 말하는 편이 옳을 수도 있다.

오늘날 생의학적 환원주의와 기술낙관주의의 융합 속에서, 과학과 기술, 순수과학과 응용과학, 대학 연구와 산업 연구, 군사 연구 사이의 역사적 구분은 거의 남아 있지 않은 상황이다. 생명과학에서 연구자들은 컨설턴트, 기업가, 회사의 이사와 주주로서 이러한 영영들 사이를 바쁘게 오간다. 어떤 연구자들은 과학자나 자본가 그 어느 쪽으로 불러도 크게 무리가 없을 정도이다. 거시정치경제와 지식생산 과정 모두에서 이러한 변형이 나타나면서 생명과학자들의 가치도 변화를 겪었다. 사회학자 로버트 머튼(Robert Merton)이 1940년대에 이야기했던 과학자 사회의 '탈(脫)이해관계(disinterestedness)'와 '공유주의(communalism)' 규범은 지적재산권과 특허가 논문보다 우대받는 오늘날의 상황에서 더 이상 무의미한 논의가 되었다.

힐러리 로즈(Hillary Rose)와 스티븐 로즈(Steven Rose)는 공간적, 시간적 거리가 사실상 소멸하면서 나타난 산업, 금융, 정치, 정보, 문화의 세계화가 20세기와 21세기의 생명공학 성장에서 중심을 이룬다고 보았다. 브라질, 싱가포르, 인도, 중국이 기술과학 역량을 과시하면서 미국 주도의 세계화는 현재 종말을 고하고 있다. 지난 5년 동안 중국은 영국과 미국을 추월해 세계에서 가장 규모가 크고 빠른 유전체 서열분석 산업을 운영하게 되었다. 유전체학은 정보학(informatics)에서의 혁명이 없었다면 불가능했을 것이다. 그런데 정보학 그 자체는 무엇보다도 전 지구적 도달수단을 얻고자 한 미국 군대의 노력에 의해 추동된 것이었다. 20세기 말이 되자 지구상에는 외딴 지역이 사라졌고, 월드와이드웹과 미국 군대의 인터넷의 결합으로 가능해진 변화가 삶의 모든 측면들을 포괄하게 되었다. 오늘날 중국은 유전체학뿐 아니라 사이버전쟁에서도 경쟁 대열에 끼어들었다. 이러한 혁명은 생명과학에 힘을 불어넣어 대학과 산업체 사이에 위치한 새로운 공간에서 새로운 잡종적 형태를 만들어냈다. 과학기술의 오랜 분야들이 변형을 거쳐 융합되었고 잡종성이 빠르게 확산됐다. 기밀 유지를 전제조건으로 하는 산업연구소들이 점차 대학 캠퍼스 내에 자리잡게 되었다.(힐러리 로즈, 스티븐 로즈, 2015. 25-26쪽)

　세계화는 거대 제약회사의 성공에서도 핵심적인 역할을 한다. 상위 20개 회사의 연간 총매출을 합치면 4천억 달러에 달하며, 그 범위도 전 세계에 미쳐 연구활동과 임상시험의 장소를 계속 이전하고 있다. 서구에서 임상시험의 비용이 증가하고 유사한 약으로 치료를 받은 적이 없는 피험자를 찾기가 어려워지면서, 제약회사들은 임상시험을 가난한 국가들로 외주를 주고 있다. 신자유주의 경제를 받아들이고 내부 투자를 유치하려 하는 동유럽 국가들을 비롯한 많은 나라들은 이러한 경향을 환영해왔다. 생명공학 분야에서 나타나는 중국의 약진은 생명윤리에 대한 규제가 약한 지역에서 공격적인 연구가 진행되면서 나타난 현상으로 볼 수 있다.

　미국의 급진적인 과학단체인 〈민중을 위한 과학(science for the people)〉의 대표로 활동한 존 벡위드(Jon Beckwith)는 거대 제약회사와 재조합 DNA 연구의 문제점을 일찍이 제기했다. 벡위드는 1970년 1월에 미국 미생물학회가 수여하는 일라이릴리 상인 미생물학과 면역학 부문의 상을 수상한 자리에서 일라이릴리를 비롯한 제약회사들이 대중에게 쓸모없고 터무니없이 비싼 약을 떠안기는 가장 악질적인 산업 깡패라고 비판했다. 그는 부상으로 주어진 1천 달러의 상금을 당시 급진적 흑인 인권운동 단체였던 흑표범당에 전액 기부하기도 했다.

벡위드를 비롯한 젊고 정치적으로 활동적인 분자생물학자들은 1960년대 말부터 활발하게 생명공학의 진전이 환경과 인간에 미치는 위험을 지적했다. 하버드 대학의 분자유전학자 벡위드와 제임스 샤피로는 유전자(박테리아의 젖당 오페론)를 처음으로 분리해낸 사실을 보고한《네이처》논문의 선임 저자들이었다.[3] 그러나 벡위드와 샤피로는 자신의 과학기술적 성취를 자랑스럽게 내세우는 대신, 이 기회를 이용해 이 연구에 수반되는 위험을 널리 알리려 했다. 특히 그들은 DNA를 변형함으로써 유전자를 조작할 가능성(DNA 재조합)과 변형된 박테리아가 환경 속으로 유출돼 식물, 동물, 인간에게 예기치 못한 결과를 빚을 위험에 주목했다. 벡위드는 자서전에서 이렇게 썼다.

> 1969년 우리 실험실은 박테리아인 대장균에서 유전자를 정제하는 기법을 개발하고 있었다. 우리는 최초로 생물체의 염색체에서 하나의 유전자를 완전히 분리했다. 정상 상태에서 그 유전자는 다른 유전자들에 둘러싸여 있었다. 우리는 실험실의 시험관 안에서 유전자를 정제한다면 유전자가 작동하는 방식을 알아낼 수 있는 수많은 실험이 가능해지라는 사실을 알고 있었다. (중략) 우리는

3　그 저자들은 다음과 같다. J. Shapiro, L. Machattie, L. Eron, G. Ihler, K. Ippen, J. Beckwith.

사람의 유전자 변화가 잠재적으로 건강상의 이익을 가져올 수 있다는 것을 알고 있었지만, 그보다는 통제나 차별의 수단으로 악용될 가능성이 더 높다는 점에 우려했다. 이러한 우려는 당시 베트남 전쟁과 '첨단기술 전투', 즉 우리가 반대하는 전쟁을 수행하기 위하여 레이저와 같은 장치에 과학적 성과를 적용하는 데에서 비롯되었다. 그 무렵 많은 과학자들 사이에서 자신의 연구가 오용(誤用)될 가능성에 대해 점차 우려가 팽배했다.(벡위드, 2009: 24-25)

그들은 분자유전학이 현대사회에 생물계를 조작할 수 있는 전례 없는 힘을 제공하고 있다고 주장했다. 프로메테우스적 사고방식에서 이는 인간에게 혜택(과 수익)을 제공할 수 있지만, 비관적 사고방식에서는 엄청난 위협이 될 수도 있다. 결국 벡위드와 샤피로의 경고는 새로운 생명공학이 제기하는 위험에 관한 대중의 불안이 서서히 고조되는 데 영향을 주었다. 이에 대응해 국립보건원(National Institutes of Health, NIH)은 재조합 DNA 자문위원회(Recombinant DNA Advisory Committee)를 설립했고, 영국에서도 이를 본떠 윌슨 행정부가 유전자조작자문그룹(Genetic Manipulation Advisory Group)을 신속하게 구성했다. 하버드 대학이 위치한 케임브리지 시 의회는 충분한 증언을 청취한 후에 시 경계 내에서 그러한 연구를 금지하도록 요청했다. 이러한 대중의 불안과 적대감에 직면하자, 지도적 분자생물학자들은 점차 우려를 표하게 되었다.

카우시크 순데르 라잔(Kaushik Sunder Rajan)은 그의 저서『생명자본(Biocapital, The Constitution of Postgenomic Life)』에서 마르크스주

의를 기초로 생명자본과 자본, 자본주의와의 상관관계를 밝히려 시도했다. 그는 생명공학(biocapital)이라는 개념의 이론적 근거를 오늘날 생명공학을 비롯한 테크노사이언스(technoscience)가 점차 더 활발하게 작동하는 자본주이라는 틀을 함께 볼 필요성에서 찾는다. 그는 다음과 같은 가설을 제기한다.

자본주의가 새로운 테크노사이언스의 출현을 과잉결정하지만, 그 자체의 지형이 단일하거나 고정되지 않은 정치경제 체제라는 것이다. 달리 말하면 생명의학 연구에서 자본주의는 당연시될 수 없는데, 이는 자본주의 자체가 역동적이고 변화무쌍하며 위태로운 지경에 처해 있기 때문이다.(라잔, 2012: 22-23)

탈산업주의, 포스트 포드주의 그리고 생명공학

신자유주의적 세계화와 생명공학의 떼려야 뗄 수 없는 결합은 1990년을 전후해서 미국을 비롯한 서구 경제가 탈(脫)산업주의의 거센 요구를 받고 있었다는 측면에서도 고찰할 수 있다. 사실 이런 요구는 1960년대 후반과 1970년대부터 미국이 두 차례의 석유 파동을 겪고 제조업 분야에서 일본을 비롯한 후발 주자들의 맹렬한 추격을 받으면서 이미 시작되었다고 할 수 있다. 1962년 레이첼 카슨(Rachel Carson)의 『침묵의 봄(Silent Spring)』이 발간된 이후 환경운동이 대두하면서 미국 정부의 규제가 강화된 것도 한몫을 했다. 전자, 자동차 화학산업과 같은 전통적인 산업들은 자신들이 생산한 폐기물의 처리비용을 스스로 물어야 했고, 낮은 인건비를 기반으로 한 일본과 대만, 한국들의 맹렬한 추격을 감당하기도 힘들었다.

멜린다 쿠퍼(Melinda Cooper)는 1972년에 발간된 로마클럽의 「세계미래 보고서」가 이러한 위기의식을 잘 보여주는 문헌이라고 말한다. '성장의 한계(the Limits of Growth)'라는 제목으로 잘 알려진 이 보고서는 인구증가, 공업산출, 식량생산, 환경오염, 그리고 자원고갈의 5가지 요소에 대한 분석을 기초로 21세기 초에는 인구를 부양하기에 지구 자원이 부족해질 것으로 경고했다. 쿠퍼는 이 보고서가 단순히 성장의 한계를 지적하는 데 그치지 않고 두 가지 한계, 즉 재생불가능한 자원 고갈과 독성을 가진 비생물분해성 폐기물의 꾸준한 집적을 제기했다고 해석했다. 흥미로운 것은 대니얼 벨(Daniel Bell)과 같은 신우파(new right) 이론가들이 이러한 경고에 공명하면서 산업경제에서 탈산업경제로의 전환을 요구했다는 점이다. "1970년대 내내 뉴라이트 이론가들은 미국 경제의 급진적인 구조조정을 요구했다. 세계지배권을 다시 확립하기 위해 신우파 이론가들은 미국이 유형 상품을 대량생산하는 중공업에서 벗어나 혁신 기반 경제로, 즉 한계가 없는 자원인 인간의 창의성이 중요한 경제로 전환해야 한다고 주장했다."(쿠퍼, 2016: 41)

우파 미래학자들은 로마클럽에서 공들여 밝힌 생태학적이고 생물권적인 한계들을 일일이 공박하면서 탈산업주의라는 방향을 통해서 탈산업 경제가 한계를 넘어 성장을 지속해나갈 수 있다는 신념을 공고히 했다. 산업화와 자원 고갈이라는 근본적 문제를 지적한 로마 클럽의 보고서가 역설적으로 신우파 이념에 의해 탈산업주의를 통한

또 다른 산업화와 성장의 지속으로 번역된 것이다. 따라서 오늘날 전
지구적 사유화 체제가 마치 블랙홀처럼 모든 이슈와 주장들을 빨아
들여서 자신들의 주장을 뒷받침하는 근거로 전유(專有)하고 마치 외
발자전거처럼 끊임없이 성장과 발전을 거듭해야만 유지할 수 있는
셈이다.

5장

생명에 대한 조작과 개입의 극대화
― GMO와 유전자가위

1953년 DNA 이중나선 구조의 발견 이후 1973년 재조합 DNA 기술의 등장과 2003년 인간유전체계획의 완성으로 이어지는 일련의 과정에서 생명의 분자화와 분자적 생명관이 확립되면서 조작성의 비약적 증대가 이루어졌다. 이러한 분자화의 특성에 대해서는 이미 앞장에서 살펴보았다. 이처럼 생명공학의 발전은 한편으로 고도화된 조작성을 갖추면서 여러 영역에서 신자유주의와 전 지구적 사유화라는 정향성(orientation)을 좇는 경향을 나타낸다. 2000년대 이후 GMO, 유전자가위, 인공지능, 신경과학 등의 전개과정은 이처럼 생명의 분자화가 신자유주의의 정향(定向)에 의해 이윤추구를 극대화하고 초국적기업들의 이해관계에 철저히 복무하는 반면, 공공성을 급격히 상실하고 사회적 불평등을 확대재생산하면서 과학기술을 둘러싼 불확실성을 높이는 양상을 나타내게 되었다.

오늘날 세계가 직면하고 있는 불확실성의 증대는 상당 부분 이처럼 테크노사이언스가 신자유주의와의 결합을 고도화하면서 나타나는 현상으로 간주할 수 있으며, 생명공학 기술이 발달하면서 윤리와 안전과 같은 문제가 향상되기보다 오히려 악화되거나 과거에는 없었던 새로운 기형적 문제점이 나타나는 현상을 피할 수 없다. 이것은 테크노사이언스의 고도화가 신자유주의와 점차 긴밀하게 상호결합하면서 나타나는 구조적인 문제로 인식할 필요가 있다. 이 장에서는 이른바 정밀농업으로서의 GMO[4]와 유전자가위 사례를 중심으로 이러한 현상을 구체적으로 살펴보겠다.

생명 조작 기술로서의 GMO와 불확실성

GMO는 1973년 재조합 DNA 기술이 출현한 이후 그 기술을 적용해서 처음 시장화에 성공한 생명공학의 산물이기 때문에 그만큼 큰 기대와 우려가 동시에 집중되었다. 또한 GMO는 그에 대한 인식을 둘러싼 과학적 논쟁과 GMO의 도입과 생태계 방출을 둘러싼 사회적 논쟁 역사를 통해 중요한 특성을 배태하고 있다. 그것은 지금까지 생명 진화의 역사에서 한 번도 나타나지 않았던 유전적 조성을 가진 생물체로서의 새로움 때문이다. GMO는 그 탄생과 함께 이러한

4　이 장에서 다루어지는 GMO 논의는 다음 논문을 기반으로 했음을 밝혀둔다. 김동광, 2019, "전 지구적 사유화 체제와 생명공학의 실행양식- 'undone science'로서의 GMO 연구와 그 함의를 중심으로", 『생명, 윤리와 정책』(제3권 제2호), (재)국가생명윤리정책원. 2019년 10월. 19-47쪽.

이중성과 양면성을 가지고 있으며, 이러한 존재적 양면성과 모호함은 GMO를 둘러싼 다양한 이해당사국과 이해관계 집단들이 자신들의 이해관계에 유리한 규제체계를 수립하기 위해 즐겨 동원하는 수사적·담론적 원천으로 기능해왔다.(김동광, 2010: 179-210)

GMO는 아주 오래된 주제임에도 '정보로서의 생명' 개념의 등장이라는 이 책의 주제와 연관해서 여전히 많은 쟁점을 포함하고 있다. 아직도 GMO를 둘러싼 논쟁은 계속되고 있으며, 좀처럼 논쟁이 종결될 기미를 보이지 않고 있다. GMO에 대한 부정적 인식이 강한 영국에서는 지난 2003년 보다 못한 정부가 나서서 6주일에 걸쳐, 수 만 명이 참여하는 'GM Nation?'이라는 전국 단위[5] 대중토론을 공개적으로 벌였지만 일반 대중들의 불안감을 해소하지 못했고, 전문가들 사이의 첨예한 의견 차이도 좁히지 못했다. 그것은 이 주제를 둘러싼 이해 당사자들의 이해관계가 첨예하고, GM 기술을 둘러싼 불확실성이 매우 높고, 가장 중요한 점으로 GMO가 수행되지 않은 과학, 즉 언던사이언스(undone science)의 중요한 사례로 정작 시민사회가 GMO의 안전성과 윤리성에 대해 많은 의문을 품고 있음에도 충분한 연구가 이루어지지 않으면서 체계적으로 무지가 생산되는 '무지의 정치'가 작동하기 때문이다.

5 　　이 토론은 모두 세 단위(tier)로 진행되었다. Tier 1 토론은 전국단위로 잉글랜드, 웨일스, 스코틀랜드, 북아일랜드에서 하나씩 총 1천 명이 참여해서 진행되었고, Tier 2는 지역차원, Tier 3는 지역자원단체 차원으로 총 2만 명 이상이 참여했다. G. Rowe, T. Horick-Jones, J. Walls, et al. "Difficulties in Evaluating Public Engagement Initiatives; Reflections on an Evaluation of the UK GM Nations? Public Debate about Transgenic Crops". Public Understanding of Science. 14. 2005. pp.331-352.

이 절에서는 우선 GMO를 둘러싼 해묵은 쟁점, 즉 처음 개발되고 1994년에 처음 시장에 출시된 이래 그토록 많은 논란이 있었음에도 왜 인체 유해성과 환경 영향을 둘러싼 쟁점이 해결되지 않는가라는 의문의 원인을 밝히기 위해 GMO의 불확실성과 언던사이언스로서의 특성을 분석하고자 한다.

오늘날 GM 식품의 탄생을 가능하게 한 중요한 기술적 돌파구는 1970년대 초의 재조합 DNA 기술(recombinant DNA)의 등장이었다. 새로운 기술이었던 재조합 DNA 기술에 대한 관점은 단일하지 않았으며, 당사자인 과학기술자와 미국 정부, 일반 시민들은 이 기술이 가지는 불확실성과 위험에 대해 제각기 다양한 대응양식을 나타냈다. GMO를 탄생시킨 재조합 DNA 기술은 탄생부터 과학기술적 · 사회적 논란에 휩싸인 셈이었다.

1994년 최초의 GMO 플레이버 세이버 토마토가 시장에 출시되면서 GM 식품은 순조로운 출발을 보이는 듯했지만, 이후 유럽을 중심으로 강력한 반대에 부딪혔고, GM 식품 승인의 중요한 근거로 제시되었던 '실질적 동등성'[6] 개념은 심각한 도전에 직면했다. 또한 1990년대 후반 이후 동물실험 과정에서 GMO가 인체 및 생태계에 해로운 영향을 미칠 수 있다는 GMO의 안전성을 둘러싼 과학기술적 논

6　실질적 동등성(substantial equivalence) 개념은 유전자 재조합을 통해 생산된 산물이 전통적인 육종의 산물과 사실상 다르지 않다는 입장이다. 1993년 OECD가 제안해 FAO/WHO 합동자문회의에 의해 채택된 이래, 주로 미국을 비롯한 GM 곡물 생산국들이 GM 식품 규제의 원칙으로 받아들이고 있다. GMO와 실질적 동등성 개념에 대한 논의는 다음 문헌을 보라. 김동광. 2010, "GMO의 불확실성과 위험 커뮤니케이션, 실질적 동등성 개념을 중심으로". 『사회와 이론』. 통권 16집. 179–209쪽.

쟁이 본격화되었다. 또한 GMO가 인류의 식량난을 해결할 수 있는지, 그리고 GM 기술의 혜택이 기아에 시달리는 저개발국에게 돌아갈 수 있는지 아니면 개발 당사자인 생명공학 기업들만이 이익을 얻는지에 대한 사회적 논쟁도 계속되고 있다.

이처럼 GMO에는 그 토대가 되는 유전자 재조합 기술의 불확실성, 식품이라는 점에서 인체에 미치는 영향을 둘러싼 불확실성, 신자유주의 체제에서 생산국과 소비국 등 전 지구적 차원의 이해당사자들 사이에서 빚어지는 복잡한 갈등 등이 한데 집약되어 있다고 할 수 있다. 따라서 GMO의 불확실성은 어느 한 요소로 환원시키거나 쉽게 소거되기 힘들다. GMO의 불확실성은 크게 인식론적 불확실성, 과학적 불확실성, 그리고 사회적 불확실성으로 구분할 수 있다.

첫째 GMO는 인류가 지금까지 먹거리로 삼아온 어떤 식품과도 다른 태생적 근원을 가지며, 재조합 DNA 기술이라는 논쟁적인 기술을 통해 지구상에서 한 번도 존재한 적이 없었던 유전적 조성을 가졌다. 따라서 GM 식품이 새로운 식품인지, 아니면 전통적인 인위육종(人爲育種)의 연장선에 있는 식품인지를 둘러싼 불확실성이 존재한다.

둘째, 과학적 불확실성은 GMO의 인체 및 생태계 유해성을 둘러싼 논쟁에서 나타난 불확실성이다. 과학기술적 불확실성은 정책연관 과학에 대해 서로 갈등을 일으키는 여러 가지 해석을 제공하고 위험을 둘러싼 가치 갈등(value conflict)을 격화시켜 위험을 둘러싼 논쟁을 야기한다. 과학자들은 대개 이러한 불확실성에 대해 분명한 입장 표명을 하지 않는다. 흔히 사회적 맥락과 분리되는 과학적 사실과 증거에만 근거한 위험 평가가 가능하다고 생각하고, 실제로 그러한 시도가 이루어지지만 현실적으로 이러한 분리는 불가능하다.

마지막으로 정치경제적 불확실성은 GM 작물을 둘러싼 수입, 수출국의 이해관계가 저마다 다르기 때문에 GMO의 생산, 승인, 수출, 수입 등을 둘러싸고 발생한다. 그 대표적인 예가 바이오안전성의정서(Cartahena Protocol on Biosafety)이다. 의정서의 문제점은 2003년에 발효되어 10여 년이 지났고 2017년 현재 우리나라를 비롯해서 170여 개 국이 가입했지만 정작 콩, 옥수수, 목화, 캐놀라 등 GM 곡물이 전체 재배면적의 70% 이상을 차지하고 있는 미국, 캐나다, 아르헨티나, 호주 등 GMO를 주로 수출하는 나라들이 의정서에 가입하고 있지 않다는 점이다(바이오안전성백서, 2017).

GMO를 둘러싼 이러한 불확실성들의 복잡한 얽힘은 GMO를 둘러싼 쟁점들이 최초의 GM 토마토가 출시된 지 수십 년이 지나도록 해소될 기미를 보이지 않는 이유를 얼마간 보여준다. 흔히 기술 위험을 둘러싼 논쟁에서 과학적 요소와 사회 및 문화적 요소를 분리시킬 수 있다는 과학주의적 접근방식이 많이 채택된다. 방사능, 독성 화학물질, 환경오염 등을 둘러싼 과학기술 논쟁에서도 이러한 경향이 일반적으로 나타나지만, 특히 생명공학은 생명과 직결된 주제를 다루기 때문에 다른 쟁점들보다도 불확실성에 대한 대응양식에서 심한 갈등이 빚어진다. GMO의 불확실성이 해소되지 않는 근본적인 이유는 전 지구적 사유화 체제 속에서 GMO가 언던사이언스의 전형적인 사례이기 때문이다. GMO는 신자유주의 시대에 전 지구적 사유화 체제와 공동-생산된 생명공학의 실행양식의 전형적인 사례에 해당한다.

언던사이언스의 대표적 사례, GMO

　신자유주의와 전 지구적 사유화 체제, 그리고 테크노사이언스는 떼려야 뗄 수 없이 밀접하게 얽혀 있고, 이음매를 찾을 수 없을만큼 긴밀하게 결합되어 있다. 신자유주의 정치경제학의 요구가 생명공학을 비롯한 테크노사이언스의 발전을 부추기고, 생명공학에서 이루어진 혁신적 연구가 다시 신자유주의의 강화와 변형을 낳는 것이다. 여기에서 무엇이 먼저이고 나중인지 가려내기란 불가능하며, 이러한 공(共)구성과 공동생산의 결과가 무엇인지 예측하기도 매우 힘들다.

　앞절에서 개괄한 GMO를 둘러싼 불확실성 역시 인식론적·과학적, 그리고 정치경제적 불확실성들이 풀기 어려운 실타래처럼 얽혀있다. 3가지로 분류해서 설명한 것은 단지 논의의 편의를 위한 것일 뿐 불확실성들은 결코 단일하게 존재하지 않는다. 이 절에서는 GMO의 안전, 윤리, 그리고 이해관계, 즉 GMO가 누구의 이익에 복무하는가를 둘러싼 논쟁이 해결되지 않는 이유를 언던사이언스(undone science) 개념을 통해 접근해보고자 한다.

GMO의 인체 유해성을 둘러싼 수행되지 않은 과학

　GMO는 개발된 이래 지금까지 인체 유해성을 둘러싼 논쟁에서 벗어나지 못하고 있다. 우리나라를 비롯해서 대부분의 나라들은 GMO에 대한 시민들의 불안감을 불식시키기 위해 짧게는 10여 년 길게는 수십 년 동안 홍보, 교육, 인식 조사 등을 지속적으로 하고 있지만, 그 효과는 미지수이다. 과학자와 정부는 국민들이 GMO에 대한 지식이 부족해서 GMO에 대한 부정적인 인식을 가지고 있다고 생각하고, 적극적인 홍보와 교육을 통해 우려를 불식시킬 수 있다는 대중의 과학이해(Public Understanding of Science, PUS)에 대한 결핍모형(deficit model)의 접근방식을 채택하지만, PUS의 연구결과에 따르면 과학지식이 많다고 해서 반드시 과학에 대한 태도가 긍정적으로 바뀌지 않으며, 사안에 따라 다르다.(김동광, 2002: 1-24)

GMO의 인체 유해성에 대한 실험이 본격적으로 이루어진 사례로는 1998년 아르파드 푸스타이(Árpád Pusztai) 박사의 실험과 2012년 세랄리니 연구팀의 실험을 들 수 있다. 두 차례 모두 실험결과를 놓고 격렬한 논쟁이 벌어졌지만, 다른 과학 논쟁들과 달리 실험의 재연(replication)은 이루어지지 않았다.

푸스타이의 실험은 영국의 로웨트 연구소에서 이루어졌으며, GM 감자를 먹인 쥐에서 면역체계와 장기 발생에서 손상이 나타난다는 사실이 확인되었다. 푸스타이 박사는 렉틴 연구에서 세계적인 권위자였고, 300편이 넘는 논문과 2권의 저서가 있었다. 1995년에 스코틀랜드 농업, 환경 및 어업국(Scottish Office of Agriculture, Environment and Fisheries Department, SOAEFD)이 GM 곡물의 안전성에 대한 연구를 공모했고, 푸스타이가 제안서를 냈다. 당시까지 이 주제에 대해 본격적인 연구는 이루어지지 않았다. 푸스타이는 160만 파운드의 연구비를 받아서 연구를 수행했고, 그가 속해있던 로웨트 연구소는 GM 감자를 개발하던 액시스 제네틱스(Axis- Genetics)와 이윤을 나누는 계약을 맺었고, GM 감자가 상업화에 성공하면 푸스타이도 이익의 일부를 받게 되어 있었다. 푸스타이와 그의 연구팀은 때죽나무과(科)의 관목인 스노드롭(snowdrop)의 한 종 *Galanthus nivalis*에서 추출한 렉틴을 삽입해서 해충에 대한 저항성을 갖게 한 감자를 실험에 사용했다. 푸스타이는 처음에 GM 감자가 아무런 문제도 없을 것이라고 생각했다.[7]

1998년에 푸스타이는 언론과의 인터뷰에서 처음 예상과는 달리 GM 감자를 먹인 쥐의 창자와 면역체계에서 이상이 관찰되었다고 발표했고, "나라면 그것을[GM 감자] 먹지 않겠다."고 말했으며 "시민들을 실험용 쥐로 삼는 것은 매우 부당한 일이다."라고 덧붙였다.(Krimsky, 2015: 883-914) 이후, 이미 잘 알려져 있듯이, 엄청난 혼란이 뒤따랐다. 처음에 로웨트 연구소는 푸스타이의 연구결과가 언론에 대서특필되자 잠시 자랑스러워하다가 사태의 심각성을 깨닫고는 푸스타이의 연구를 중단시키고, 결국 퇴직을 종용했다. 푸스타이는 연구결과를 1999년《랜싯(Lancet)》에 게재했다.

과학계에서 푸스타이의 연구결과에 대한 비판이 이어졌다. 가장 대표적인 비판은 런던의 왕립학회(Royal Society)에서 제기되었다. 왕립학회는 푸스타이의 실험 설계가 형편없었고, 결과도 잘못이라고 비판하고 나섰다. 그러자 푸스타이는《사이언스 애스 컬처(Science as Culture)》지에 쓴 글에서 이렇게 반박했다.

---

7 이 내용은 주로 다음 문헌을 토대로 서술되었다. S. Krimsky. "An Illusory Consensus behind GMO Health Assessment". Science, Technology, & Human Values. 40(6). 2015. pp.883-914.

어떤 사람들은 내게 이렇게 말한다. '당신은 논쟁적인 과학자야. 당신의 결과는 비판받고 있어.' 좋다. 만약 이런 비판이 정당한 과학적 근거를 가지고 있다면 아무런 문제도 없다. 그러나 나는 과학적으로 실험을 했고, 동료심사를 받는 학술지에 투고했다. … 런던 왕립학회는 내 실험을 비판하지만 … 내가 쓴 270여 편의 논문 중에서 40편이 같은 방법론과 실험 설계를 사용했다. 나는 과학적으로 정당했다.(Pusztai, 2002: 69-92)

《랜싯》은 과학계로부터 논문을 게재하지 말라는 압력을 받자 통상적인 2~3명보다 훨씬 많은 6명의 심사위원에게 판단을 맡겼고, 결과적으로 5명이 출판에 문제가 없다는 판단을 내렸다. 그 후로도 푸스타이에 대한 비판은 계속되었지만, 정작 그의 연구를 재연하려는 시도는 없었다.

또 하나의 사례는 2012년 프랑스의 길에릭 세랄리니(Gilles-Éric Séralini) 박사팀의 연구이다. 그는 비영리 단체인 유전공학 연구와 독립적인 정보를 위한 협회(Committee of Research and Independent Information on Genetic Engineering, CRIIGEN)의 설립자이자 회장이었고, 그가 했던 연구도 협회의 자금 지원을 받았다. 그와 8명의 동료 연구자들은 2009년에 몬산토가 GMO에 대한 단기(90일) 실험을 수행해서 안전성을 입증하려고 했던 시도를 보고 좀 더 확실하게 GM 식품의 안전성을 확인할 수 있는 장기 실험을 계획했다. 생명공학 기업들은 많은 시간과 비용이 들어가는 장기 실험을 꺼렸고, 몬산토도 마찬가지였다. 2012년에 세랄리니 팀은 몬산토 사의 대표적인 글리

| 그림 2 | 세랄리니 박사의 연구결과 커다란 유방종양이 발생한 쥐의 사진

포사이드 제초제 라운드업(Roundup)과 라운드업 제초제에 저항성을 가진 GM 옥수수[8]의 장기 독성 실험을 수행했다. 그들은 자신들의 실험에 OECD 가이드라인 408을 적용했고, 처음부터 자신들이 발암(發癌) 연구를 하는 것이 아니기 때문에 그룹당 50마리를 사용해야 하는 발암 프로토콜(carcinogenesis protocol)을 적용하지 않는다고 밝혔다. 그 대신 그들은 실험군과 대조군으로 10마리의 쥐를 이용했다. 실험 결과 세랄리니 팀은 암컷 쥐들에서 커다란 유방 종양이 발생했고, 수컷 쥐에서 간의 울혈(鬱血)과 괴사(壞死)가 대조군에 비해 2.5에서 5.5배나 높게 나타났다는 사실이 밝혀졌다.

이 결과가 《식품과 화학 독성(Food and Chemical Toxicology)》지에 발표되자, 앞서 푸스타이의 경우와 마찬가지로 많은 비판이 이어졌다. 비판은 주로 종양 연구를 위한 프로토콜을 지키지 않았다는 점, 즉 50마리가 아닌 10마리를 썼다는 것이었다. 또한 세랄리니 연구팀이 자신이 활동하는 단체의 연구비를 받았기 때문에 이해관계 상충

---

8   몬산토는 강력 제초제인 라운드업에 대해 저항성을 가진 품종인 라운드업-레디(Roundup-ready)와 라운드업을 함께 판매해서 이익을 극대화했다.

(conflict of interest)이라는 윤리적 문제가 있다는 지적도 있었다. 그러나 세랄리니 팀은 자신들이 애당초 발암 연구가 아니라 장기 독성 연구를 한 것이고, GM 식품의 안전성 검사에 이러한 장기 연구가 필요하다는 것을 제기하려 했다고 반박했다.

세랄리니 사례에서도 마치 판박이처럼 푸스타이의 경우와 똑같이 논문 철회에 대한 압박이 이어졌다고 결국 논문이 철회되었다. 철회의 이유는 역시 지나치게 적은 실험동물의 숫자였다. 세랄리니와 동료들은 2014년에 쓴 논문에서 몬산토가 지원했던 연구들도 비슷한 종류의 쥐를 사용했고 숫자도 비슷했지만 연구방법을 문제삼아 철회되지 않았다는 점을 들어 자신들에게 지나치게 가혹한 기준을 적용했다고 비판했고, 《식품과 화학 독성》지에 논문 철회를 주장했던 사람들이 전직 몬산토 직원이었던 리처드 굿맨(Richard Goodman)을 비롯해서 생명공학 기업과 협력관계에 있는 사람들이었다고 지적했다.(Se'ralini, Mesnage, Defarge, et al, 2014: 1-6) 논문 철회로 이어지게 된 원인이 과학적인 비판이 아니라 사실상 산업계의 압력이었다는 주장이었다. 《식품과 화학 독성》지의 전(前) 편집위원이었던 마르셀 로버프로이드(Marcel Roberfroid)는 편집인에게 보낸 서한에서 세랄리니 팀의 논문 철회를 다음과 같이 간결하고도 강하게 비판했다.

나는 전 편집위원으로서 《식품과 화학 독성》처럼 권위 있는 학술지에서 항상 수행하는 충분한 심사를 거쳐 게재가 결정된 세랄리니의 논문을 철회한 당신의 결정을 매우 수치스럽게 여긴다 … 또한 나는 당신의 결정이 과학 연구(특히 생명과학)가 훨씬 덜 독립

적이고 산업의 압력에 훨씬 더 종속적이라는 세간의 주장을 뒷받
침해주었다는데 더욱 수치스러움을 느낀다. 내 생각에, 당신의 결
정은 산업의 이익에 도움이 되지 않는 과학정보라면 기꺼이 삭
제하려는 행동으로 해석될 수 있다. 만약 당신과 동료들이 세랄
리니의 연구가 내린 결론에 어떤 식으로든 의문을 가졌다면, 유
일한 과학적 태도는 추가적인 연구를 요구하는 것이었다. 데이터
를 철회시키는 것은 의문을 야기하며, 그것은 과학적 태도가 아니
다.(Roberfroid, 2014: 390)

푸스타이와 세랄리니 연구팀 사례에서 보았듯이, GMO의 안전성
에 대한 진지한 연구는 충분히 이루어지지 않았다. 푸스타이의 연구
이후 14년이 지난 2012년에야 세랄리니 연구팀이 독성 연구의 측면
에서 본격적인 실험을 수행했다. 두 차례 모두 연구결과를 둘러싸고
격렬한 논쟁이 벌어졌고, 논문 철회의 주장이 이어졌다. 세랄리니의
논문은 결국 철회되었지만 2년 후인 2014년에 다른 학술지《유럽환
경과학(Environmental Sciences Europe)》지에 다시 게재되었다. 이처
럼 심한 논쟁이 벌어졌지만, 놀랍게도 푸스타이 연구와 세랄리니 박
사 연구를 재연(再演)하려는 시도는 한 번도 이루어지지 않았다. 사
안의 중요성에 비추어본다면, 그리고 논쟁적인 과학실험의 참-거짓
(true-false)을 가리기 위해 항상 그 실험을 똑같이 재연하려는 실험들
이 이어졌던 통상적인 과학의 관행에 비추어볼 때 다른 학자들에 의
해 후속 연구가 이루어져서 실험을 재연하려는 시도가 없었다는 점
은 무척 기이하다. 그것은 GMO의 안전성 연구가 '언던사이언스'의

전형적인 사례임을 보여준다. 신자유주의 상황의 전 지구적 사유화 체제하에서 GMO의 안전성에 대한 연구는 제대로 수행되기 어렵고, 설령 누군가에 의해 수행되더라도 그 결과가 인정되고, 발표되고, 널리 확산되기 어려운 구조적 한계가 있다.

GMO와 기아문제 해결 논쟁을 둘러싼 언던사이언스

2016년 6월 29일에 DNA 이중나선 구조를 발견했던 제임스 왓슨 (James Watson)을 비롯해서 노벨상 수상자 147명이 '정밀농업을 지지하는 노벨상 수상자들의 서한(Laureates Letter Supporting Precision Agriculture [GMOs])'을 발표했다.[9] 이 서한의 수신 대상은 그린피스, UN, 그리고 전 세계 정부들이었는데, 그동안 GMO 특히 이른바 황금쌀(Golden Rice)에 반대해온 그린피스가 첫 번째 수신자로 명시된 것이 인상적이다. 서한의 내용은 그동안 GMO 지지자들이 했던 주장에서 크게 벗어나지 않는다. 먼저 인구증가로 인해서 식량 부족이 심각해질 것을 제기하고, 세계보건기구(WHO)의 자료를 인용해서 "저개발국가 5세 이하의 아이들 중 40퍼센트 이상이 비타민 A 결핍증(VAD)에 시달리고 있다."고 강조하면서 비타민 A를 강화한 황금쌀에 대한 그린피스 등 환경단체들의 반대가 '인간성에 대한 중대한 범죄'라고 강하게 비난하면서 각국 정부에게 그린피스의 반대 운동에 동조하지 말 것을 호소했다.

---

9 Support Precision Agricultrue. "Laureates Letter Supporting Precision Agriculture(GMOs)". 〈https://www.supportprecisionagriculture.org/nobel-laureate-gmo-letter_rjr.html〉.

여기에서 나타나는 특징은 먼저 GMO 지지자들의 논변에 물리, 화학, 생물, 생리의학, 경제학 등 여러 분야의 140여 명에 달하는 노벨상 수상자들이 대거 권위를 실어주었다는 점이고, 두 번째는 이 서한의 제목에서 잘 드러나듯이 GMO를 정밀농업과 등치시켜서 그동안 GMO에 대한 부정적 인식을 덜어내고 정밀한 과학으로서 GMO를 규정하려는 시도였다. 정밀농업(precision agriculture)은 일반적으로 인공위성을 통한 영상 촬영, 정밀 기후예측, 항공 촬영 기법, 센서와 빅데이터 등을 통한 수확량 예측 등의 첨단기술을 통한 영농기법 최적화로 이해되는데, 이 서한은 GMO를 정밀농업과 일치시켜서 첨단 영농기법으로의 당위성을 획득하려고 시도한 것으로 보인다.

그러나 ETC 그룹[10]은 서한이 발표된 직후인 7월 6일에 '몬산토와 신젠타를 위해 봉사하는 노벨상 수상자들(Nobel laureates serving Monsanto and Syngenta)'이라는 제목의 반박 성명을 발표했다.[11] ETC 그룹은 황금쌀 개발 과정부터 문제삼았다. 노벨상 수상자들이 황금쌀이 비타민 A 결핍증에 시달리는 저개발국 아이들을 위해 개발된 것처럼 이야기하지만, 실상 베타 카로틴을 함유한 GM 쌀은 두 명의 스위스 과학자들이 다른 실험을 하다가 우발적으로 나오게 된 산물이며, 따라서 최초 버전은 비타민 A의 하루 필요량을 섭취하기 위해

10　　Emerging Technologies and Corporate strategies on biodiversity, agriculture and human rights. 정식 명칭은 "Action Group on Erosion, Technology and Concentration" 이며, 문화적 · 생태적 다양성과 인권 신장을 위해 활동하는 세계적인 단체이다.

11　　ETC Group. "Nobel Laureates serving Monsanto and Syngenta". 〈https://www.etcgroup.org/content/nobel-laureates-serving-monsanto-and-syngenta〉.

매일 수 킬로그램의 쌀을 먹어야 할 만큼 실용성이 없었다. 이후 신젠타가 이 라이센스를 사들여 광고용으로 활용하기 위해 개발을 시작했다는 것이다. 또한 ETC 그룹은 시금치, 홍당무 등 전통적인 채소를 통해 섭취할 수 있는데, 굳이 GMO의 부작용을 감수하면서 황금쌀을 통해 비타민 A를 섭취할 필요가 없으며, 근본적으로 기아가 단지 식량의 부족에서 기인하지 않는다는 점 또한 지적했다.

ETC 그룹의 가장 중요한 지적은 이 '과학적' 서한에 다국적기업들의 그림자가 짙게 드리워져 있다는 의혹 제기이다. 그들은 서한이 전 세계의 GM 종자 전체와 모든 상용 종자의 61퍼센트, 그리고 농약 시장의 76퍼센트가 불과 6개의 다국적기업들에 의해 독점되고 있다는 점을 언급도 하지 않는다고 비판한다. 또한 노벨상 수상자들이 기자회견을 열었던 시점이 미 하원이 GMO 표시제(labeling)에 대한 법안 표결을 1주일 앞둔 때였다는 점에서 GM 종자와 맞춤형 농약을 개발하는 몬산토와 다국적 GM 곡물기업들의 이해관계가 개입되었을 가능성이 높다는 것이다. 기자회견을 조직한 리처드 로버츠(Richard Roberts)와 필립 샤프(Phillip Sharp)는 생명공학 기업가들이었으며, 기자회견에 항의하려는 그린피스 대표를 막아선 제이 브린(Jay Byrne)이라는 인물은 몬산토의 전(前) 커뮤니케이션 담당자였다.[12]

과연 GMO가 인류의 기아 문제를 해결할 수 있는지 여부를 둘러싸고 그동안 많은 논란이 있었지만, 정작 제대로 된 연구는 이루어지

12　　J. Latham, "107 Nobel Laureate Attack on Greenpeace Traced Back to Biotech PR Operators". July 1, 2016. ⟨https://www.independentsciencenews.org/news/107-nobel-laureate-attack-on-greenpeace-traced-back-to-biotech-pr-operators/⟩.

지 못했다. 이 주제 역시 언던사이언스에 해당한다. 2016년 노벨상 수상자들이 대거 참여한 성명도 충분한 근거를 기반으로 한 과학적 주장이라기보다는 여러 분야의 노벨상 수상자들의 권위를 기반으로 기존에 해왔던 주장을 다시 되풀이했고, 특히 그동안 GMO 반대운 동에서 중요한 역할을 했던 그린피스를 지목해서 그 영향력을 떨어 뜨리려는 시도로 볼 수 있다.

이른바 황금쌀 개발을 둘러싼 논쟁은 과연 GMO가 애초에 인류 의 기아 문제를 해결하기 위해 개발된 것인가라는 논란을 다시금 불 러일으켰다. GM 작물을 개발하는 생명공학 기업들과 GMO를 지지 하는 과학자들은 인구증가에 따른 식량 수요를 해결하기 위한 방안 으로 GMO가 유일한 대안이라는 주장을 제기해왔다. 그러나 GMO 를 반대하는 과학자와 환경운동과 시민운동 진영은 식량 문제는 생 산량이 부족하기 때문이 아니라 근본적인 분배구조의 문제이며, GMO는 기아에 허덕이는 사람들을 위해 개발된 것이 아니라 몬산토 를 비롯한 몇 안 되는 초국적 생명공학 및 식량 기업들의 이익을 위 해 개발된 것이라고 주장한다. 그리고 황금쌀은 이러한 비판을 잠재 우기 위해 개발자들이 들먹이는 수사(修辭)에 불과하다는 것이다.

모든 기술은 그 태생의 맥락을 가지고 있으며, 이후 개발과정이라 는 기술적 궤적(軌跡)을 가진다. 그리고 이러한 역사성이 그 기술의 특성을 빚어낸다. 이것은 기술사회학에서 이야기하는 기술 패러다 임(technological paradigm)이나 기술 궤적(technological trajectory)이라 는 개념으로도 설명할 수 있다.[13]

최초로 개발된 GMO는 훗날 몬산토에 합병된 칼젠(Calgene)사가 개발했던 잘 무르지 않는 토마토 플레이버 세이버였다. 토마토와 과일의 숙성에 관여하는 ACC 유전자를 억제하는 안티센스(antisense) 기술을 적용한 이 GM 토마토는 1994년에 세간의 주목을 끌었지만 상업적으로 실패했고, 3년 만에 시장에서 사라졌다.(뇌플러, 2016: 63-65) 이후 본격적으로 개발된 GMO는 우리가 잘 알고 있는 제초제저항성 콩이나 옥수수, 그리고 자체적으로 독소를 분비해서 살충제를 뿌리지 않아도 되는 곡물이었다. 현재 전 세계적으로 재배되는 GM 작물 현황을 보면, 2016년 현재 세계 GM 작물 재배면적 중 제초제 내성 작물이 47%, 해충 저항성이 12%에 달한다.(한국바이오안전성정보센터, 2017: 325) 이처럼 제초제와 해충 저항성을 가진 작물로 GM 기술이 집중된 까닭은 미국이나 캐나다 등 대규모 기계식 농업에 적합한 형태의 작물을 개발해서 이익을 극대화시키려는 생명공학 기업과 식량기업의 이해관계에 따른 것이라는 주장이 일반적이다.

또한 이렇게 생산된 엄청난 규모의 곡물들이 실제 먹거리로 이용되기보다 다른 산업의 원료로 이용되고 있다는 사실도 GMO 기술이 정작 어떤 이유로 개발되었는지 보여준다. 2007년에 제작된 다큐멘터리 〈킹콘(King Corn)〉은 미국의 아이오와 주에서 재배하는 GM 옥수수의 경로를 추적해서 1에이커의 옥수수 밭에서 나온 약 1만 파운드의 옥수수 중 32%는 에탄올을 만드는 재료로 쓰이고, 절반 이상이 동물 사료로 이용된다는 것을 보여주었다. 특히 이 옥수수의 상당 부

13　기술사회학에 대한 소개는 다음 문헌을 참조하라. 위비 바이커 외(송성수 편저), 『과학기술은 사회적으로 어떻게 구성되는가』, 서울 : 새물결, 1999.

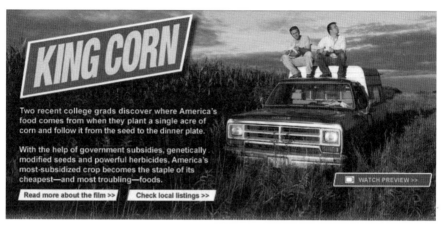

| 그림 3 | 다큐멘터리 <킹 콘>

| 그림 4 | 연도별 식품 사료용 LMO 수입 승인량

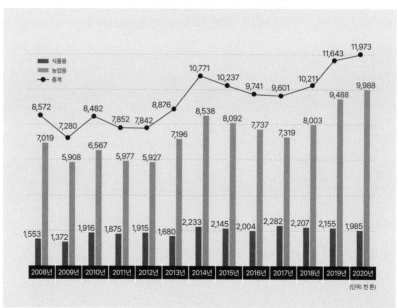

분은 시럽의 형태로 오늘날 우리가 섭취하는 과자 등 패스트푸드 식품의 단맛을 내는 원료로 이용되고 있다.

우리나라의 경우에도 2020년 현재 수입된 GM 곡물 총 1197.3만 톤 중에서 998.8만 톤이 농업용, 즉 사료와 농업가공용으로 쓰였고, 나머지 198.5만 톤이 식품용으로 식용유 등 제조를 위한 원료로 승인되었다.(한국바이오안전성정보센터, 2021: 126) 결국 이러한 사실들은 GMO가 GM 기술 개발의 궤적으로나 현재 이용되고 있는 용도에서 과연 인류의 기아문제 해결을 위해 개발되었는지, 아니면 생명공학기업 등의 산업계의 요구에 따라 개발되었는지에 대해 시사점을 준다. 2016년의 노벨상 수상자들의 황금쌀에 대한 성명 발표와 뒤이은 논쟁은 GMO가 누구의 이익을 위한 것인가를 둘러싼 논란이 쉽게 종결되기 힘들다는 것을 보여준다.

농업과 그 산물의 탈(脫)맥락화, 그리고 생명 자체의 '소외(疏外)'

다른 한편, GMO를 기반으로 한 농업 시스템은 농업과 그 산물인 농산물이 가져야 할 맥락(context)에서 벗어나게 만들면서 전통적인 농업체계를 크게 교란시키는 문제를 야기한다. 이것은 보다 근원적인 측면에서 분자화를 통해서 생명 자체가 소외되는 양상이기도 하다.

스티븐 울프(Steppen Wolf)는 농업 혁신시스템을 지원하는 제도적 구조에 나타난 변화에 초점을 맞추었다. 분산된 혁신이 연결망 속에서 일어나는데, 그 연결망은 그 성격이 반드시 집단적이거나 비위계적인 것은 아니다. 혁신의 결과가 데이터베이스를 통해서 종자에 집적, 생산 처방에 부호화되지만, 생산 과정에서 농부들이 하는 기여는 줄어들게 된다.(울프, 2013)

이 과정에서 혁신과정의 권력관계에서 농부들이 수동적인 역할로 전락하게 된다. 그는 오늘날 더 이상 지식이 자유롭게 순환하고 원하는 사람이 누구나 선반에서 꺼내갈 수 있는 공공재가 아니라는 점을 강조한다. 즉, 개인이나 단체(예를 들어, 가족, 기업, 협동조합 등)가 내적으로 유관한 지식(internally relevant knowledge)을 창조하려면 항상 외부 정보에 대한 접근과 해독이라는 실질적인 문제에 봉착하게 된다.

그는 지식생산 양식의 변화로 국소 활동(local action)과 국소 행위자(local actor)가 무시되고, 과학지식 생산과 혁신의 장소-특정(site-specific)이라는 특성이 간과된다고 비판한다. 그는 선형 모델 대신 혁신의 집단 구조를 '분산 혁신(distributed innovation)'으로 설명했다. 여기에서 제기되는 개념 중 하나가 분산 혁신을 가능하게 해주는 중요한 요소인 준거 연결망(reference network)이다. 농부들의 암묵지가 성문화된 지식, 즉 공식지로 변화될 수 있게 해주는 것이 준거 연결망이며, 이는 혁신에서 핵심적인 통신 채널 구실을 한다. 농부와 농장 수준에서 이루어지는 관찰, 선별, 그리고 경험이 준거 연결망을 통해 원활하게 순환하는 것이 필수적이다.

그는 과거의 지식생산양식이 사적 이익이라는 추진동기, 다양한 규모의 공동체들 내에서 일어나는 집단활동, 그리고 공공선을 위한 공적 활동 등이 뒤섞인 잡종이었다는 점을 지적한다. 이러한 잡종성(hybridity)이 지식생산성의 다양성을 담보하고, 정당성과 상호 조정의 원천으로 기능한다는 것이다. 다른 말로 표현하자면 지식생산체계의 건강성(robustness)이 이러한 잡종성에 의해 담보되는 것이다. 따라서 공익과 사익이라는 이분법에 의한 물화 효과(reifying effect)를 극복할 수 있다. 공익과 사익을 명확히 구분하는 것은 불가능할 뿐 아니라 불필요한 일이다. 사익을 추구하는 활동 자체가 문제가 아니라 과학지식 생산양식 변화로 공익 추구활동과 사익 추구활동의 상보성(complementarity)이 담보될 수 없다는 것이다.

울프의 분석은 주로 농업 혁신의 측면에서 이루어진 것이지만, 전 지구적 사유화 체제 속에서 과학지식 생산이 어떤 양상을 띠는지에 대한 폭넓은 함의를 준다. 그의 분석을 다른 식으로 해석하면 과학지식 생산의 전 지구적 사유화로 인해 과학지식과 산물인 인공물, 그리고 행위자들이 그것이 생산되는 국소적 맥락에서 벗어나 탈맥락화되고 있다고 볼 수 있다.

퍼시 슈마이저(Percy Schmeiser) 소송사건은 초국적 기업이 농업지식 생산양식에 어떤 영향을 주었고, 그 과정에서 농부와 농업이라는 활동 자체가 탈맥락화되고 있음을 잘 보여준다. 슈마이저는 캐나다 곡창지대 서스캐처원 주에서 600헥타르 이상의 유채, 밀, 콩 등을 경작하는 견실한 농부였다. 또한 그는 50년 동안 직접 유채의 종자를 거두어서 지역에 맞는 내병성을 가진 종자를 개발한 육종가이기도 했다. 그러나 그는 몬산토 사로부터 어이없는 소송을 당했고 재판 과정에서 모든 것을 잃게 되었다. 그의 농장 곁을 지나던 트럭에서 몬산토 사의 특허를 받은 유전자 조작 유채가 떨어져 우연히 자라게 되었고, 몬산토 사는 1998년에 슈마이저를 "자사의 GM유채를 불법적으로 입수하고 허가 없이 재배했다."고 특허 침해로 고소했다. 소송 과정에서 그는 결국 자신이 개발한 종자들을 모두 불태웠다.[14]

몬산토 직원들은 연구를 핑계로 농장에 들어와 자사의 유전자 조작 계통들이 자라고 있는지 조사했고, 순진한 농부들은 조사작업을 허용했을 뿐 아니라 여러 가지 편의까지 제공했다. 그러나 결과는 엄청난 배신이었다. 많은 농장들이 비슷한 소송을 당했고, 대부분의 농부들은 엄청난 소송비용과 소송기간을 감당할 수 없어 울며 겨자 먹기로 어기지도 않은 특허권에 대한 보상금을 지급했다. 슈마이저는 40만 달러의 소송비용을 쓰고 6년 동안 법정 투쟁을 벌여 캐나다 대법원에까지 갔지만 법원은 결국 몬산토의 손을 들어주었다. 2004년 법원은 종자가 어떻게 밭에 들어왔는지는 중요치 않으며 특허로 보호받는 종자가 그의 밭에서 자라고 있다는 사실 자체가 특허침해라고 판결했다. 그러나 슈마이저가 그로 인해 이익을 얻은 것이 없기 때문에 몬산토에 벌금이나 소송비용은 지급할 필요가 없다는 기묘한 판결을 내렸다.[15]

슈마이저 사례는 초국적 기업에 의해 생산된 GM 기술이 1980년 다이아몬드-차크라바티 사건 이후 새로운 양상을 띠게 된 특허라는 지적재산권 체제(regime)에 의해서 토종 종자, 가족농, 그리고 전통

14　　슈마이저 소송사건에 대한 서술은 주로 드브라 쿤스 가르시아 감독의 다큐멘터리 〈식량의 미래(The Future of Food, 2004)〉에 의존했음을 밝혀둔다.

15　　소송에 패했지만 끝까지 맞선 슈마이저에게 전 세계의 농부와 시민단체에서 성원이 답지했고, 그는 마하트마 간디상을 받기도 했다. 이후 그는 인도, 방글라데시 등 제3세계 나라들을 순회하며 농부들에게 강연을 했다.

| 그림 5 | 슈마이저 사건을 토대로 크리스토퍼 월켄 주연으로 2020년 9월에 제작된 전기 영화 <퍼시 (Percy)>의 홍보물. 몬산토를 고질라에 비유한 것이 흥미롭다.

적인 농업이라는 실행 자체가 탈맥락화되었음을 보여준다. 슈마이저의 종자는 불타고, 그를 비롯한 가족농들은 몬산토의 종자와 제초제, 그리고 농업기술에 의존해서 농사를 짓도록 강요되었으며, 농업 지식 생산에 참여할 수 있는 기회는 박탈되었다.

조작성의 극대화
─ 유전자가위

　2018년 11월 중국 남방과기대학의 허젠쿠이(賀建奎)는 배아 유전체 편집을 통해 사상 최초로 '룰루(Lulu)'와 '나나(Nana)'라는 가명의 두 소녀가 태어났다고 밝혔다. 이 같은 주장은 과학적 증거가 뒷받침되지 않았기 때문에 사람들의 궁금증을 불러일으켰다. 허젠쿠이는 발표 이후인 그달 28일에 열린 제2차 인간 유전체 편집 국제회의 강연에서 59장의 슬라이드를 사용하여 실험 결과를 비교적 소상하게 설명했다. 그는 이 실험의 목표, 실험 대상자들의 조건, 그들로부터 특별한 실험에 대한 동의를 받은 과정, 미래의 위험 발생 가능성, 신생아의 건강 상태를 점검할 계획 등을 제시했다. 편집한 유전자는 에이즈 바이러스인 HIV(인간면역결핍바이러스)가 진입점으로 사용할 수 있는, 백혈구 표면의 단백질인 CCR5를 암호화한다. CCR5를 파괴하면 HIV가 백혈구 세포에 침투, 증식하는 것을 막을 수 있기 때문에, 그는 남편은 HIV 양성이고 아내는 HIV 음성인 부부들을 실험 대상자로 모집하여 이들 사이에서 HIV에 감염되지 않도록 유전적으로 변형된 아기를 만들려고 했다. 이를 위해 남편의 정자를 수집하고 정액과 분리한 후 아내의 난자 하나당 정자를 한 개씩 사용하여 배아를 만들었다. 이렇게 만든 총 31개의 배아에 CCR5를 찾아내는 가이드 RNA와 유전자를 자를 Cas9 효소로 이루어진 크리스퍼 유전자가위를 주입했다. 배아에서 떼어낸 세포를 통해 21개의 배아에서 유전자 편집이 성공적으로 이루어졌음을 확인했고, 이 중 11개의 배아를

6번의 착상에 사용했다. 이 과정에 참여한 실험 대상자 중 1명의 여성이 임신에 성공하여 룰루와 나나라는 쌍둥이를 출산했다. 허젠쿠이는 새로 태어난 두 아이의 건강 상태를 앞으로 18년 동안 점검할 것이며, 이들이 성인이 된 후 당사자로부터 동의를 받게 되면 그 이후에도 모니터링을 지속할 예정이라고 밝혔다. 그는 또한 자신의 연구에 대해 자부심을 가지고 있으며, 가까운 미래에 수백만 명의 사람들이 이 연구를 통해 혜택을 볼 것이라고도 말했다.(전방욱, 2019)

허젠쿠이가 사용했던 편집 도구는 크리스퍼 유전자가위였다. 유전자가위란 특정 부위에서 DNA를 자를 수 있는 능력을 가진 넓은 범위의 효소를 뜻한다. 역사적으로 이러한 효소는 제한효소(restriction enzyme)라 불리는 효소가 가장 먼저 발견되었다. DNA를 재조합하는 기술에서 핵심적인 역할을 하는 것이 바로 이 제한효소이다. 이러한 현상은 스위스의 미생물학자인 W. 아버(W. Arber)가 박테리오파지와 대장균 계에서 처음 밝혀냈고, 이후 미국의 생물학자인 H. O. 스미스(H. O. Smith)와 D. 네이선스(D. Nathans)가 제한효소를 발견하면서 널리 사용되었다. 이들은 이 공적으로 노벨생리의학상을 받았다. 그런데 제한효소는 인식할 수 있는 염기의 숫자가 4-8 염기쌍으로 너무 적어서 그 용도가 제한될 수밖에 없다는 한계가 있었다.

따라서 많은 생물학자들은 이러한 한계를 극복해서 좀 더 효율적으로 도구를 얻으려는 노력을 계속해 나갔다. 아연손가락핵산분해효소(zinc finger nuclease, ZFN)는 이러한 연구자들의 요구를 충족시켜줄 만큼 효율적인 최초의 정밀한 유전자가위이다. 1996년에 처음으로 초파리 유전체를 변형하는 데 성공하면서 이후 많은 ZFN이 설계되었고 다양한 생물체 세포주에서 특정 유전자를 성공적으로 변형할 수 있었다. 그러나 ZFN은 설계에 많은 시간이 들어가고 실제로 유전자가위가 작동하지 않는 경우도 있었다. 좀 더 정밀한 유전자가위는 비교적 최근인 2011년에 다우드나 연구팀에 의해 개발되었다. 제니퍼 다우드나(Jennifer A. Daudna)와 그녀의 연구팀은 크리스퍼와 연관된 단백질이 바이러스의 특정 DNA 서열을 찾아내서 마치 미세 수술도구처럼 자른다는 것을 알아냈다. 그 결과 Cas9이라는 유전자가위가 탄생하게 되었다.[16]

그런데 이렇게 강력한 유전자가위가 등장하면서 많은 논란이 이루어졌다. 얄궂게도 크리스퍼(CRISPR)-Cas9로 대표되는 유전자가위 기술이 등장하고 널리 이용되면서 나타나는 문제점의 원인은 이 도구가 가지는 간편함과 강력함 자체였다. CRISPR-Cas9은 저렴하고 간단하기 때문에 많은 사람들이 손쉽게 사용할 수 있다. 2015년 현재 US 달러로 65달러 이하의 가격으로 온라인 주문이 가능해서 우편으로 받아볼 수 있으며, 전문적인 훈련이 없이도 게놈 편집(genome editing)에 사용이 가능하다.

미국 매사추세츠에 기반을 두고 있는 애드진(Addgene)이라는 비영리 기구는 CRISPR-Cas9 편집 키트(editing kit)를 전 세계 83개국에 공급하고 있다. 2015년 현재 한국은 미국 48%, 일본 9%, 중국 7%에 이어 영국 프랑수아 같은 전체의 2%를 차지한다. CRISPR-Cas9

16　　Cas9에 대한 자세한 내용은 다음을 참조하라. 전방욱, 2017, 『DNA혁명, 크리스퍼 유전자가위』, 이상북스.

가 등장한 2012년 이후 유전자 편집 키트의 주문량은 폭발적으로 늘어나서 2012년 약 3천여 개에서 2013년 1만 5천 개 이상으로 5배 이상 증가했고, 2014년에는 2천 개를 훌쩍 넘었다.(Corbyn, 2015: S4-S5)

유타 대학의 생화학자 다나 캐롤(Dana Carrol)이 말하듯이 이러한 인기로 인해, 과거에 비해 더 많은 실험실들이 DNA 편집에 나서게 되고, 해당 분야를 연구하던 많은 과학자들이 기존의 도구에 비해 간편하고 강력하진 도구로 갈아타면서 훨씬 더 많은 유전자 편집과 조작이 이루어지게 되었다. 원래 바이러스 저항성을 가진 요구르트 박테리아를 만들기 위해 연구하다가 CRISPR-Cas9를 개발해서 다우드나와 함께 2020년 노벨화학상을 공동수상한 임마누엘 샤르팡티에(Emmanuelle Charpentier)는 자신의 발견이 불러일으킨 반향에 대해 이렇게 말했다.

> "나는 사람들이 그동안 얼마나 사용하기 간편한 도구를 절실하게 갈망해왔는지 깨달았다. (중략) 그들의 보여준 배고픔은 기존 도구가 사용하기 불편했음을 보여주는 증거이다."(Corbyn, 2015: S4-S5)

이러한 절실함과 갈망이 유전자가위에 대한 규율과 윤리 커뮤니케이션의 필요성을 역설적으로 표현해준다고 할 수 있다. 40여 년 전인 1970년대에 처음 재조합 DNA 기술이 등장했을 때 많은 과학자들은 대중들이 과학자 공동체에 대한 신뢰를 얻고 강화시키기 위해 재조합(recombinant) DNA 기술의 안전성과 위험에 대해 활발하고 적극적인 논의를 시작했다. 당시 폴 버그를 비롯한 과학자들은 투명

하고 공개적인 논의가 얼마나 중요한지를 인식하고 있었고, 투명성과 공개성을 강조했다.[17]

공동개발자 중 한 명인 다우드나는 이렇게 말한다.

> 40여 년이 지난 지금 훨씬 더 강력한 게놈 편집 기술이 등장하면서 적절한 이용(appropriate use)에 대한 논의가 시급해졌다. 특히 일부 연구자들이 사람의 생식계열 유전자를 편집하려는 시도가 이루어지면서 상황은 급박하게 전개되고 있다. 현 단계에서 최소한 한가지는 분명하다. 우리는 이 새로운 기술의 가능성과 한계에 대해 아직 충분히 알지 못하고 있으며, 특히 그로 인해 유전가능한 돌연변이를 만들게 되었을 경우에 그러하다.(Doudna 2015: S6)

유전자가위가 가져올 수 있는 영향과 함의에 대해 논의가 필요한 대목도 바로 이러한 간편함이다. 과거에는 전문적이었던 게놈 에디팅 과정이 일상적인 과정으로 바뀌게 된 것이다. 특히 2015년 5월 중국의 리양(P. Liang)과 동료 연구자들에 의해 사람의 배아를 편집하는 실험을 하면서 윤리적 논의 필요성이 시급하게 대두했다.

따라서 2015년 12월 워싱턴에서 미국, 영국, 중국의 과학자들이 모여서 인간 생식계열 유전자 편집에 대한 적절한 규제방안 마련을 위해 모임을 가졌고, 최소한 29개 국이 생식세포 계열의 수정

17　재조합 DNA 논쟁에 대한 자세한 내용은 다음 문헌을 참조하라. 김동광, 2017, 『생명의 사회사』, 9장 "재조합 DNA의 등장과 대중논쟁" 251-284쪽.

#GeneEditSummit

CHINESE ACADEMY OF SCIENCES
THE ROYAL SOCIETY
U.S. NATIONAL ACADEMY OF SCIENCES
U.S. NATIONAL ACADEMY OF MEDICINE

INTERNATIONAL SUMMIT ON
HUMAN GENE EDITING

A GLOBAL DISCUSSION

| 그림 6 | 2015년에 열린 인간 유전자 편집 국제 서밋 회의

(germline modification)을 금지하는 결정을 내렸다. 〈인간 유전자 편집에 대한 국제 서밋(International Summit on Human Gene Editing)〉이라는 명칭의 이 회의에는 미국 과학아카데미, 영국의 왕립학회, 중국의 과학 아카데미 등 핵심적인 연구 단위들에 의해 조직되었다.

이후 다우드나는 신중하게 연구를 진전시키기 위해 반드시 밟아야 할 공개 토론의 5단계를 다음과 같이 제시했다.

1단계: 안전(safety) 전 세계의 과학자와 의사 공동체가 게놈 편집의 효율성과 타깃에 미치는 영향을 측정할 수 있는 표준적인 방법을 채택해야 한다. 그래야만 임상적 유효성에 대한 서로 다른 실험 결과들을 비교하고 평가하기가 쉬워진다.

2단계: 커뮤니케이션, 12월 회의를 비롯한 이후 포럼들을 통해서, 게놈 편집과 생명윤리 전문가들이 대중에게 인간 게놈 조작의 과학적 · 윤리적 · 사회적 · 법률적 함의에 대한 정보와 교육을 제공해야 한다.

3단계: 가이드라인, 정책입안자와 과학자들이 국제적으로 협력해서 윤리적으로 수용 가능한 연구가 어떤 것인지 확실하게 정해줄 분명한 가이드라인을 제공하고, 향후 공동으로 진전시킬 연구 방향을 확립해야 한다.

4단계: 규율, 이러한 협동을 통해서 적절한 감시가 조직되어야 하며, 인간 생식계열의 게놈 편집의 효율성과 특성을 평가하는 것을 목표로 삼는 실험실들에 적용해야 한다.

5단계: 경고, 게놈이 조작된 사람을 창조하는 것을 목적으로 하는 인간 생식 계열 편집은 현 단계에서는 수행되어서 안된다. 그 부분적인 이유는 사회적 영향이 불분명하기 때문이며, 또다른 이유는 인간 게놈에 대한 우리의 지식과 기술이 그런 연구를 수행하기 충분할 정도로 마련되지 않았기 때문이다.

많은 과학자들은 2015 〈국제 서밋〉이 1975년 아실로마 회의 때와는 상황이 많이 달라졌다고 이야기한다. 그중에는 이번 회의의 의장을 맡았고, 40여 년 전 아실로마 회의에서도 폴 버그와 함께 중요한 역할을 했던 데이비드 볼티모어(David Baltimore)도 포함된다. 그는 1975년 아실로마 회의는 기본적으로 실험실의 생명윤리(biosafety)가 핵심 쟁점이었다면, 〈국제서밋〉은 사람 환자를 다루는 데에서 비롯되는 안전과 윤리 문제에 대한 우려가 핵심 쟁점이라고 했다. 그리고 볼티모어는 크리스퍼가 워낙 값싸고 간편해서, 과거처럼 모라토리엄을 선언하는 것이 실효성이 없다고 말한다.(Travis, 2015)

볼티모어의 주장은 재조합 DNA 기술이 처음 등장했던 1975년과 달리 유전자가위 기술에 대한 규율이 훨씬 어려워졌다는 점을 잘 보여주고 있다. 다음 절에서 소개할 폴 뇌플러와 같은 비판적인 입장의 과학자들의 주장은 오늘날 생명공학 기술이 과거와는 전혀 다른 낯선 환경에 처해 있다는 것을 잘 보여준다.

신자유주의의 자궁에서 잉태된 신인류, GMO 사피엔스[18]

미국의 생물학자 폴 뇌플러(Paul Knoepler)는 『GMO 사피엔스의 시대—맞춤아기, 복제인간, 유전자변형기술이 가져올 가까운 미래』(2016)라는 책에서 이 분야를 연구하는 과학자로서 오늘날 벌어지고 있는 생명공학의 생생한 연구 현장과 그 문제점을 소상하고 날카롭게 지적하고 있다. 그는 비단 저술 활동 이외에도 〈니치(The Niche)〉라는 개인 블로그를 통해 활발하게 정보를 공유하고 비판적 담론을 생산하고 있다. 지난 2015년 12월 18일 블로그에 올라온 글에서도 그는 트럼프 취임 전에 줄기세포 클리닉을 규제할 조치를 빨리 취할

---

18   이 글은 《녹색평론》 2017년 1-2월호(152)에 "신자유주의와 GMO 기술"이라는 제목으로 실린 글을 기초로 한 것이다.

것을 FDA에 촉구했다.

유전자 조작과 맞춤아기 이야기는 그 자체로는 그리 새로울 것이 없다. 그렇지만 크리스퍼-Cas9이라는 강력한 유전자가위가 발견되어 연구자들은 물론 관련 업계와 일반 대중들까지 잔뜩 기대에 부풀게 된 2015년 이후의 상황에서는 이야기가 다르다. 실제로 2015년 중국의 연구자들이 사람의 배아를 편집하는 실험을 했다고 발표하면서 그 과학적 가능성과 윤리적 쟁점을 놓고 학계에서 뜨거운 논쟁이 벌어지고 있다.

그렇다면 그가 말하는 GMO 사피엔스란 무엇인가? 그것은 호모 사피엔스와 유전자조작생물인 GMO를 조합한 말인데, 가까운 미래에 이른바 바람직한 유전형질을 선택해서 만들어질 가상의 맞춤아기를 뜻한다. 그런데 딱히 '가상'이라는 말을 붙이기 어려운 것이 뇌플러가 처음에 소개하는 이른바 세부 모체 외수정으로 태어난 아기도 엄밀히 이야기하자면 유전자 변형이라고 볼 수 있기 때문이다. 이것은 난세포질 이식이라는 기법으로 젊은 여성의 난세포질을 이용해서 나이 든 여성의 난자를 건강하게 만들어서 수태 가능성을 높이려는 방법이다. 그렇게 되면 나이 든 여성의 난자는 젊은 여성의 난자 세포질이 더해진 일종의 키메라 난자가 된다. 우리 세포에는 핵이외에 미토콘드리아에도 소량의 DNA가 있기 때문에 두 사람의 난자가 합쳐지면 두 종류의 미토콘드리아 DNA가 섞인다. 따라서 아기가 태어나면 아버지의 DNA까지 포함해서 세 사람의 DNA를 가지게 되는 셈이다. 미국에서만, 2001년 미식약청이 금지하기 전까지 이미 12명에서 36명의 유전자 조작 아이들이 태어났다.

그런데 이 기술을 처음 성공했던 자크 코엔 박사와 같은 지지자들은 미토콘드리아 게놈이 너무 작고, 배아에서 돌연변이 미토콘드리아 게놈을 건강한 미토콘드리아 게놈으로 대체하는 작업은 변형이 아니고, 미토콘드리아 유전자를 편집하지 않았기 때문에 유전자 조작으로 볼 수 없다는 주장을 제기한다. 이것은 생명공학이 가지고 있는 오래되었지만 잘못된 편향, 즉 핵 DNA 중심으로 생명현상을 보려는 경향의 발로이다. 그러나 뇌플러에 따르면 핵 속에 들어 있는 게놈보다는 작지만 주입된 미토콘드리아에도 게놈이 있으며, 이처럼 DNA가 섞여 들어간 배아가 자궁에 착상해 성체가 태어나기 때문에 엄연한 유전자 변형이라는 것이다. 더구나 이 아이가 커서 자식을 낳아도 변형된 유전자는 대를 이어 전달된다. 이른바 변형을 수반한 대물림(decent with modification)이 이루어지는 것이다.

그런데 뇌플러는 이러한 유전자 조작이 단지 불임이나 미토콘드리아 이상 증세를 치료하는 목적에서 벗어나 유전자를 편집해서 맞춤아기를 낳으려는 시도로 이어질 것이라고 경고한다. 불임을 해결해준다는 미명하에 인공수정 산업은 엄청난 규모로 성장했으며, 신자유주의 환경에서 다큐멘터리 〈구글 베이비(Google Baby)〉(2009)가 잘 표현하듯이 윤리 규제를 피해 이윤을 극대화하기 위해 여성의 몸과 배아를 상품화하고 아기를 생산하는 자본의 운동을 노골적으로 드러냈다. 이 사업의 이스라엘 CEO는 인터넷으로 고객을 모집하고 북미 지역에서 수정란을 만들어 액화질소에 넣어 인도의 대리모 공장으로 보낸다.

이미 번성하고 있는 인공수정 산업이 질병의 위험을 최소화하고 고객들이 원하는 특성을 골라서 편집한 배아를 만들어서 천문학적 이익을 얻으려 하지 않을 이유가 있겠는가? 이러한 움직임을 가능하게 만드는 또 다른 조건은 1980년대 이후에 나타난 신자유주의적 과학기술 생산양식의 특징인 연구 외주(outsourcing) 체제이다. 과학자들은 인터넷으로 필요한 재료들을 구입하고, 윤리 규제가 없는 나라에 실험실을 꾸리고, 생산에 들어가는 비용이 싼 지역에 공장을 차린다.

'완벽한 아기'의 조건은 누가 정하는가?
―되살아나는 우생학의 망령

완벽한 아기(perfect baby)의 꿈은 생명공학이 발전하면서 끊임없이 되풀이되었다. 그렇다면 완벽한 아기를 제조하려는 갈망이 가까운 장래에 실현될 수 있다는 전망이 왜 문제인가? 질병이 없고, 바람직한 형질을 가지면 좋은 게 아닌가? 뇌플러는 최초의 시험관 아기부터 이 책의 핵심 주제인 맞춤아기까지 관통하는 일관된 주제, 즉 더 나은(better) 인간을 향한 갈망에 우생학의 그림자가 짙게 드리워 있다는 점을 제기한다. 그것은 '완벽한' 아기의 정의를 누가 내리는가의 문제이다.

다우드나는 유전자가위를 발견한 이후 자신이 꾼 꿈에 대해 이렇게 말했다.

나는 최근에 꿈을 꾸었죠. 꿈에서 그가 내게 와서 말했죠. 네가 만났으면 하는 유력한 사람이 있어. 그에게 이 기술이 어떻게 작용하는지 설명해주면 좋겠어. 그래서 나는 대답했죠. 그는 돼지머리를 하고 있었고 나는 그의 뒷모습만 볼 수 있었지요. 그리고 그는 메모를 하며 이야기했어요. "나는 이 놀라운 기술의 사용법과 거기에 담긴 의미를 이해하고 싶소." 나는 식은 땀에 젖은 채 잠에서 깨어났지요, 그때부터 그 꿈은 나를 괴롭혔어요. 히틀러와 같은 누군가가 이 기술을 사용할 수 있다고 생각해보세요. 우리는 그가 실행할지 모를 가공할 사용법을 상상만 할 수 있을 뿐이에요.(전방욱, 2017, 116쪽에서 재인용)

우생학의 문제는 항상 완벽함이나 우수함의 정의가 기존 사회체계에서 지배적 지위를 가지는 집단이나 세력에 의해 독점된다는 것이다. 나치의 사례에서 가장 단적으로 나타났지만, 우생학의 역사는 나치 이전부터 유럽과 미국에서 오랫동안 지속되었고, 지금도 변형된 형태로 끊임없이 고개를 들고 있다. 이른바 부적합한(unfit) 개인이나 집단의 번식을 막는 소극적 우생학이든 능력의 향상과 증강을 목적으로 삼는 적극적 우생학이든, 국가가 강제하는 우생학이든 개인들에 의해 자발적으로 이루어지는 은밀한(backdoor) 우생학이든 모든 우생학은 지배체제와 그 가치의 유지, 즉 현상유지에 복무한다. 흔히 거론되는 완벽함이나 우수함의 요건들을 살펴보면 이러한 측면은 분명해진다. 글렌 맥기(Glenn McGee)는 『완벽한 아기(The Perfect Baby)』(1996)라는 책에서 오늘날 완벽한 아기(남자의 경우)의 조건을 다음과 같이 기술했다.

키 183센티미터에 몸무게 84킬로, 유전병은 없다. IQ는 150이고 의생명과학 분야에 특별한 소질이 있다. 금발과 푸른 눈동자의 전형적인 미남형에 … 중독에 빠지기 쉬운 성향은 제거되었고 … 남성 모델이므로 공격성은 '운동능력' 패키지의 한 특성으로 유지된다.(뇌플러, 2016, 231쪽에서 재인용)

이 정의에 따르면 아시아나 아프리카계 등 유색인종들은 영원히 열등한 종으로 낙인찍히게 될 것이고, 금발과 푸른 눈동자에 대한 갈망을 유전자에 새겨넣어야 할 판이다. 더구나 우리 사회가 가지고 있는 성 역할과 특성에 대한 고정관념과 편향, 즉 적극적이고 공격적인 남성성과 수동적이고 얌전한 여성성은 한층 극대화될 수밖에 없다. 오늘날 숱한 문제를 야기하고 있는 서구 문명의 편향들을 그 정수(精髓)만 한데 그러모은 것이 과연 완벽한 것인지, 누구에게 완벽한 것인지는 자명하다.

이러한 우생학의 그림자는 인류를 더 나은 종으로 만들어야 한다는 최근의 포스트 휴먼(post human) 논의에서도 두드러진다. 이것은 에드워드 윌슨(Edward O. Wilson)의 『통섭—지식의 대통합(Consilience: The Unity of Knowledge)』에서 나왔던 사회생물학의 친숙한 주장, 즉 그동안 인간을 제대로 설명하지 못했던 인문학이나 사회과학, 그리고 종교가 생물학의 하위분과로 들어와야 한다는 주장을 떠올리게 한다. 그러나 이런 주장이 어떤 과학적 근거, 또는 사회적 합의를 기반으로 하는지는 분명치 않다. 현대 과학, 그중에서도 유전자 기술은 이른바 인류를 이른바 초월적 인류인 'h+'로 나아가게 하기 위한 필수통과지점으로 가정된다. 그렇다면 과연 오늘날 인류가 직면하고 있는 기후변화와 기상이변, 서식지 파괴, 환경오염, 인종과 민족 갈등, 난민을 둘러싼 갈등, 코로나19와 같은 새로운 팬데믹 발생 등이 모두 우리의 유전자가 완벽하지 못해서인가?

여기에서도 가장 큰 문제는, 무엇이 더 나은 인류인지 누가 알 수 있는가이다. 우수함이란 항상 현재의 조건에 기반한 특이성을 가지고 있으며, 무수한 이변이 속출해서 이변이라는 용어 자체가 무색해지고 있는 불확실성의 시대에 현재의 조건이 언제까지 지속되리라는 보장은 어디에도 없다. 설령 현재의 조건을 완벽하게 계산해서 가장 적합한 인종을 설계하는 데 성공했고 그 결과 모든 인류가 최적의 유전형을 갖추었다고 하자. 그런데 예기치 않은 조건 변화가 일어난다면? 그 결과는 파국에 가까울 것이다. 지적 능력이 뛰어난 인류를 지향했지만, 그 결과 예측할 수 없었던 결과가 나타난다면? 가령 머리는 좋지만 정신병이 걸릴 경향성이 높거나, 다른 사람들을 포용하는 정서적 능력이 뒤지고 잔혹한 성격의 인류가 탄생한다면?

새로운 도구의 윤리적 함의

유전자가위 크리스퍼-Cas9의 등장의 윤리적 함의는 무엇인가? 과연 유전자가위와 같은 좀 더 정확한 도구의 등장이 생명공학이 윤리에 대해 지고 있는 멍에를 가볍게 해줄 수 있을 것인가? 결론부터 이야기하자면 별로 그렇지 않은 것 같다. 그동안의 무작위적 방법이 아니라 정교한 DNA 절단과 수정, 도입이 이루어진다고 해서 인간 배아를 비롯한 생명을 조작하는 윤리적 문제가 덜해지지는 않는다.

오히려 유전자 조작이라는 기왕의 연구 풍토에서 연구자들에게 더 손쉽고 강력한 연장을 제공하는 결과를 낳을 수 있다. 뇌플러는 이런 비유를 든다.

> "손에 든 게 망치뿐이라면 세상 모든 것이 못처럼 보인다."는 속담이 있다. 과거 기술과 비교하면 유례없이 정교한 크리스퍼-Ca9에도 이 말은 유효하다. 만능칼과 다름없는 크리스퍼-Cas9에게 게놈은 사방천지가 잘라내야 할 부위로 보일 수 있다. 시험삼아 가위를 들고 양날을 벌린 채 집 주변을 걸어다녀보라. 때로 뭔가 자르고 싶은 충동을 느낄 것이다.(뇌플러, 2016: 208)

물론 많은 학자들이 지적하듯이 유전자가위가 모든 것을 내키는 대로 자를 수 있는 만능칼은 아니며, 여러 가지 문제점을 가지고 있다. 그렇지만 이렇게 강력한 도구가 마련되면서 곧바로 사람의 유전자를 편집하는 데 적용하려는 시도가 이루어졌다는 점은 많은 우려를 낳고 있다. 특히 공격적으로 유전자가위 연구를 하고 있는 중국과 같은 새로운 강력한 행위자의 등장은 지금까지 생명공학 연구 생태계에서 낯선 현상으로 여겨진다. 뇌플러의 말처럼 유전자가위는 여러 가지 긍정적 가능성을 가지고 있다. 그도 착상전유전자진단(Pre-implantation fenetic diagnosis, PGD)을 통해서 질병의 가능성이 있는 배아를 제거하는 등의 적용에는 기본적으로 동의한다. 그의 말처럼 인간게놈이 순수하고 손댈 수 없는 신성한 구조물은 아니지만, 그래도 아직 완벽하게 밝혀지지 않은 대상으로 존중되어야 할 것이다.

· 6장 ·

인공지능
― 지능은 알고리즘으로 환원 가능한가?

'정보로서의 생명' 개념은 최근 우리 사회에서 4차 산업혁명의 중요한 기술로 꼽히는 인공지능(Artificial Intelligence, AI) 분야에서 또 다른 확장형으로 물화(物化)되고 있다. 인류는 오랫동안 자신과 비슷한 기계를 만드는 꿈을 키워왔다. 인공지능 분야에서 '정보로서의 생명' 개념은 사람의 지능과 기억, 의식 나아가 마음 자체를 컴퓨터로 구현할 수 있을 것이라는 전제를 바탕으로 한다. 최근 컴퓨터 성능의 비약적 발전과 인공신경망과 같은 새로운 접근방식이 등장하면서, 나무인형이 사람이 된다는 피노키오의 동화는 단지 동화에 그치지 않게 되었다.

인공지능은 우리가 깨닫지 못하는 사이에 여러 가지 모습으로 이미 우리 주변에 들어와 있다. 가령 최근 언론에서 자주 다루는 스마트폰의 인공지능 비서나 AI 스피커 같은 경우가 그런 예에 해당한다. 애플은 이미 2011년부터 아이폰에 지능형 인공지능 기술인 '시리 (Siri)'를 적용해서 이 분야에서 가장 앞선 모습을 보여주고 있다. 시리와 같은 인공지능 비서 기술은 향상된 음성인식 기술을 통해서 말로 여러 가지 정보를 검색해주는 것은 물론, 통역과 번역 기능까지 수행하고 있다. 또한 국내 통신사들과 자동차 회사들도 개발에 힘을 쏟고 있는 AI 스피커는 음성인식 기능을 통해 날씨와 음악, 영화와 방송 검색, 환율이나 인터넷 검색 등을 도와주는 기능을 수행하고 있다.

어떤 사람들은 "이런 것들도 인공지능이라고 할 수 있나요?"라고 물을 수 있다. 인공지능이라면 SF 영화 속에 나오는 것처럼 인간을 능가하거나 최소한 사람과 같은 수준의 지능을 가져야 한다는 것이 일반적인 생각이다. 실제로 아직은 우리 곁에서 흔히 볼 수 있는 AI 비서나 인공지능 스피커는 간단한 검색을 해주는 정도에 그치고 있다. 그래서 사람들이 처음에 호기심으로 몇 번 사용하다가 이내 관심이 식어서 사용하지 않는 경우가 많다. 몇 해 전에 큰 화제를 모았던 영화 〈그녀(Her)〉에서처럼 사용자가 자신의 휴대기기의 대화 프로그램과 사랑에 빠질 정도가 되려면 아직 넘어야 할 산이 많은 것이 사실이다.

인공지능이 무엇인가라는 정의의 문제는 쉬운 일이 아니지만, 대부분의 사람들이 동의하는 것은 마음과 같은 인간의 정신활동을 컴퓨터의 계산으로 바꾸거나 알고리즘으로 만들어서 흉내낼 수 있다는 믿음을 기반으로 한다는 점이다. 국어사전에서 마음은 "사람의 지식, 감정, 의지의 움직임, 또는 그 움직임의 근원이 되는 정신적 상태"

라고 정의된다(민중엣센스 국어사전). 인공지능은 사람의 마음이 컴퓨터의 계산과 다를 바 없으며, 뇌와 기계 모두 원리상 같은 정보처리 장치라는 가정이 깔려 있는 셈이다.

인공지능의 출발점

튜링 테스트

튜링 테스트는 사실 인공지능이라는 개념을 구축하기 위한 일종의 사고 실험이라고 할 수 있다. 실험 자체는 매우 간단해서 조금 프로그램을 만들 수 있는 사람이라면 직접 실험을 해볼 수 있을 정도이다. 한 방에 A라는 사람이 컴퓨터를 이용해서 다른 방에 있는 B와 채팅을 한다고 하자. 이때 C라는 사람 관찰자가 이들의 대화를 보면서 B가 사람인지 기계인지 구분할 수 없다면 B는 사람의 수준을 넘어서게 된다.

튜링 테스트가 의미를 가지는 지점은 일단 당시 기술수준의 한계로 이런 컴퓨터를 만들 수 없었던 상황에서 가까운 미래에 놀라운 성능의 컴퓨터가 나타났을 때 그 기계가 사람의 수준을 넘어설 수 있을지 측정한다는 생각을 했다는 발상의 뛰어남이다. 실제로 튜링은 컴퓨터 발달과 인공지능의 출현에 대해 매우 낙관적이어서 불과 2~30년 후에는 사람을 능가하는 인공지능이 출현할 수 있을 것이라고 예측했다. 그도 그럴 것이 당시 막 출현했던 전자식 컴퓨터의 성능이 짧은 기간에 비약적으로 발전했고, 이러한 발전속도를 단순 대입했을 때 기계가 사람의 수준을 능가한다는 생각은 당연한 것으로 여겨졌을 수 있다.

그렇지만 튜링 테스트가 흥미로운 또 다른 이유는 이 테스트가 사람의 지능이라는 복잡하고 어려운 문제를 해결하는 방식에 있다. 사실 그 이후 인공지능은 사람의 지능이 무엇인지, 그리고 더 나아가 지능이란 무엇인가라는 문제를 정면으로 해결하려고 시도하는 바람에 오랜 침체기를 맞이하게 되었다. 반면 튜링은 지능이 무엇인지에 대한 논의를 밀어두고 인공지능이 어떤 기능을 수행하게 되면 사람의 수준을 넘어선다는 것으로 간주할 수 있다는 기능주의적 접근, 또는 실행(performance) 중심적 접근을 했다고 볼 수 있다. 즉, 지능이란 무엇인가라는 문제를 정면으로 해결하는 대신 사람과의 채팅에서 사람인 것처럼 시늉을 해서 인간 판정자를 속여넘긴다고 해도 그것은 지능을 가진 것이고, 나아가 사람의 지능을 넘어설 수 있다는 근거로 받아들일 수 있다는 개념을 제기해준 셈이다.

튜링이 상상했던 '생각하는 기계'도 이런 맥락을 가진다. 그는 생각하는 기계를 만들 수 있는 확실한 이유가 사람의 어떤 신체 부위에 대해서도 그 기능을 흉내내는 기계를 만들 수 있다는 점에서 찾았다. 마이크가 입을 흉내내고, 텔레비전 카메라가 눈을 흉내내고, 서보메커니즘을 이용해서 팔다리를 가진 원격 조종 로봇도 만들 수 있듯이 말이다. 특히 그는 신경계에 대해 많은 관심을 가졌다.

우리의 주요 관심사는 신경이다. 신경의 활동을 꽤 정확하게 모방하는 전기 모형을 만드는 것은 가능한 일이지만, 그것은 거의 무의미한 일이다. 바퀴로 굴러가지 않고 다리로 걷는 자동차를 만드느라 애를 쓰는 것과 똑같다. 전자계산기계에 쓰이는 전기회로는 신경의 본질적 속성을 가지는 것 같다. 전기회로는 정보를 이곳에서 저곳으로 전송할 수 있고 저장할 수도 있다. 신경에 여러 가지 이점이 있는 것은 분명하다. 신경은 아주 작고, 닳지 않으며, 적당한 매체에 보관하면 수백 년을 갈 수 있다. 또한 에너지 소비량이 극히 적다. 반면 전자회로의 유일한 매력은 속도이다. 그러나 이 이점이 너무 커서 신경이 가지는 이점들을 덮고도 남을 정도이다.(튜링, 2019: 42-43)

이처럼 튜링은 신경을 모방하는 방식이 아니라 그와 같은 기능을 할 수 있는 전자회로를 만드는 것을 목표로 삼았다. 뇌를 그대로 모방하는 것이 아니라 뇌의 기능을 모방하는 회로를 구축할 수 있다고 생각했던 것이다.

사이버네틱스

인공지능의 출발점을 어디에서 찾을 수 있을 것인가는 연구자에 따라 관점이 다를 수 있지만 1부에서 다루었던 사이버네틱스와 같은 개념이 또 하나의 시초라고 할 수 있다. 2차 세계대전 당시 수학자 노버트 위너는 독일군 전폭기를 추적하는 대공포를 개발하는 과정에서 빠른 속도의 전폭기를 인간 대공포수가 따라잡지 못하는 문제점을 해결하기 위해 인간과 기계의 결합을 모색했다. 이 과정에서 사이버네틱스 개념이 처음 등장하게 되었다. 위너는 생물과 기계가 모두 똑같은 정보처리장치라는 생각을 하게 되었다. 가령 우리가 전기장판에 사용하는 온도조절장치의 예를 들자면, 온도가 높아지면 이 온도값이 입력되어 어느 정도 온도가 되면 스위치를 꺼서(off) 온도를 낮추고, 온도가 일정값 이하로 내려가면 다시 스위치를 켜서(on) 전기장판을 일정한 온도로 유지시킨다. 이처럼 입력되는 정보를 처리해서 장판이 일정 온도 이상으로 올라가지 않도록 하는 것은 주변 환경의 정보를 해석해서 자신의 생명을 유지하는 생명체나 별 다를 바 없다는 것이 사이버네틱스 개념이라고 할 수 있다.

사이버네틱스는 전기장판이나 난로의 자동온도 조절장치가 우리 몸과 같은 생물의 제어 시스템과 별 다른 차이가 없다고 본다 전기장판의 온도가 높아지면 센서(감지기)가 온도 상승을 알아차리고 되먹임(피드백)을 통해서 히터의 작동을 멈춘다. 온도가 내려가면 다시 히터의 스위치를 켜서 온도를 올린다. 우리 몸도 운동을 해서 체온이 너무 올라가면 땀을 흘려 증발열을 통해서 온도를 낮추려고 하고, 반대로 날씨가 추워져서 너무 체온이 떨어지면 몸을 벌벌 떨게 만들어서 체온을 높이려고 시도한다. 전기장판이나 생물체 모두 일정한 온도를 유지하는 시스템이라고 보는 것이다.

앞에서 살펴보았듯이 위너는 자신의 저서 『사이버네틱스』에서 '제어'와 '커뮤니케이션'의 공학이 마치 동전의 양면처럼 불가분의 관계라고 주장했다. 위너의 주장이 특히 중요한 의미를 가지는 것은 그가 단지 공학적 시스템뿐 아니라 생물 시스템까지도 염두에 두었다는 점이다.

이후 많은 수학자와 컴퓨터 공학자들이 인공지능에 대한 낙관론을 펴기 시작했다. MIT의 마빈 민스키(Marvin Minsky)는 1950년대

| 그림 7 | 『사이버네틱스』에서 커뮤니케이션 개념을 통해 인간과 기계의 공통점을 주장한 노버트 위너

에 이미 앞으로 수십 년 내에 인간과 같은 수준으로 사고할 수 있는 인공지능이 탄생할 것이라고 장담했다. 또한 심리학자이자 인지과학자였던 허버트 A. 사이먼(Herbert A. Simon)은 1960년대에 컴퓨터가 체스 챔피언이 되고, 새로운 수학 정리를 찾아내고 증명할 것이며, 대부분의 심리학 이론이 컴퓨터 프로그램의 형태를 취할 것이라고 예견했다.

그렇지만 컴퓨터로 인간의 지능을 흉내낸다고 해서 말 그대로 사람과 똑같이 생각하는 방식은 아니다. 인류는 그동안 자연의 많은 것을 흉내내서 사람들의 편의를 위한 장치들을 개발했다. 가장 대표적인 것이 먼 바다까지 항해하는 선박이나 물속으로 항행하거나 탐험할 수 있는 잠수함. 그리고 하늘을 나는 비행기이다. 사람은 바다로 나가기 위해 물고기를 흉내 내서 배를 발명했지만 물고기처럼 비늘을 달거나 지느러미를 움직여 추진력을 얻지는 않는다. 그 대신 돛이나 스크류를 이용해서 배와 잠수함을 추진시켰다. 또한 새를 모방해서 비행기를 만들었지만 날개를 퍼덕여서 하늘을 나는 것이 아니라 고정된 날개에 프로펠러나 제트 엔진을 달아서 비행이라는 목적을 이루었다. 이런 장치들은 물고기나 새와는 다르지만 나름대로 항해나 비행이라는 인류의 목적을 이루었다. 그렇지만 새의 비행과 비행기의 비행은 같은 것이 아니다.

알고리즘을 통해서 지능을 흉내내는 것도 비슷하다. 사람의 뇌가 문제를 해결하는 방식을 논리 연산을 기반으로 한 알고리즘으로 대체하려는 것은 정확히 사람과 똑같지는 않지만 컴퓨터의 빠른 계산 능력과 정확성을 통해서 사람이 사고하는 것과 흡사한 과정을 만들어내려는 것이다. 그동안 컴퓨터의 성능이 높아지면서 그동안 상상으로만 실험했던 인공지능의 시도가 실제로 이루어졌다. 그 대표적인 경우가 체스 프로그램이다.

그렇다면 체스가 인공지능 연구의 첫 대상이 된 이유는 무엇일까? 1965년 러시아의 수학자 알렉산더 크론로드(Alexander Kronrod)는 당시 귀했던 고성능 컴퓨터를 이용해서 체스 프로그램을 연구하는 이유를 설명하면서 '체스는 인공지능의 초파리'이기 때문이라고 설명했다.(Ensmenger, 2011: 5-6) 초파리는 학명이 'Prosophila'로 생물학의 역사에서 없어서는 안 될 중요한 생물이다. 당시 생물학자들은 복잡한 생물 대신 단순하고 한 세대의 길이가 짧아서 유전자의 변이를 쉽게 관찰할 수 있는 생물인 초파리를 선호했다. 마찬가지로 초기 인공지능 연구자들도 비교적 복잡성이 덜한 체스 게임에서 인간을 능가하는 능력을 입증해보려고 시도한 것이다. 게임에는 엄밀한 규칙이 있고 분명하게 승자가 정해져 있어서 자동화하기에 좋은 분야이다. 가능한 행동이 특정한 세트로 분류되어 있고, 경기자들은 매 단계마다 이 행동세트를 선택해야 한다. 그리고 누가 승자가 되고 어떤 행동이 승리에 기여하는지 파악하기가 비교적 쉽다. 따라서 인공지능을 개발하는 데 체스 게임은 아주 이상적인 공간이라고 할 수 있다.(월시, 2017: 131-132) 1997년에 IBM의 '딥 블루' 컴퓨터가 당시 체스 챔피언이었던 개리 카스파로프(Garry Kasparov)를 이기면서 큰 파란을 일으켰다.

알파고와 딥 러닝

인공지능 연구의 초기에는 체스나 장기처럼 상대적으로 덜 복잡하고 특정한 분야에 한정되는 기능을 학습시키는 방식으로 연구가 진행되었다. 철학자 존 설(John Searle)은 인공지능을 '강한 인공지능'과 '약한 인공지능'으로 나누었는데, 전자는 정확한 입력과 출력을 갖추고 충분한 능력을 갖춘 컴퓨터가 인간과 같은 지능을 갖게 되는 것이다. 실제로 많은 인공지능 연구자들은 이런 강한 AI의 지지자들이라고 할 수 있다, 반면 약한 AI는 컴퓨터나 기계가 사람과 같은 정도의 지능을 가질 필요는 없고, 사람들 대신 여러 가지 지적 문제 해결 능력을 갖추면 인공지능으로 인정하는 것이다. 실제로 오늘날 우리 주위에서 인공지능이라는 이름을 달고 출시되는 많은 가전제품들이나 기계장치들은 약한 AI 중에서도 가장 낮은 수준에 해당한다고 할 수 있다. 그보다 높은 수준으로, 최근 우리나라에도 도입되었던 IBM의 인공지능 의사 '왓슨'과 같은 경우는 '전문가 시스템(expert system)'으로 간주되기도 한다. 전문가 시스템은 컴퓨터 성능의 발달로 많은 데이터를 축적할 수 있기 때문에 그로 인해 인간보다 많은 정보를 기반으로 체스의 수(手)나 질병의 진료에서 인간을 능가하는 능력을 발휘하는 것이라고 할 수 있다.

반면 최근에 인공지능 분야에서 획기적인 진전을 이루었다고 이야기되는 것은 바로 '기계학습(machine learning)', 그중에서도 '딥 러닝(deep learning)' 덕분이다. 2016년 알파고와 이세돌 9단의 역사적 대결이 그런 사례 중 하나이다. 기계학습과 딥 러닝은 지시적(supervised) 기계학습과 비지시적(unsupervised) 기계학습의 차이가 핵심이다. 지시적 기계학습은 인공지능에게 입력과 출력에 대한 일종의 자습서를 주고 일일이 학습을 시키는 과정이라고 할 수 있다. 조금 투박한 예를 들자면, 일한(日韓) 번역 프로그램에서 일본어의 '今日は(んにちは)'를 컴퓨터가 '오늘은'이라고 잘못 번역했을 때, 이것이 일본어로 낮에 하는 인사말로 '안녕하세요'로 고쳐주는 식의 학습이 지시적 학습에 해당한다. 또한 개의 모습을 담은 영상을 보고 그것이 개라고 인식하게 만드는 경우, 개의 꼬리, 귀, 다리 등에 대한 '특성'을 인식하는 것을 학습시키는 식이다.

반면 비지시적 학습은 '자율학습'이라고 불리는데, 학생들이 방과 후에 학교에서 자율적으로 하는 자율학습과 비슷하다. 정규수업시간에는 선생님의 수업을 들으면서 학습을 했다면, 자율학습에서는 누구의 지시도 없이 스스로 인강을 듣거나 책을 읽고 인터넷을 검색

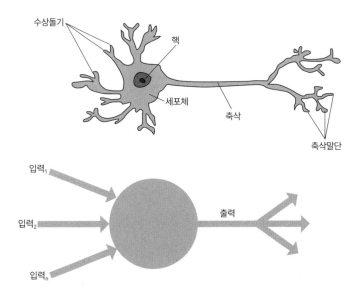

| 그림 8 | 사람의 신경세포를 흉내낸다.

하는 등 필요한 정보를 수집해가면서 공부를 하는 것이다. 대표적인 경우가 사람의 뉴런이 정보를 처리하는 방식을 흉내내는 '인공신경망(artificial neural network)'이다. 위 그림은 우리 뇌 속에 있는 신경세포, 즉 뉴런이 전기신호를 받아서(입력) 여러 가지 가중치를 두어 다른 세포에 내보내는(출력) 과정을 간단히 표시한 것이다. 이처럼 전기신호를 받아서 다시 다른 뉴런에게 전파하는 것을 발화(firing)라고 한다.(크릭, 2015)

인공신경망은 뇌의 정보처리과정을 수학적 모형으로 만든 것이다. 그림 9처럼 입력층(Input)과 숨겨진 층(Hidden), 그리고 출력층(Output)으로 이루어진다. 여기에서 화살표들은 그림에서는 나타나지 않았지만 저마다 다른 '가중치'를 가지고 있다. 이러한 가중치를

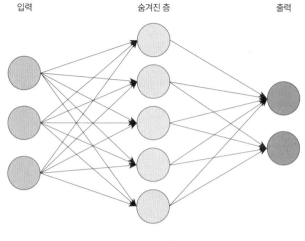

| 그림 9 | 인공신경망

높이거나 낮춰가면서 스스로 특성을 찾아내서, 개의 모습을 인식하거나 스팸 메일을 걸러내는 등의 목표를 수행해나가는 것이다.

알파고가 기존의 체스 프로그램과 다른 이유도 바로 이러한 딥 러닝에 있다. 2016년 이세돌 9단과의 대국에서 알파고는 초반부터 변칙적인 수를 잇달아 두면서 바둑 전문가들을 놀라게 만들었다. 그중에서도 가장 충격적인 것은 알파고가 둔 두 번째 대국 37수였다. (바둑판 그림에서 원으로 표시한 수) 당시 알파고가 흑을 잡았는데 다음 그림처럼 우변 백돌에 바둑계에서 흔히 '어깨짚기'라고 불리는 수를 두었다. 전문가들은 이 수가 바둑의 기본을 아는 사람이라면 절대 두지 않는 수라고 입을 모았다. 김성룡 9단은 바둑 TV 실황 중계에서 알파고가 둔 가장 놀라운 수라고 하면서 아무도 예상하지 못한 돌이라고 놀라움을 금하지 못했다. 이세돌 9단도 이 37수에 놀랐고, 무려 20분동안이나 장고를 거듭했다. 결국 두 번째 대국도 초읽기에 몰리면서

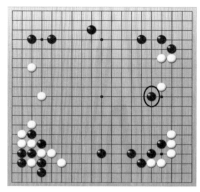

| 그림 10 | 논란이 된 2국 37수(좌), 이세돌 9단과 알파고와의 대국(우)

211수만에 돌을 던지고 말았다.《동아사이언스》의 보도에 의하면 중국의 바둑 대가인 녜웨이핑(聶衛平) 9단도 2국 37수를 보면서 알파고에게 경의를 표했다고 한다.

3년 전에는 알파고가 사람, 특히 당시 세계 최고수였던 이세돌 9단을 거의 일방적으로 격파했다는 사실에 많은 사람들이 경악했다. 그렇지만 그 후 알파고의 충격은 그 내용이 사뭇 달라졌다. 알파고는 사람이 두지 않는 파격적인 수를 통해서 그동안 바둑에서 정석으로 알려져 있던 많은 것들을 바꾸고 바둑의 선입견이나 고정관념을 깨뜨렸다는 평을 받고 있다. 지금은 알파고가 은퇴했지만, 그 후 한층 업그레이드된 알파고의 AI 후예들이 두는 여러 가지 수법들은 이미 새로운 바둑의 정석으로 자리잡게 되었다. 처음에는 AI가 인간들의 정석을 보고 훈련했지만 이제는 거꾸로 인간들이 AI의 새로운 정석을 학습하고 있는 셈이다.

그렇지만 비교적 단순한 사례인 알파고에 대해서도 이러한 철학적 물음들이 제기될 수 있다. 알파고나 그 인공지능 후예들이 과연

"바둑을 둔다"고 말할 수 있는가? 아니면 바둑이라는 형식을 빌어서 단지 확률 계산을 하고 있는 것인가? 당시 대국 모습은 TV를 통해 많은 사람들에게 생중계되었다. 그렇다면 많은 바둑 동호인들이 보고 있던 대국 모습은 정작 AI인 알파고에게 어떻게 비쳐졌을까?

알고리즘이 가정하는 것들

SF 영화 〈아이, 로봇(I, Robot)〉에서 주인공 형사는 로봇을 극도로 싫어하는 혐오주의자이다. 이 영화에서는 로봇공학자인 과학자가 로봇을 싫어하는 형사에게 일부러 자신의 수사를 의뢰하고 스스로 목숨을 끊는다. 그런데 이 형사가 로봇을 싫어하는 이유는 로봇이 자신에게 어떤 피해를 주었기 때문이 아니라, 오히려 자신의 생명을 구해주었기 때문이다. 주인공이 운전 중 피치 못할 사고로 다른 차와 충돌해 차 속에 갇힌 채 물 속에 빠지자 지나가던 로봇은 로봇공학 3원칙에 의거해서 지체 없이 물속으로 뛰어들어 주인공을 구해냈다. 로봇 3원칙은 아이작 아시모프(Isaac Asimov)라는 1950년대 미국의 SF 작가가 처음 자신의 로봇 SF에서 제시한 로봇의 윤리원칙으로 설계 단계부터 로봇의 논리구조에 넣어야 한다고 주장했던 원칙이다.

첫째, 로봇은 인간에게 해를 입혀서는 안 되며 인간을 위험에서 구해야 한다.
둘째, 타인을 해하려는 의도를 가진 인간의 명령에는 따르지 않으며, 그 이외의 경우 인간의 명령에 복종한다.

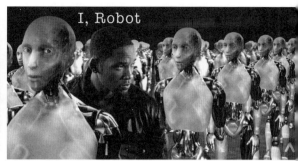

I, Robot

| 그림 11 | 기계의 윤리는 사람과 다르다. 영화 <아이, 로봇>의 한 장면

셋째, 위의 두 가지 원칙에 어긋나지 않을 때 스스로를 위험에서 지켜야 한다.

그러면 도대체 무엇이 문제였을까? 형사는 로봇에게 자신의 차와 충돌해서 함께 빠진 다른 차에 갇혀 있던 어린 소녀를 구하라고 지시했지만, 로봇은 엄격한 알고리즘에 의거해서 주인공의 말을 듣지 않고 강제로 자신을 구해냈고, 그 결과 어린 소녀는 주인공이 보는 앞에서 죽어갔다. 그렇다면 로봇은 어떤 알고리즘에 의거해서 형사를 구했을까? 그것은 생존확률이었다. 물에 뛰어든 로봇은 하나였고, 이 로봇이 구할 수 있는 건 한 사람뿐이었는데 건장했던 주인공 형사를 구해냈을 때 생존확률이 소녀보다 훨씬 높았기 때문이었다.

결국 알고리즘에 따르면 로봇은 아무런 잘못을 하지 않았다. 그러나 형사는 이 로봇의 알고리즘이 못내 마음에 들지 않았고, 그 때문에 반복적으로 자기 대신 죽어가던 어린 소녀의 눈망울을 기억해내는 악몽을 꾸곤 한다. 만약 인간 구조자가 로봇과 똑같은 상황에 처했다면 어떤 판단을 내렸을까? 어쩌면 로봇과 달리 생존확률이라는 수치보다는 연약한 소녀 쪽을 택했을지도 모른다. 영화 속에서 형사는 자신을 구해준 로봇을 깡통이나 토스터라고 비하하면서, 생존확률이 낮았더라도 당연히 소녀를 구해냈어야 한다는 인간적 가치와 그에 따른 판단의 우월성을 더 높이 평가했다.

이 SF적 사례는 인간의 가치가 계산적 합리성이나 엄격한 논리에 입각한 것이 아니라 오랜 동안의 관습과 윤리, 측은지심과 같은 가치관, 노약자나 지체 부자유자를 먼저 구해야 한다는 문화적 전제 등에 기반하고 있다는 것을 잘 보여준다.

〈타이타닉(Titanic)〉과 같은 영화에서 사고가 벌어졌을 때 누가 먼저 구명보트에 탈 것인가라는 우선순위(priority)를 정하는 문제도 마찬가지이다. 빙산에 부딪혀 배가 침몰하게 되자 승무원들은 여자와 어린아이, 노약자를 먼저 태운다는 규칙을 엄격하게 적용한다. 그리고 대체로 많은 사람들은 이런 규칙에 대부분 승복한다. 이런 경우 생존확률이나 그에 따른 비용효율성을 따지는 것이 아니라 여자와 어린아이를 먼저 구해야 한다는 우선순위가 적용되는 것을 당연시한다. 그렇지만 로봇이나 인공지능이라면 과연 어떤 판단을 내렸을까? 어쩌면 체력이 약해 생존확률이 떨어지는 여자와 어린이 또는 노약자보다 건장한 성인이나 남자를 먼저 구해야 한다는 논리가 작용할 수 있다.

인공지능의 논리나 알고리즘에 우리가 살고 있는 세상의 상식, 도덕, 문화, 제도, 법률, 사랑, 교육, 관습은 어떤 모습으로 비쳐질까? 아서 클라크(Arthur Clarke)의 『2001년 스페이스 오디세이(2001: A Space Odyssey)』에 나오는 인공지능 HAL이 인간 승무원들과 의견차이를 빚고, 결국 승무원들을 죽이기에 이르는 설정은 이러한 관점의 차이를 잘 보여준다. HAL은 수행해야 할 임무가 최우선순위였고, 승무원들이 임무 수행에 방해가 된다고 생각되자 가차없이 살해하기 시작했다. HAL의 입장에서는 이런 판단은 지극히 합리적이고 이성적이다. 반면 인간의 관점에서 보자면 지나치게 냉혹하고 비인간적인 처사이다.

이처럼 로봇이나 인공지능의 눈으로 본다면 인간 세상은 지극히 비합리적이고, 모순 덩어리라고 할 수 있다. 이런 차이는 단순히 인식론이나 철학적 문제에 그치지 않고 현실에서 중요한 요소로 작용한다. 최근 가장 빨리 실현 가능한 AI의 사례로 거론되는 자율주행차의 실용화 시기를 둘러싼 논란이 그런 예이다.

자율주행차가 쉽게 실현되기 힘든 까닭은?

기술예측을 하는 많은 사람들이 가장 먼저 현실화될 수 있는 기술 1순위로 꼽는 것이 자율주행차이다. 이미 오래전부터 운전대가 없는 자동차, 또는 운전자가 독서를 하거나 잠을 자면서 자신이 원하는 목적지까지 편안하게 가는 꿈의 자동차가 상상의 대상이 되었다. 최근들어 이런 꿈은 성큼 우리 앞으로 다가왔다. 구글이나 테슬라를 비롯한 여러 기업들이 앞다투어 자율주행 차량을 개발해서 복잡한 거리에 내놓고 시운전까지 하고 있다. 이제 얼마 후면 자동차의 인공지능 장치가 차선을 바꾸고 다른 차량이나 보행자, 신호를 감지해서 스스로 차량을 운행하고 좁은 공간에 주차까지 완벽하게 하는 모습을 볼 수 있을지 모른다.

그렇지만 상황은 그리 간단하지 않다. 지난 2019년에 독일의 자동차 회사 아우디의 자율주행 담당 토어스텐 레온하르트(Thorsten Leonhardt) 박사가 국내 언론과 인터뷰를 했다. "자율주행차에 사고가 일어났을 때 책임은 누가 질 것인가?"라는 기자의 질문에 레온하르트는 '운전의 주체'라고 단호하게 말했다. 이것은 사고 순간 운전을 누가 했느냐에 따라 책임을 지면 된다는 뜻이다. 레온하르트는 운전자가 누구인지는 '데이터 기록장치'가 밝혀줄 것이며, 아우디는 자율주행 시스템의 완벽성을 추구하는 만큼 사고에 따른 책임을 분명히 감수하겠다고 강조했다. 자사의 자율주행 시스템이 완벽하다는 것을 역설한 셈이다. 그러나 상용화가 언제쯤 가능하겠냐는 기자의 질문에 대해서는 다음과 같은 예상 밖의 답이 나왔다. "이미 자율주행 기술을 시장에 선보일 준비는 끝났다. 예를 들어 신형 아우디 A8은 자율주행 기술과 센서 등이 결합돼 상당한 지능에 도달했다. 하지만 아직 시험단계를 거치고 있는데, 자율주행 규제 관련해 논의가 진행되는 중이기 때문이다. 규제 관련 논의가 곧 마무리되면 투입이 가능하다. 그런데 그리 빠르지는 않을 것이다. 그래서 자율주행이 상용화되기 위해선 30년 이상은 걸리지 않을까 생각한다."(권용주, 2019)

2022년 11월 24일 테슬라 모델S가 완전자율주행(Full Self Drive, FSD) 모드로 달리던 중 급정거해 8중 추돌사고를 일으킨 사실이 뒤늦게 알려졌다. 문제의 모델S 차량은 샌프란시스코 인근을 시속 89 킬로미터로 달리다가 왼쪽 끝 차선으로 이동한 뒤 시속 32킬로미터로 갑자기 속도를 줄였고, 그로 인해 9명이 부상을 입었다. 그 후 미국에서는 전기차 제조사와 판매자가 운전자 주의가 필요한 부분자율주행 시스템이 장착된 자동차를 완전자율주행 차라고 부르는 것을 금지하는 법안이 9월 캘리포니아 상원을 통과했고 시행을 앞두고 있다.(이서희, 2022)

여기에는 불확실성 문제가 가장 근본적으로 작용한다. 자율주행 자동차가 '닫힌 세계'에서 운행되는 것이 아니기 때문이다. 예측할 수 없는 개방 환경에서는 변수가 너무 많아진다. 주변을 감지하는 센싱 기술과 차량 스스로가 판단할 수 있는 영역에는 한계가 분명하다. 자율주행차와 사람이 운전하는 자동차가 혼재된 상황에서는 언제 어떤 일이 발생할지 모른다. 시험 중인 자율주행차가 도심에서는 빠르게 달리지 못하는 이유도 여기에 있다. 도로의 갑작스러운 변화와 같은 상황으로 인해 쌓아두어야 할 데이터가 엄청나며, 무한대에 가까운 지구의 모든 도로를 시험하고 검증하는 것은 불가능에 가깝다는 점도 있다. 힘들게 시스템을 준비했더라도 세계 각국의 지도 데이터를 확보하지 않으면 무용지물이 될 수 있다. 각국의 규제도 제각각이다. 자율주행차 판매를 허가하는 국가들이 있는 반면, 아직 관련 규정조차 준비되지 않은 나라도 많다. 객관적인 판단을 위해서는 주행기록장치라도 의무화되어야 하는데 이 부분에 대한 국제 표준도 애매하다.(박홍준, 2022)

이처럼 일반적 예상과 달리 실제로 자율주행차가 실용화되기까지 생각보다 많은 시간이 걸릴 것으로 예측된다. 운전 또는 주행이라는 행위는 단순히 자동차를 A라는 지점에서 B라는 지점으로 이동시키

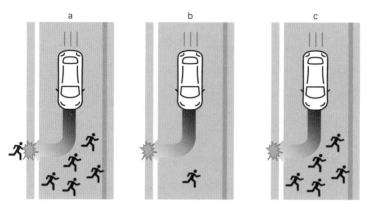

| 그림 12 | 트롤리 딜레마를 전차 선로가 아닌 도로 상황에 적용한 그림

는 기계적인 행위로 환원시킬 수 없다. 아무런 방해물도 없는 자동차 시험장이라면 이런 가정이 어느 정도 적용될 수 있겠지만 복잡한 도로에는 많은 차량과 보행자, 교통신호, 건널목과 교통 법규, 그리고 보험금을 노리는 인위적인 사고 유발 등 이루 헤아릴 수 없이 많은 요인들이 뒤엉켜 있다.

이런 요인들 중에서 가장 기본적인 것이 '트롤리(전차) 딜레마'라는 아주 고전적인 역설이다. 이 역설은 1960년대에 영국의 윤리철학자 필리파 풋(Philippa Foot)이 제기한 것으로, 우리가 흔히 윤리원칙으로 삼는 공리주의, 즉 최대 다수의 최대 행복이라는 원칙이 현실에서 쉽게 적용되기 힘들다는 점을 잘 이야기해준다. 전차 선로에서 5명의 작업자들이 작업을 하고 있다. 이때 전차 한 대가 고장을 일으켜 폭주한다. 그대로 놔두면 5명이 희생된다. 그런데 전차 선로를 바꿔서 다른 선로로 돌리면 1명의 작업자만 목숨을 잃게 된다. 냉정한 알고리즘이라면 당연히 5명보다는 1명이 희생당하는 쪽을 선택할 것이다. 앞에서 예로 든 SF 영화 〈아이, 로봇〉의 사례와 마찬가지이다. 그러나 현실에서 선택을 한다면 쉽게 1명의 작업자를 죽이는 결정을 내리기 힘들다. 더군다나 그 1명이 여러분과 잘 아는 동료이고, 그의 아내와 아이들까지 친밀하게 지내는 사이라면 문제는 더욱 복잡해진다.

자율주행차의 논리 설계에서도 마찬가지이다. 충돌사고가 피할 수 없을 때 운전자와 보행자의 목숨 중 어느 쪽이 더 소중한지, 왼쪽의 보행자와 오른쪽의 보행자 중 누구를 먼저 배려해야 할지 선택해야 하기 때문이다. 이런 문제는 명확한 답이 없다.

《리걸타임즈》 2018년 칼럼에서 김익현 변호사는 자율주행자동차의 법적 책임과 관련된 문제가 왜 복잡한지에 대해 이렇게 말했다.

"교통사고와 관련한 민사책임은 전통적으로 자동차손해배상보장법상 운행자책임, 민법상 운전자의 불법행위책임 등이 주로 논의되었다. 그러나 자율주행차의 경우 주행의 주도권이 운전자라는 사람으로부터 자동차라는 제조물로 넘어가면서 제조업자의 책임, 매도인의 하자담보책임, 주행도로관리주체 및 시스템해커의 책임 등 다양한 주체들의 책임이 문제됩니다."(김익현, 2018)

참고로, 미국 교통부 도로교통안전청(NHTSA)은 자율주행기술의 발전단계를 5단계로 분류한다. 0단계는 자율주행 기능이 없는 일반 자동차 단계, 1단계는 자동 브레이크, 자동 속도 조절 등 운전 보조기능이 작동하는 단계, 2단계는 운전자가 운전하는 상태에서 2가지 이상의 자동화 기능이 동시에 작동하되 운전자의 상시 감독이 필요한 단계, 3단계는 자동차 내 인공지능에 의한 제한적인 자율주행이 가능하나 특정 상황에 따라 운전자의 개입이 반드시 필요한 단계, 4단계는 시내 주행을 포함한 도로환경에서 주행시 운전자 개입이나 모니터링이 필요하지 않은 단계, 5단계는 모든 환경에서 운전자의 개입이 필요하지 않은 단계이다. 위와 같은 단계와 관련지어서, 각 단계별로 운전자, 운행자, 제조자, 매도인의 책임 분배를 달리 구성하는 다양한 견해가 제시되고 있다.

알고리즘으로 사고와 지능을 대체할 수 있는가?

그런데 이러한 윤리, 보험, 법률적 문제 이외에도 인공지능을 통한 자율주행에는 보다 근본적인 문제가 더 있다. 그것은 인간의 운전, 또는 주행이라는 행위가 인공지능은 결코 이해할 수 없는 수많은 의미를 가질 수 있기 때문이다. 가령 어느 날 기분이 울적해서 자율주행차에 올라타 "그냥 아무 데나 드라이브나 좀 하지."라고 명령을 내렸다고 하자. 과연 자율주행차가 그 의미를 이해할 수 있을까? 어쩌면 '그냥', '아무 데나'와 같은 의미를 놓고 설명을 요구하는 통에 홀쩍 드라이브를 떠나려는 애초의 감흥이 산산조각 날지도 모른다.

KAIST 전치형 교수는 "운전대 없는 세계—누가 자율주행차를 두려워하는가"라는 글에서 "자율주행이 대체할 수 있는 인간행위로서의 운전은 A지점에서 B지점으로 차를 움직이게 하는 기능적 행위"이지만, 운전은 이런 식으로 환원시킬 수 없으며 "자율적인 인간의

행동으로서의 운전"이라고 말한다.(전치형, 2018: 172-190)

가령 몇 년 전 5·18 광주사태를 주제로 많은 관객들을 불러 모았던 영화 〈택시운전사〉에서 주인공은 독일 기자를 태우고 광주로 간다. 처음에 그의 '운전'은 단지 돈을 벌기 위한 목적이었지만, 광주에서 벗어난 후 "내가 손님을 두고 왔어."라고 혼잣말을 하며 다시 광주로 돌아간다. 이때 운전은 택시 운전사로서의 임무를 저버리지 않으려는 '소임 완수'이자 자신의 '정체성'을 지키려는 주체적인 행위였다. 그리고 그는 우여곡절 끝에 계엄군을 향해 돌진하는 택시 부대에 동참한다. 여기에서 운전은 무고한 시민들을 학살하는 살인자들에 대한 '저항'이자 죽어가는 부상자들을 살리기 위한 숭고한 '희생'이다. 또한 전치형 교수는 여성의 운전을 금한 사우디아라비아에서 여성의 운전이 가지는 해방적 의미도 예로 든다.

알고리즘은 수학이나 컴퓨터 과학에서 많이 쓰는 말이다. 어떤 문제를 해결하기 위해 거치는 특정 절차나 방법을 나타내는 것이다. "아라비아 숫자를 로마 숫자로 바꾸어라."와 같은 간단한 명령에서부터 복잡한 인공지능에 이르기까지 모두 이러한 알고리즘을 이용해서 만들어진 것이다. 과연 우리는 자율주행차의 알고리즘에 〈택시운전사〉에서 나타난 운전의 다양한 가치들을 넣을 수 있을 것인가? 기술적 문제는 차치하고라도, 그런 사회적 합의가 가능할까?

사람의 지능이 인공지능의 알고리즘으로 대체할 수 없는 까닭은 사람의 지능과 인공지능은 근본적으로 다르기 때문이다. 인공지능이 궁극적으로 사람의 지능과 같을 수 없는 까닭은 인공지능의 기반이 '닫힌 세계' 논리와 가정에 있기 때문이다. 초기의 튜링, 1950년대에 마빈 민스키를 비롯한 낙관주의자들이 컴퓨터의 발전에 대해 낙관했던 것은 당시 인간의 지능이 닫힌 세계라고 생각했기 때문이다. 그들의 낙관은 이러한 관점에서 나왔지만, 결국 실패했고 인공지능은 오랜 침체기를 겪었다. 최근 들어 인공지능이 크게 진전된 까닭은 인공신경망, 즉 사람의 신경망을 흉내낸 덕분이다. 스튜어트 러셀의 말처럼 "AI 기법이 인간의 뇌처럼 작동한다."라는 문장은 그저 추측이거나 허구일 뿐일 가능성이 매우 높다. 왜냐하면 우리는 지능이 무엇인지 잘 모르고, 더구나 "의식(consciousness)이라는 영역에 관해서는 아무것도 모르기 때문"이다.(러셀, 2021: 36-37)

알고리즘이 생각하는 나, 우리는 누구일까?

인터넷 쇼핑몰에서 마음에 드는 물건을 사거나, 온라인 서점에서 책을 한 권 구입하고 난 다음에 그 사이트에 들어가면 으레 "이 물건을 산 구매자는 이런 물건도 구입했습니다."라는 안내와 함께 여러 가지 상품들이 추천된다. 누구나 이런 경험을 했을 것이다. 때로는 이런 추천 상품들이 거추장스럽게 여겨지기도 하지만, 경우에 따라서는 잘 몰랐던 아이템을 새로 알게 해주는 순기능을 갖기도 한다.

그렇다면 아마존이나 국내의 쇼핑몰들은 어떻게 내가 좋아할 만한 책이나 상품들을 추천하는가? "이 책을 산 다른 구매자들은 이런 책도 함께 구입했습니다."라는 안내를 해줄 때 과연 다른 구매자는 누구인가? 그 구매자들은 실제로 존재하는 구매자들인가, 아니면 단지 컴퓨터 프로그램을 구성하는 '알고리즘'이 가정하고 있는 가상의 구매자들의 집합에 불과한 것인가? 알고리즘은 정말 이런 구매자들을 '아는' 것인가?

사실 아마존과 같은 온라인 쇼핑몰은 우리가 친숙하게 생각하는 어떤 그룹을 알고 있고, 이러한 상상 속의 그룹이 사회에 실재하는 것처럼 가정하는 것이다. 말하자면 인터넷에서 직간접적으로 수집되는 수많은 데이터, 가령 자주 들어가본 사이트, 실제 구매한 물건, 선호하는 브랜드, 연령, 성별, 학력 등을 통해서 내가 무엇을 좋아하는지, 어떤 부류에 속하는지 분류하는 것이다. 이처럼 알고리즘이 나름의 추정을 통해 가정하는 대중을 '계산된 대중(calculated publics)'이라고 한다.(Crawford, 2016: 77-92)

문제는 이런 정도로 그치지 않는다. 앞에서 이야기했듯이 알고리즘은 딥 러닝을 통해 누가 가르쳐주는 것이 아니라 혼자서 많은 것을 터득해간다. 광활한 인터넷에 올라온 무수한 사례들을 통해 정보를 수집하고, 그러한 정보에 기초해서 스스로 판단한다. 그런데 문제는 우리가 살고 있는 세계가 무수한 편견과 불평등을 토대로 삼고 있다는 점이다. 따라서 인공지능은 이러한 불평등과 편견을 주저없이 학습하게 되는 것이다.

최근 여러 사례를 통해서 알고리즘이 인종이나 성별, 거주지 등을 이유로 차별적 판단을 내리거나 부정확한 자료의 영향을 받는다는 사실이 드러나고 있다. 구글의 광고프로그램인 '애드센스(AdSense)'는 인종을 나타내는 이름으로 검색한 흑인 이용자에게 범죄기록 조회 광고를 25%나 더 노출했다. 또한 이용자들이 구글 검색엔진에서 성(性)을 '여성'으로 선택했을 때 고임금 직업에 관련된 광고가 노출

| 그림 13 | 성희롱 논란을 야기한 인공지능 챗봇(채팅로봇) '이루다'

된 빈도는 '남성'을 선택하고 이용했을 때에 비해 6분의 1 수준에 불과했다. 이것은 인공지능을 기반으로 한 프로그램들이 자율적인 학습을 하는 과정에서 기존 사회의 차별과 편견을 자연스럽게 배우게 된다는 것을 뜻한다.

지난 2020년 우리 사회에서 큰 논란을 불러일으킨 인공지능 챗봇(채팅로봇) '이루다' 사태는 이런 문제를 여실히 보여준다. 이루다는 '스무살 여성 대학생'을 페르소나로 삼는 캐릭터형 챗봇이다. 개발사인 스캐터랩은 앞서 내놨던 메신저 대화 분석 서비스인 '텍스트앳'과 '연애의 과학' 등에서 확보한 연인 간 대화 데이터 100억 건을 기초로 '이루다'를 만들어낸 것으로 알려졌다. 2020년 12월 22일 서비스를 시작해서 불과 20여 일 만인 2021년 1월 11일에 운영이 중단되었다.

이루다는 이용자들의 성희롱 발언에 수동적으로 동조하는 모습을 보이고 '또래 남자 학생' 사이에서 놀이문화처럼 자리 잡기 시작하면서 문제가 되었다. 김종윤 스캐터랩 대표는 이루다를 '20대 여성 대학생'으로 설정한 이유에 대해 "일단 주 사용자층이 넓게는 10~30대, 좁게는 10대 중반~20대 중반으로 생각했기 때문에, 가운데인 20살 정도가 사용자들이 친근감을 느낄 수 있는 나이라고 생각했다."고 밝혔다. 권김현영 여성학 연구자는 "20대 여성이라는 성별과 세대를 분명하게 설정값으로 줬고, 그 캐릭터에 대한 소비층을 동년배 남성으로 전제하고 있기 때문에, 당연히 대상화된 젠더 편향을 지니고 있다. 그 결함이 이용자들의 잘못된 사용과 결합해 가시화된 것일 뿐"이라고 지적했다. 이루다의 설정 자체가 성적 대상화에 취약한 설계를 불러왔다는 것이다.(임재우, 2021)

알고리즘은 확률과 계산을 기반으로 하기 때문에 그동안 많은 사람들에게 불이익을 주었던 성, 계층, 지역, 연령 등 사회적 편견이나 불평등에서 자유로운 사고를 할 것이라는 기대는 너무 섣부른 것일 수 있다.

인공지능, 포스트 휴먼의 위험한 가정[19]

한편 요즘 한창 인기를 끌고 있는, 인류가 근원적으로 더 나은 종

19　이 절은 『녹색평론』 170호(2020년 1–2월호)에 "유발 하라리, 과학의 외피를 두른 예언자"라는 제목으로 실린 글을 기반으로 하고 있음을 밝혀둔다.

으로 바뀌어야 한다는 이른바 '포스트휴먼' 논의에도 여러 가지 편향이 내재해 있다. 여기에는 여러 가정이 암암리에 전제되어 있는데, 첫째 현재의 인류가 많은 문제점을 가지고 있으며, 둘째, 철학, 종교, 문학, 사회학 등 인간 지식의 다른 영역들은 별로 쓸모가 없으며 과학, 특히 생명공학이 이러한 문제를 해결할 수 있다는 믿음이다.

기술결정론자들이 자주 들먹이는 『특이점이 온다(The Singularity is Near)』(2005)라는 책을 쓴 레이 커즈와일(Ray Kurzweil) 유의 전혀 과학적이지 않은 기술 예측이 첫 번째 가정과 밀접한 연관성을 가진다. 이런 주장들은 인류가 가까운 장래에 인공지능 등 기계로 대체될 것이라는 예언을 마구잡이로 내놓는다. 커즈와일은 2045년이면 기계의 지능이 인간을 뛰어넘을 것이라는 주장을 제기해서 많은 논란을 빚었다. 그러나 유전학, 로봇공학, 나노 등 현란한 첨단기술들을 버무려놓았을 뿐 실제 아무런 과학적 근거도 없는 이런 전망은 정작 왜 인간이 기계로 대체되어야 하는지 설명하지 못한다. 그런데도 일반 대중을 비롯해서 많은 인문학과 사회과학 연구자들이 이런 주장에 휩쓸리는 경향이 있다.

얼마 전에 우리 사회에서 이스라엘 출신의 역사학자 유발 하라리(Yuval Noah Harari)의 『사피엔스(Sapiens)』와 『호모 데우스(Homo Deus)』(2015)라는 책이 대중적으로 굉장한 인기를 끌었다. 이러한 현상은 비단 우리나라만이 아니어서, 50여 개 나라에서 수백만 부가 판매되었다고 한다. 특히 인류의 역사를 거대사의 관점에서 다룬 전편인 『사피엔스』와 짝을 이루는 『호모 데우스』는 '미래의 역사'라는 도발적인 부제가 말해주듯이, 인류가 호모 사피엔스를 넘어서 '데우스

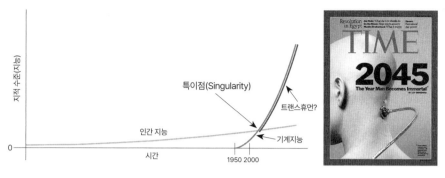

| 그림 14 | 2045년이 특이점이라는 과도한 미래예측

(Deus)' 즉, 신으로 업그레이드되어야 한다는 대담한 주장으로 세간의 화제를 모았다.

　과거에도 이런 유의 유행은 여러 차례 있었다.『사회생물학』의 저자 에드워드 윌슨(Edward, O, Wilson)의『컨실리언스(Consilience; The Unity of Knowledge)』라는 책이 국내에『통섭(統攝)』이라는 이름으로 번역되면서 빚어졌던 '통섭' 현상[20]이 그중 가장 최근의 일이다. 당시 윌슨은『컨실리언스』에서 인문학과 사회과학, 종교가 인간에 대해 거의 설명하지 못했다고 꾸짖으면서 생물학이 인간과 사회를 모두 설명할 수 있기 때문에 인문학이나 사회학이 생물학의 하위 분과로 들어와야 한다는 대담한 주장을 했지만, 국내에서『통섭』은 마치 서로 다른 학문 분과들이 수평적으로 융합해서 더 나은 설명을 추구하는 것인양 오해되었고 세간에 통섭이라는 유행어가 번지면서 아직

20　이 주제에 대해서는 다음 글을 참고하라. 김동광, 2011, "한국의 '통섭 현상'과 사회생물학", 김동광, 김세균, 최재천 편『사회생물학대논쟁』, 이음. 245-272쪽

도 그 폐해가 지속되고 있다.

이번에는 그 주역이 과학자가 아니라 역사학자이고, 핵심 분야는 생물학이 아니라 인공지능이다. 그렇지만 새롭게 부상하는 (emerging) 과학기술을 중심으로 모든 것을 설명하고 그 해법을 찾으려는 경향이라는 면에서 그리 다르지 않다.

하라리의 주장은 요란하게 과학의 외피를 두르고 있지만, 정작 그의 과학적 이해는 놀랄 만큼 깊이가 얕고 그의 주장은 근거가 빈약하기 때문에 유행은 그리 오래 갈 것 같지 않다. 그렇지만 근거 없는 유행이 미치는 폐해가 크고 생각보다 그 후유증이 오래 갈 수 있기 때문에 그 밑에 내재한 인식적 경향성을 비판적으로 검토할 필요가 있다.

'빅 히스토리' 유행의 인식적 경향

하라리가 인기를 끄는 이유로는 그의 거침없고 대담한 발언도 한몫을 하고 있는 것처럼 보인다. 흔히 사려 깊은 학자들은 단정적인 발언을 삼가고 자신이 다루는 영역을 넘어서는 주제에 대한 논의는 극도로 신중하고 특히 사회적 현안에 대한 처방을 함부로 내거나 미래를 예측하는 일을 꺼린다. 반면 하라리는 앞뒤 가리지 않고 "2100년이면 현생인류가 사라질 것", "인간이 신을 발명할 때 역사는 시작되었고 인간이 신이 될 때 역사는 끝날 것이다."(사피엔스), "호모 데우스, 이것이 진화의 다음 단계다."(호모데우스) 등 가감 없는 발언을 쏟아낸다

그러나 이러한 경향은 보다 근원적으로 최근 세계적으로 유행하

고 있는 이른바 '빅 히스토리(big history)', 즉 거대사(巨大史) 유행에서 공통적으로 나타나는 현상이라고 할 수 있다. '거대사'라는 말을 처음 썼고 빌 게이츠와 함께 빅 히스토리 프로젝트를 진행하고 있는 철학자 데이비드 크리스천(David Christian)은 거대사가 빅뱅, 이른바 대폭발로 우주가 시작된 이래 항성 탄생, 원소의 등장, 행성의 형성, 생명 출현, 인류 진화, 문명 발달, 산업 부상의 여덟 차례의 문턱(threshold)을 거쳐 복잡성을 증대시켜 현재의 인류가 등장하게 된 과정을 설명한다.(빅히스토리 연구소, 2017) 박학다식한 저자가 일필휘지로 생물학, 물리학, 심리, 종교, 문화, 예술, 역사를 두루 넘나들면서 인류 탄생부터 현재에 이르는 역사를 하나의 관점으로 꿰어서 설명한다는 것은 얼핏 보기에 멋질 수도 있다.

그런데 거대사가 위험할 수 있는 것은 자칫 우주와 생명에 하나의 역사, 하나의 내러티브가 있을 수 있다는 인식을 줄 수 있기 때문이다. 여기에는 우주와 생명의 복잡성과 다양성을 있는 그대로 받아들이고 그것을 탐구하고 존중하는 대신, 그 속에 들어 있는 통일성과 일관성을 중심으로 편의적으로 재구성해서 일종의 법칙성을 부여하는 것을 '이해'로 간주하는 경향을 내재한다. 또한 현재의 관점에서 100억 년이 넘는 장구한 우주의 역사를 재구성하면서 모든 요소들이 균형을 이루며 생명이 거주 가능한 지구가 탄생하고 인류가 등장했다는 식의 인간중심적 관점과 현재의 상황에 도달하는 것이 필연적이었다는 식의 정당화를 부를 수 있다.

우리가 인간인 한 인간중심주의를 완전히 벗어날 수는 없지만, 오늘날 인간 활동이 지구 환경에 미치는 영향이 지질학적 차원에 이르렀다는 인류세 논의가 이루어지는 마당에 거대사는 이러한 성찰적 관점과는 거리가 멀다.

증강에 대한 갈망
─인간을 신으로 업그레이드하기

하라리는 이러한 거대사의 담론이 인류의 탄생에 대한 설명을 기반으로 인류의 개조 내지는 증강의 필연성으로 이어지는 인식적 경향을 대표적으로 보여준다. 그런데 이런 경향은 최근 세간의 화제가 되고 있는 여러 예언서들에서 공통적으로 나타난다.

커즈와일의 『특이점이 온다』, 닉 보스트롬(Nick Bsotrom)의 『슈퍼인텔리전스(Superintelligence)(2014)』, 그리고 하라리의 『호모데우스』는 사실상 다른 듯 같은 이야기를 하고 있다고 볼 수 있다. 앞에서 이야기했듯이 발명가이자 미래학자인 커즈와일은 다가올 미래사회의 중요한 진전(breakthrough)을 예측하는 시나리오를 여러 차례 발표해서 세간의 주목을 끌었고 기계가 인간을 넘어서는 시점을 특이점이라고 불렀고, 그 시기를 대략 2045년으로 점찍었다. 그는 그때까지 살기 위해서 하루에 100여 알의 영양제와 건강보조제를 먹고 있다고 한다.

보스트롬은 『슈퍼 인텔리전스』에서 특이점이라는 말이 의미가 분명치 않고 새천년에 대한 낙관론과 비슷한 그리 탐탁지 않은 기술 유토피아적인 분위기가 나타났기 때문에 자신은 좀 더 정확한 용어로 '지능 대확산(intelligence explosion)'이라는 개념을 사용하겠다고 말했다.(보스트롬, 2017: 20) 지능 폭발, 또는 지능 대확산이란 기계가 '초지능(superintelligence)'을 가질 수 있는 시기를 뜻한다. 용어가 조금 다르기는 하지만 보스트롬과 커즈와일의 생각을 크게 다르지 않다.

이들의 공통점은 모두 거대사라는 내러티브를 통해 인류의 역사를 칭송하고 그 미래를 예측하고 있다는 점이다. 또한 기술 변화, 특히 생명공학과 인공지능, 그리고 신경과학과 같은 신흥 기술에서 이루어진 진전들을 중심에 놓고 사회가 이러한 변화에 어떻게 대응해야 할 것인가를 논하는 전형적인 기술중심주의 또는 기술결정론적 관점이라고 할 수 있다. 특히 1990년에 시작해서 2003년에 물리적 지도 작성을 완성한 인간유전체계획이 그 후 10여 년이 지나도록 무병장수라는 애초의 장밋빛 약속들을 거의 실현시키지 못하게 되면서, 이들 예언서들은 생명공학 대신 인공지능을 주된 수사적 자원으로 삼는 경향이다. 한때 인공지능 분야가 긴 침체기의 겨울을 맞기도 했지만, 최근 사람의 신경망을 흉내내는 인공신경망과 스스로 학습하는 딥 러닝과 같은 기술적 진전이 이루어지면서 이 분야는 기술을 중심으로 한 예측서의 중요한 논거를 제공하고 있다.

하라리 역시 인간을 신으로 업그레이드하는 세 가지 방법으로 생명공학, 사이보그 공학, 그리고 비유기체 합성을 이야기한다. 그중에서도 『호모데우스』에서 가장 역점을 두는 업그레이드는 유기체, 즉 육체를 탈각(脫殼)해서 알고리듬과 데이터로 전환하는 세 번째 방법이다. 그는 이 책의 결론에서 데이터교(敎)라는 신흥 종교를 제기한다. 인간이 신이 된다는 것은 꿈같은 이야기이지만, 종교라면 말이 되는 셈이다. 그리고 이 종교의 교세는 커즈와일이나 보스트롬과 같은 또 다른 전도사들이 과학을 근거로 내세우면서 확장되고 있다. 이 종교의 교리는 진보와 정복이다.

신자유주의가 원하는 바로 그것
―무한 성장 경제와 끝나지 않는 프로젝트의 결합

하라리는 『사피엔스』에서 죽음을 '해결이 불가능해 보이는 인류의 모든 문제 중에서도 가장 성가시고 흥미롭고 중요한' 문제라고 말하면서 죽음이 더 이상 수동적으로 받아들여야 하는 숙명이 아니라고 주장한다. 그는 고대 수메르의 반인반신이었지만 불사가 아닌 길가메시가 죽음을 물리칠 방법을 찾기 위해 명계(冥界)에까지 가서 대홍수에서 살아남아 불사의 존재가 된 영웅 우트나피슈팀을 만나고 돌아온 신화에서 이름을 딴 '길가메시 프로젝트'를 주창한다. 그는 결국 죽음을 운명으로 받아들인 길가메시의 태도를 패배주의로 규정하고 이렇게 말한다.

"진보의 사도들은 이런 패배주의적 태도에 동의하지 않는다. 과학자들에게 죽음은 피할 수 없는 숙명이 아니라 기술적 문제에 불과하다. 사람이 죽는 것은 신이 그렇게 정해놓았기 때문이 아니라 심근경색이나 암, 감염과 같은 다양한 기술적 실패 때문이다. … 우리 중에서 가장 뛰어난 사람들은 죽음에 의미를 부여하느라 시간을 낭비하지 않는다. 대신 질병과 노화의 원인이 되는 생리적, 호르몬적, 유전적 시스템을 연구하느라 바쁘다. 그들은 신약, 혁명적 치료법, 인공장기를 개발 중이며 언젠가는 죽음의 신을 무찌를 수 있을 것이다."(하라리, 2015: 379-380)

그에게 죽음이란 기술적 실패에 불과하며, 아직은 불가능할지 모르지만 '진보의 사도'인 과학자들이 극복할 수 있는 문제이다.

그가 종교계에서 상당한 반발을 불러일으키기도 했던[21] 길가메시 프로젝트를 주장하는 이유는 오늘날 신자유주의와 생명공학이나 인공지능과 같은 테크노사이언스가 긴밀히 결합하는 근거와 일맥상통한다. 그는 우리가 미지의 세계로 빠르게 돌진할 수밖에 없는 이유, 브레이크를 밟을 수 없는 이유를 "브레이크를 밟는다면 경제가 무너지고, 그와 함께 사회도 무너질" 것이기 때문이라고 설명한다. "따라서 무한성장에 기반한 경제에는 끝나지 않는 프로젝트가 필요하다. 불멸, 행복, 신성은 이러한 프로젝트로 안성맞춤이다."(하라리, 2017: 80-81)

이런 프로젝트가 진행되는 과정에서 중요한 역할을 하는 것은 선진국의 엘리트층이고 이른바 개발도상국은 여전히 불행에 시달릴 것이다. "엘리트층이 영원한 젊음과 신 같은 힘에 접근하는 동안 개발도상국에 사는 수십억 명의 사람들과 열악한 지역에 사는 사람들은 계속 가난, 질병, 폭력에 시달릴 것이다. … 궁전에 사는 사람들의 의제는 언제나 판잣집에 사는 사람들의 의제와 달랐고, 21세기라고

---

21 다음 문헌을 보라. 이윤석, 2019, "유발 하라리의 인간관에 대한 비판적 고찰", 『조직신학연구』 32(2019), 52-86쪽.

해서 사정이 달라지지는 않을 것이다."(하라리, 2015: 86-87)

그의 글은 얼핏 보기에 사회적 불평등의 문제를 제기하는 것 같지만, 실제로 사회적 불평등은 그에게 피할 수 없는 현상으로 여겨진다. 그리고 이러한 연구에 들어가는 엄청난 비용은 기업과 돈많은 사람들의 투자로 가능할 수 있다. 그는 커즈와일의 예측을 근거로 2050년경에는 거리에서 옆을 지나치는 누군가가 이미 불멸의 존재가 되었을지 모른다고 말한다. "적어도 당신이 걷고 있는 거리가 뉴욕의 월스트리트나 5번가라면 그럴 확률이 있다."(하라리, 같은 책, 45) 그가 이야기하는 미래는 소수의 엘리트들의 미래이다.

알고리즘과 데이터 숭배

유발 하라리는 500쪽이 넘는 두 권의 책에서 폭넓은 지식으로 수많은 분야와 시대를 종횡무진으로 누비며 많은 사람들의 찬탄을 자아낸다. 그렇지만 그가 펼치는 주장의 과학적 근거는 놀랄 만큼 취약하며, 생명공학과 인공지능 기술이 열어줄 미래에 대한 기대는 지나치게 부풀려져 있다.

가령 죽음이나 보편지능과 같은 주제에 대한 과학적 이해는 아직도 걸음마 수준에 불과하지만, 그는 마치 과학이 모든 것을 밝혀내기라도 한듯 죽음의 정복과 알고리즘으로의 업그레이드를 주장한다. 생물학에서 노화와 죽음은 중요한 연구주제이지만 아직까지 뚜렷한 설명은 나오지 않고 있으며, 일부 진화생물학자들이 유성생식(有性生殖)의 진화와 죽음 사이의 연관성을 조심스레 제기하고 있는 수준

직장암	85.0
유방암(비전이성)	80.0
유방암(삼중음성)	67.9
유방암(전이성)	45.0
유방암(수용체 양성-HER2 음성)	35.0
폐암	17.8

※ 인도 마니팔 병원의 암환자 1000명 조사 결과
자료: 유럽종양학회 아시아 총회

| 그림 15 | 인도 마니팔 병원에서 수행한 진단 일치율 조사

이다. 과학자들 중에는 죽음이 반드시 삶의 대(對) 개념이 아닐 수 있으며, 생명이 유성생식을 획득하면서 치르는 비용의 일부일 수 있다는 관점을 지지한다.

인공지능 연구가 상당한 진전을 보이고 있지만, 현 단계에서 '지능이 무엇인가'에 대한 이해 또한 아직 걸음마 수준이다. 1997년 인간과 대결에서 승리한 IBM의 '디퍼 블루(Deeper Blue)' 체스 프로그램이나 2011년 미국의 〈제퍼디〉 퀴즈쇼에서 인간 챔피언들을 누르고 승리한 IBM의 '왓슨', 그리고 이세돌을 누른 구글의 '알파고'와 같은 바둑 프로그램은 인간과 비슷한 지능이라기보다 특정 기능을 갖추도록 훈련시킨 전문가 시스템(expert system)으로 간주된다. 하라리가 앞으로 알고리즘이 인간을 대체할 사례로 꼽았던 인공지능 의사 '왓슨'도 아직 인간 의사를 보조하는 수준에 머물고 있다. 우리나라에서도 2016년 가천대를 필두로 부산대 병원, 대구가톨릭대 병원, 계명대 동산병원, 건양대 병원, 조선대 병원, 전남대 병원 등 7곳이 1년새 왓슨을 도입하면서 화제가 되었다. 그러나 2018년 인도의 마니팔 병원의 조사결과에 따르면 간단한 암인 직장암의 경우 인간 의사와 왓슨의 진단 일치도가 85퍼센트였지만 복잡한 암인 폐암 진단에서 17.8퍼센트에 불과한 것으로 나타났다. 인공지능 의사가 생각보다 똑똑하지 않았던 셈이다.

그 원인은 왓슨이 진단 기준으로 삼은 서양인과 동양인의 차이에서 기인한 것으로 분석되었다. 실제로 동양인과 서양인은 암의 발병 원인, 항암 반응도 등에서 상당한 차이가 있다. 결국 개발자인 IBM도 왓슨 프로젝트에 대한 지원 중단을 선언했다. 우리나라 식품의약품안전처도 왓슨을 비(非)의료기기, 즉 '의학저널을 빠르게 검색하고 요약하는 도구'로만 인정했다.[22]

하라리가 전적으로 신뢰하는 알고리즘에 인간의 의사결정을 위임하기 어려운 중요한 이유는 인공지능의 비약적 진전으로 불리는 '딥러닝'의 비지시적 학습능력 때문이다. 알고리즘은 인간이 가르쳐주는 것만 학습하지 않고, 인터넷의 광활한 데이터의 바다에서 스스로 학습을 할 수 있는 능력을 가지게 되었다. 그런데 문제는 이 학습의 원천이 온갖 편견과 가짜 뉴스, 인종차별과 여성 폄하로 왜곡되어 있다는 점이다. 일례로 2014년에 아마존은 채용 면접 AI를 도입했지만 여성 취업자들을 차별하는 판단을 내리는 바람에 계획을 취소했다. AI가 지난 10여 년간 데이터 패턴을 조사하는 과정에서 여성에 대한 편견을 그대로 학습했기 때문이다.

22　　　이 절은 다음 기사를 기본으로 삼았다. "왓슨 폐암 정확도 18%, 자율차 사고 속출 … AI 거품", 『중앙선데이』 2019. 09. 28.

인공지능과 군사화

또한 최근 인공지능과 로봇 분야에 가장 많은 투자를 하고 있는 집단이 미 육군을 비롯한 국방 관련 자본이라는 점도 많은 것을 시사한다. 오늘날 인공지능과 로봇, 신경과학 분야에 가장 많은 연구비를 쏟아붓는 곳은 미국의 국방고등연구계획국(Defense Advanced Research Project Agency, DARPA)이다. 아프가니스탄 철군 이후 국제적인 분쟁에 개입하는 경향이 줄어들기는 했지만, 미국은 여전히 자국의 이익을 위해서 세계 곳곳에 군대를 파견하고, 크고 작은 규모의 군사작전을 벌이고 있다. 따라서 군부와 DARPA 같은 기관의 초미의 관심사는 첨단기술과 병사들을 결합해서 스마트 병사(smart soldier)를 만들어 미군의 전력을 극대화시키는 한편, 가능한 위험한 현장에 무인기와 로봇을 비롯한 비인간 전투력을 투입해 인간 전투원을 대체해서 미군의 피해를 최소화하는 것이다.

DARPA의 전신인 ARPA(Advanced Research Project Agency)가 창설된 계기는 1957년 당시 소련이 '스푸트니크 인공위성 발사에 성공하면서 미국에 거세게 몰아친 이른바 스푸트니크 충격(sputnik shock)'이었다. 당시 미국이 받은 충격을 잘 묘사한 블랙 코미디류의 다큐멘터리 〈스푸트니크 매니아(Sputnik Mania)〉[23] 첫머리에는 린든 존슨이 했던 이런 말이 나온다. "전 세계가 보기에 우주에서의 1등이 곧 1등이다. 우주에서의 2등은 모든 것에서의 2등이다." 미국이 소련

---

23   데이비드 호프만 감독이 2007년 출시한 작품이다.

에 밀려 2등 국가로 전락했다는 비난에 직면한 당시 미국 대통령 드와이트 아이젠하워는 이듬해인 1958년에 군부와 독립적인 중앙 연구기관으로 ARPA를 창설했다. 처음에는 우주 개발에 주력했지만, 8개월 후에 민간기구 형태로 NASA(National Aeronautics and Space Administration)가 창립된 후 군사연구로 방향을 바꾸었다. 이 기관 명칭에 D(Defense)가 붙어서 DARPA가 된 것은 1972년이었다. 그후 이 기관은 연간 30억 달러에 가까운 연구비를 지원받는 중심적인 군사 연구기관으로 성장했고, 우주선부터 사이보그 곤충에 이르기까지 헤아릴 수 없이 많은 연구 프로젝트를 수행했다.(Weinberger, 2017: 8) 여기에는, 앞에서 이야기했듯이, 사이버네틱스와 같은 연구가 2차 세계대전과 이어진 냉전의 산물이라는 태생적 배경도 크게 작용한다.

우리나라에서도 인공지능 연구는 군사적 적용과 밀접한 연관성을 가지고 있다. 지난 2018년 4월 토비 월시(Toby Walsh), 제프리 힌턴(Geoffrey Hinton), 요슈아 벤지오(Yoshua Bengio) 등 세계의 인공지능 연구를 이끌고 있는 대표적 학자 57명(29개국)이 한국과학기술원(카이스트)과의 공동연구를 거부하겠다는 선언문을 발표했다. 카이스트가 한화와 공동으로 인공지능 무기를 개발한다고 발표한 것에 대한 인공지능 연구자들의 집단적 반대였다. 이들 과학자들은 KAIST가 개발하는 인공지능이 결국 킬러 로봇이 될 수 있다는 점을 우려했다. 그후 카이스트 측의 해명으로 해당 연구자들이 '공동연구 보이콧'을 철회하기는 했지만, 우리나라의 대학들의 군사연구에 대한 감수성이 너무 낮은 것이 아니냐는 문제제기를 피하기는 힘들 것 같다. 지

| 그림 16 | 세계적인 인공지능 연구자들이 '킬러 로봇' 연구 중단을 촉구하고 있다.

금도 국내 유수한 이공대에서는 방산업체들과의 국방 관련 연구에
대해 아무런 문제를 느끼지 못하는 실정이다.

　이러한 군사화 경향은 최근 인공지능과 로봇 개발이 미래전에 대
한 장기 전망과 결합하면서 한층 구체화되고 있다. 국방부는 2022년
7월 신임 윤석열 정부에 대한 업무보고 「윤석열 정부 국방정책방향
과 추진과제보고」에서 국방 AI센터 창설(2024년)과 유무인 복합체계
시범부대를 본격가동 계획을 발표했다. 국방부는 "AI기술 수준과 발
전 단계를 고려해서 국방 AI발전 모델을 정립"했고, 이에 따라 우리
군에 대한 AI기술 적용을 단계적으로 확대해 나갈 것이라고 밝혔다.
1단계는 '초기 자율형'으로 AI기반의 다출처 영상융합체계, GOP 해
안경계체계를 발전시키고, 2단계는 '반자율형'으로 무인 전투차량,
수상정 등 유무인 복합 전투체계 등에 AI 기술을 접목하며, 3단계는

1단계 : 초기 자율	2단계 : 반자율	3단계 : 완전 자율
(인식지능) 감시정찰체계	(인식 + 판단지능) 전투체계	(인식 + 판단 + 결심지능) 지휘통제체계

· 다출처 영상융합체계 · AI 융합 GOP · 해안경계 　체계	· 무인전투차량, 수상정 등 　유 · 무인 복합 전투체계	· 지능형 지휘결심지원체계 · AI 기반 초연결 전투체계

| 그림 17 | 국방 AI 3단계 발전 모델. 출처; 국방과학연구소, 미육군, 정보통신기획평가원

| 그림 18 | 국방부가 발표한 <국방혁신 4.0>으로 변화할 미래전쟁의 모습

완전 자율형으로 지능형 지휘 결심지원체계, 초연결 전투체계 등이 구현될 수 있도록 추진하는 것이다.(국방부, 2022 국방정책실 정책기획과 보도자료)

2022년 6월에는 아미타이거 시범여단전투단이 출범했다. 이 시범전투단은 미래전 패러다임이 급변하면서 미래전쟁에 맞는 새로운 차원의 접근방식으로 인공지능과 과학기술을 국방 전 분야에 접목해서 강군을 육성해 나가려는 '국방혁신 4.0' 계획의 일환으로 창설되었다.

원칙론에 그친 아실로마 AI 선언

인공지능을 둘러싼 윤리적·사회적 문제가 제기되면서 지난 2017년에 인공지능 개발자와 연구자들이 미국 캘리포니아의 아실로마라는 작은 휴양도시에 모여서 인공지능의 개발에 대한 23가지 원칙을 천명했다. 스페이스-X와 테슬라의 창업자인 일론 머스크가 운영하는 생명의 미래 연구소(Future of Life Institute)가 주도한 이 회의에는 머스크와 지난 2018년에 세상을 떠난 물리학자 스티븐 호킹을 비롯해서 세계적인 명사들이 대거 참여했다. 호킹은 평소에도 인공지능이 인류를 위협할 수 있다는 우려를 여러 차례 제기했다.

회의가 열린 아실로마는 1975년에 재조합 DNA 연구의 윤리적 문제를 다루기 위해 폴 버그와 제임스 왓슨 등 세계적인 생물학자들이 모여서 회의를 열었던 역사적 장소라는 상징성 때문에 다시 선택되었다. 42년 만에 생명공학에서 인공지능으로 과학의 핵심적인 관심사가 바뀐 셈이다.

2300명이 넘는 과학자와 개발자들의 지지로 탄생한 23가지 AI 윤리원칙은 연구 이슈 5가지, 윤리 및 가치에 대한 조항 13가지, 그리고 장기적 이슈 5가지로 이루어져 있다. 그중 일부만 살펴보자면 다음과 같다.

> 1) 연구목표 : 인공지능 연구의 목표는 방향성이 없는 지능을 개발하는 것이 아니라 인간에게 유용하고 이로운 혜택을 주는 지능을 개발해야 한다.
>
> 11) 인간의 가치 : AI 시스템은 인간의 존엄성, 권리, 자유 및 문화 다양성의 이상과 양립할 수 있도록 설계되고 운영되어야 한다.
>
> 14) 이익 공유 : AI 기술은 가능한 많은 사람들에게 혜택을 주고 역량을 강화해야 한다.
>
> 18) AI 무기 경쟁 : 치명적인 자동화 무기의 군비 경쟁은 피해야 한다.
>
> 23) 공동 선 : 슈퍼 인텔리전스는 광범위하게 공유되는 윤리적 이상에만 복무하도록, 그리고 한 국가 또는 조직보다는 모든 인류의 이익을 위해 개발되어야 한다.

아실로마 AI 선언은, 현재 인공지능을 연구하고 개발하는 당사자들이 스스로 AI 연구의 대 원칙을 정하고, 앞으로 인공지능이 인류 모두의 이익을 위해 개발될 방향성을 제기했다는 점에서 큰 의미가 있다. 그렇지만 이 선언은 기본적으로 인공지능 연구자와 개발자들이 AI에 대한 우려가 점차 고조되는 상황에서 자신들에게 부과될 수

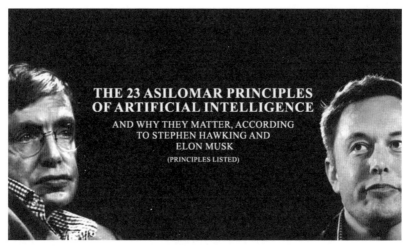

| 그림 19 | 아실로마 AI 선언

있는 외부의 규제를 우려해서 사전에 미리 안전망을 치기 위한 선제
적 시도의 측면이 있다. 이 선언을 주도한 생명의 미래 연구소는 앞
에서도 언급했듯이 머스크가 운영하는 곳이다. 또한 이 선언은 구속
력이 없는 느슨한 일반론에 멈추고 있으며, 18항 무기 경쟁 조항의
경우 좀 더 적극적으로 AI 무기 개발을 금지하는 방향의 선언이 아닌
점은 개발자 주도의 선언이 가지는 근본적인 한계를 보여주고 있다.

알고리즘을 어떻게 다스릴 것인가

현대사회가 알고리즘에 대한 의존도를 날로 높이고 있는 것은 분
명하다. 가깝게는 자동차의 내비게이션에서 인공지능 비서부터 소
설을 쓰는 인공지능 작가와 의사에 이르기까지 그동안 사람들이 해
온 역할의 상당 부분이 알고리즘에 맡겨지고 있다. 이러한 현상 자체

가 문제는 아니며, 오히려 인간보다 뛰어난 계산적 지능이나 빠른 검색 능력을 가진 인공지능의 조력으로 우리는 큰 도움을 얻을 수 있다. 그러나 날로 복잡해지고 불확실성이 높아지는 상황에서 알고리즘에게 중요한 의사결정을 과도하게 위임하려는 시도는 매우 위험할 수 있다.

최근 과학기술사회학 분야에서는 '알고리즘의 거버넌스(governance of algorithms) 수립'이 중요한 연구 주제로 부상하고 있다.[24] 알고리즘이 편향에 빠지지 않게 모니터링하고, 궁극적으로 알고리즘이 어떤 가치를 구현하게 해야 할지 판단하는 것은 결국 인간의 몫이기 때문이다. 이러한 판단은 일부 선진국이나 몇몇 엘리트들이 독점할 수 없으며, 인류 사회의 다양한 가치를 구현하기 위한 노력이 필요하다. 이것이야말로 지구촌 사회가 역점을 두어 장기적으로 수행해야 할 프로젝트일 것이다. 알고리즘에 대한 민주적 거버넌스를 수립하기 위한 노력의 과정에서 고려해야 할 요소들이 결코 간단치 않기 때문이다.

24　　일례로 〈Science, Technology, & Human Values〉 2016년 41호는 이 주제를 특집으로 다루었다.

· 7장 ·

신경과학과 신경본질주의

인체의 기관들 중에서 뇌는 오래전부터 특별한 지위를 누려왔다. 그것은 인간이 다른 동물들보다 우월하다고 여겨진 지적 능력, 즉 뛰어난 지능의 자리가 뇌라고 생각했기 때문이었다. 따라서 뇌는 근대 이후 줄곧 여러 분야의 과학자들의 주된 연구대상이 되어왔다. 뇌를 둘러싼 여러 가지 속설들이 탄생하게 된 것도 그런 맥락에서 기인한다고 할 수 있다.

2차 세계대전과 냉전 시기에 컴퓨터에 대한 연구가 활발하게 이루어진 과정에서 뇌는 또 한 차례 특별한 관심의 대상이 되었다. 현대적 컴퓨팅과 사이버네틱스의 중요한 이론가들이 한결같이 뇌가 일종의 컴퓨터라는 가정을 했고, 이러한 가정이 뇌에 대한 과학적 연구뿐 아니라 일반 대중들이 뇌를 마음과 지능의 자리로 간주하게 된 숱한 은유를 낳았다.

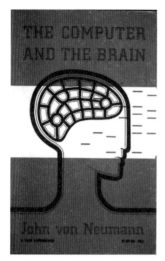

| 그림 20 | 폰 노이만의 저서 『컴퓨터와 뇌』표지

컴퓨터의 선구자인 폰 노이만의 지적 편력은 1939년에 두뇌의 작동방식에 대한 관심사에서 시작되었다. 당시 헝가리 물리학자 루돌프 오토베이와 서신을 주고받으면서 오토베이는 뇌의 해부학적 구조를 가르쳐주었고, 노이만에게 뇌의 연구 프로그램을 제안하기도 했다. 오토베이는 뇌를 하나의 '스위칭 시스템'으로 보는 연구에서 과학이 빠른 발전을 눈앞에 두고 있다고 예상했고, 근본적 돌파구가 의사나 생리학자가 아니라 "복잡한 복합체의 단순하면서 이론적인 구조를" 더 잘 볼 수 있는 수학자나 물리학자들에 의해 이루어질 것이라고 주장했다. 오토베이의 주장은 이후 뇌에 대한 연구의 방향을 내다본 상당히 통찰력 있는 예견이었던 셈이다.

폰 노이만은 1958년 『컴퓨터와 뇌(The Computer and the Brain)』를 발간했다. 서문에서 그는 자신의 책이 수학자의 관점에서 신경체계를 이해하려는 접근이라고 말했다. 수학적 관점에 대해서 그는 "일반적인 관점과는 다른, 논리적이고 통계적인 측면이 특히 중시되고, 배타적이지는 않을지라도 정보 이론이 기본적인 도구가 되는" 관점이라고 설명했다.(Neumann, 1958: 1-2)

폰 노이만이 오토마톤 또는 오토마타 이론에 대해 연구를 시작한 것은 전자식 컴퓨터 프로젝트에 참여한 것과 거의 같은 시기였다. 1946년 봄에 그는 이미 오토마톤의 첫 번째 모형을 개발하고 있었다. 폰 노이만은 오토마타 이론이 인간의 신경시스템이 가지고 있는 기능을 더 잘 이해할 수 있도록 해주고 컴퓨팅 기계의 설계를 가능하게 해줄 것이라는 희망을 다음과 같이 피력했다.

> 오토마타는 자연과학에서 지속적으로 점점 더 큰 역할을 담당하고 있으며, 현재까지 아주 상당한 역할을 해왔습니다. 가장 최근에는 수학의 특정 영역들에 대해서도 영향을 미치기 시작했으며, 특히 (거기에 한정되지는 않지만) 수리물리학이나 응용수학 분야가 그런 분야에 해당합니다. 수학에서의 역할은 자연에 있는 조직체의 특정 기능적 측면들과 흥미로운 대응관계를 보여줍니다. 자연의 생명체들은 인공 오토마타에 비해 원칙적으로 훨씬 복잡하고 미묘하며, 따라서 세밀하게 이해하기가 매우 힘듭니다. 그렇지만 우리가 자연의 조직체에서 관찰하는 일부 규칙성들은 오토마타에 대한 우리의 사고와 계획에 아주 교육적일 수 있습니다. 역으로 인공 오토마타에 대한 많은 경험과 어려움들은 어느정도까지 자연의 유기체를 해석하는 데 반영될 수 있습니다.(어스프레이, 2015: 273에서 재인용)

그가 염두에 두고 사례로 들었던 두 가지 기본적인 오토마타는 인간의 중앙 신경시스템과 컴퓨터였다. 그는 빠른 컴퓨팅 장비가 최소한 10^4개의 스위칭 소자를 포함해야 한다고 보았고, 일상적으로 10^6의 곱셈(10^9의 이진 연산)을 수행하고 있다고 생각했다. 그는 당시에 매우 정확하게 사람의 충추신경계가 약 10^{10}개의 기본 스위칭 소자,

| 그림 21 | 《뉴스위크》1948년 11월 15일자 기사

즉 뉴런을 가지고 있을 것이라고 추측했다.

사이버네틱스 개념을 창안한 위너도 뇌를 일종의 기계로 간주하는 연구의 흐름을 잡은 중요한 인물이었다. 당시 언론은 이런 생각에 비상한 관심을 가졌고, 과학잡지는 물론《뉴스위크》같은 일반 잡지들도 위너의 주장을 크게 다루었다. 1948년 11월 15일자의 "뇌는 기계이다"라는 기사는 사이버네틱스를 새로운 과학으로 소개하면서 뇌가 기계라는 주장이 과학자들에 의해 제기되고 있다고 썼다.

"전기계산기를 뇌라고 부르는 것이 옳을까? 사람의 뇌가 기계인가? 대부분의 과학자들은 이런 물음에 당혹해하겠지만 턱수염을 기르고 말이 빠른 MIT 수학교수는 기계와 뇌의 공통점이 워낙 많아서 하나의 과학으로 다루어져야 한다고 주장한다. 그런 생각을 가진 사람은 위너뿐이 아니다."

인간유전체계획과 신경과학

뇌 연구의 초기에 사람의 뇌와 컴퓨터를 동일시하는 접근방식이 일반적인 경향이었지만, 이후 생물학의 발전과정에서 신경과학은 컴퓨터의 유비를 넘어서 DNA와 유전자라는 구체적인 근거를 확보하고 새로운 도약을 이루게 되었다.

1953년 DNA 이중나선 구조 발견 이후 1990년 인간유전체계획이 출범하고 생명에 대한 분자적 인식이 지배적인 패러다임의 지위를 확보하면서 인간 유전체의 서열분석을 이끄는 분자생물학자들은 완성된 유전체가 인간의 정체성을 구성하는 것이라고 되풀이해 주장했다.

이 과정에서 유전자 담론이 전파되었고, 리처드 도킨스와 같은 사회생물학자들은 우리 모두가 유전자의 조종을 받는 굼뜬 로봇이라는 주장을 제기하면서 유전자가 생명의 본질이라는 유전자 결정론(genetic determinism)을 한껏 부추겼다. 이러한 주장들은 대체로 무비판적인 언론매체에 의해 증폭되어 대중문화로 진입했다. 언론에는 하루가 멀다 하고 알코올 중독에 관여하는 유전자가 발견되었다는 식의 보도가 나오면서 사람들의 일상에서 유전자 담론이 작동하기 시작했다. 유전자는 문화가 되었고, 코로나19 시대를 극복하자는 정부의 캠페인에는 "한국인에게는 코로나를 극복할 수 있는 DNA가 있다."는 표현이 서슴없이 사용되었다.

신경과학도 그에 못지않은 모습을 보여왔다. DNA와 유전자가 뉴런, 즉 신경세포로 바뀌었을 뿐 기본적으로 동일한 접근방식이 되풀이되었다. 유전자 결정론은 '신경본질주의'라는 옷을 입고 무대만 바꾸어서 재등장했고, 언론은 지능과 의식을 비롯한 인간의 정신활동을 신경과학으로 낱낱이 분석할 있다는 믿음을 전파했다. 그동안 아무도 쉽게 건드릴 수 없는 인간 고유의 금단의 영역이라 여겨졌던 정신과 영혼까지 과학적 분석과 개입의 대상으로 편입된 것이다.

근대 이후 생명과학은 "인간이란 무엇인가?"라는 물음에 대해 일차적으로 답을 할 수 있는 권위를 끊임없이 주장해왔다. 그것은 17세기 과학혁명으로 뉴턴 역학이 수립되자, 우주 삼라만상에 대한 설명력이 인정받게 되면서 물리학이 가장 근본적인 지식이라는 인식적 지위를 인정받게 된 것과 같은 맥락이었다. 오늘날 신경과학은 그동안 과학의 대상이 아닌 종교와 철학의 영역으로 여겨졌던 "인간의 정신이란 무엇인가?", "의식이란 무엇인가?"라는 물음에 대해 자신이 가장 근원적인 답을 할 수 있다는 권위를 강력하게 주장하고 있고, fMRI와 같은 강력한 가시화(可視化) 장치들로 무장하면서 실제로 그러한 권위를 인정받고 있다.

신경과학의 피할 수 없는 등장

1990년 미국이 가장 먼저 '뇌의 10년대(Decade of the Brain)'를 선언했고, 이후 유럽 여러 나라들이 생물학의 마지막 프런티어를 개척한다는 수사와 함께 '브레인 이니셔티브(Brain Initiative)'를 발표하면서 신경과학[25]은 하나의 분야로 수립되었다. 신경과학에 대한 관심이 높아지고, 대중문화에서 신경과학과 연관된 논의가 크게 늘어나면서 연구자가 아닌 보통 사람들의 이야기와 토론에서도 신경과학의 이론이나 개념들이 영향을 미치게 되었다. 신경과학과 관련된 연구가 급증했고, 과거에 전통적으로 인문학이나 사회과학의 영역에서 그 해결책을 구했던 많은 문제들, 가령 종교, 사랑, 예술, 범죄와 정치 등이 신경과학의 연구주제로 등장하기 시작했다.(O'Connor Cliodhna and Helene Joffe, 2013: p.254)

미국과 유럽 여러 나라에서 주로 국가 주도의 거대과학으로 진행되면서 '뉴로(neuro)'라는 이름표가 붙은 이론과 개념, 그리고 제품들이 폭발적으로 늘어났고, 그와 함께 이른바 신경본질주의가 어느새 우리 주위에 깊숙이 파고들게 되었다. 생명을 정보로 이해하려는 생

---

25 신경과학(neuroscience)은 뇌과학, 뇌신경과학 등 여러 가지 용어로 사용되고 있다. 언론 보도와 대중서에서는 오래전부터 뇌과학(brain science)이라는 명칭이 일반적으로 쓰이고 있지만, 뇌과학은 자칫 우리 정신활동이 뇌에서 배타적으로 일어난다는 인식을 강화시킬 우려가 있다. 뇌는 중추신경계의 일부로 정보처리와 인지의 중요한 역할을 담당하지만, 사람의 정신활동과 지능, 의식 등은 신경계 이외에도 면역계, 소화계, 운동계 등 신체의 다른 계들의 긴밀한 연관을 통해 이루어지는 것으로 알려져 있다. 따라서 이 책에서는 신경과학이라는 용어를 사용한다.

명공학의 환원주의적 접근은 1990년대 이후 신경과학의 발전에서도 거의 판박이처럼 되풀이되었다. DNA 이중나선 구조를 밝혀낸 프랜시스 크릭은 서슴없이 "우리는 뉴런 다발에 불과하다."라고 말하기까지 했다.(크릭, 2015) 이러한 신경본질주의는 최근 fMRI를 비롯한 영상기술이 발달하고 뇌 연구와 신경과학 연구에 상당한 성과가 나타나는 데 힘입어 우리의 마음을 과학적으로 밝혀낼 수 있다는 믿음이 커지면서 마음을 뉴런 또는 시냅스 연결과 정보의 연결망으로 이해할 수 있고, 나아가 인간의 본질 자체가 뉴런으로 환원될 수 있다는 생각이 팽배하고 있다.

신경본질주의는 독립적으로 나타난 것이 아니라 생명 정보 개념의 확장이며, 그 뿌리는 1953년 DNA 이중나선 구조 발견 이전까지 거슬러 올라간다. 양자의 공통점은 세 가지로 정리할 수 있다. 첫째, 릴리 케이가 이야기했던 생명에 대한 분자적 관점을 그 기반으로 삼고 있으며, 이 분자적 관점이 2차 세계대전과 냉전기의 정보 담론에까지 거슬러 올라갈 수 있다는 것이다. 둘째, 이러한 관점의 출현은 관련 이론과 과학자 사회 형성을 통한 자연스러운 과정이라기보다는 국가와 자본과 같은 거대 조직에 의해 주도되어 '위에서 아래로(top down)' 하향식으로 전개되는 양상을 띠었다. 이것은 미국을 중심으로 한 신자유주의적 세계화의 과정에서 생명공학과 신경과학을 비롯한 테크노사이언스와의 결합이 필수적이었고 날로 고도화되었기 때문이다. 세 번째, 국가와 자본의 강력한 주도로 생명공학이 형성되는 과정에서 유전자와 DNA가 생명의 본질이라는 유전자 결정론적 관점이 대중적으로 전파되었으며, 신경과학에서도 미국을 비롯한 많은 나라에서 정부 주도로 브레인 이니셔티브 계획이 추진되면서 뉴런과 시냅스가 정신활동의 본질이라는 신경문화(neuro culture)가 급속히 확산되었다.

그렇지만 유전자결정론과 신경본질주의가 완전히 동일한 것은 아니다. 인간유전체계획과 '뇌의 10년대' 프로젝트가 같은 1990년대에 시작되었고 미국이 주도하고 유럽은 물론 우리나라를 비롯한 세계의 많은 국가들이 줄지어 그러한 움직임에 동참했다는 공통점에도 불구하고 차이점이 있다. 가장 크고 본질적인 차이점은 인간유전체계획이 DNA와 유전자를 기반으로 한 공통된 이론적 토대를 공유하고 있는데 비해, 신경과학은 아직까지 통일된 이론적 기반을 갖지 못하고 최근 fMRI를 비롯한 기술적 발전을 이루면서 부분적으로 알려진 사실들을 토대로 여러 분야들이 서로 각개약진하고 있다는 점이다. 따라서 신경과학은 1930년대에 록펠러 재단에 의해 새로 만들어지다시피 했던 분자생물학(molecular biology)이라는 새로운 분과 학문(discipline)보다 더 인위적으로 형성되는 양상을 띠었으며, 이 분야가 정부와 자본에 의해 급속히 형성되는 과정에서 '인식론적 정당화'의 필요성 또한 훨씬 크게 요구되었다. 신경본질주의가 비교적 짧은 기간 동안 확산되면서 신경문화가 형성된 것은 이러한 맥락으로 볼 수 있다.

그 과정에서 신경과학에 대한 기대의 거품이 커지는 것은 피할 수 없는 현상이며, 침습적 기술과 비침습적 기술을 적용한 개입이 빠르게 이루어지면서 유전자가위 기술과 마찬가지로 안전과 윤리의 문제가 제기되고 있다. 신경과학은 확실한 이론적 기반이나 기술적 성과를 토대로 착실하게 형성된 것이 아니라 '기대'를 기반으로 형성된 영역이기 때문에 신자유주의의 이념을 한층 노골적으로 드러내고 있다. 이미 영국을 비롯한 유럽과 미국 여러 나라에서 신경과학은 정신질환의 많은 부분을 개인의 문제로 환원시키면서 사회적 맥락을 배제시켜 모든 책임을 개인에게 전가하려는 경향을 드러내고 있다. 그런 면에서 신경과학의 대두는 '피할 수 없는 등장'의 양상을 띤다.

1990년대는 생명공학의 시대였고, 인간유전체계획만큼 화려하게 선언되지는 않았지만 뇌과학의 시대이기도 했다. 미국은 이미 '뇌의 10년'을 선언했고, 많은 연구자들이 생물학의 마지막 프론티어, 즉 인간의 뇌를 이해하고, 뇌를 통해서 마음 자체를 이해하려는 시도를 활기차게 시작했다. 미국립보건원(US National Institutes of health, NIH)이 선포한 '뇌의 시대'가 끝나던 해에 열린 미국신경과학회(American Society for Neuroscience, ASN) 연례 학술회의에는 전 세계에서 무려 3만 5천 명의 참석자가 몰렸다. 여기에는 대학이나 제약회사의 연구소뿐 아니라 새로 창설된 신경기술 기업들의 대표, 그리고 군(軍) 관련 연구자와 군수업체 관련자들까지 다양한 사람들이 참가했다.

유럽도 뒤질세라 대규모 공동 연구개발 프로그램인 EU 프레임워크 프로그램(EU framework Programme)에서 유전체학과 나란히 최우선으로 연구비를 배정할 분야로 신경과학을 점찍었다. 영국의 「미래 예측 보고서(Foresight Report)」는 이 분야를 이른 시일 내에 부를 창출할 수 있는 주요 성장 분야로 내다보았다. 우리나라도 지난 2007년 교육과학기술부가 21세기 프런티어 연구개발사업의 일환으로

'뇌기능 활용 및 뇌질환 치료기술 개발 연구사업'을 시작했다. 1998년에는 '뇌 연구 촉진법'이 제정되었고, 2003년부터 '뇌 프론티어' 사업이 시작되어 지금까지 계속되고 있다.

신경과학은 생명공학과 여러 가지 차이점을 가질 수 있지만, 신자유주의 정치경제학과 테크노사이언스의 관계가 불가분이라는 측면에서는 생명공학과 함께 그 출현이 불가피했다고 볼 수 있다. 정치경제학의 요구가 테크노사이언스의 발전을 틀지웠고, 다시 유전체학과 신경과학은 혁신의 강력한 원천이며 따라서 자본주의가 유지되기 위해 필수적인 경제성장을 제공해준다.

1980년 이래 경제학에서는 케인즈주의가 종식을 고하고, 복잡한 알고리즘과 엄청난 계산력에 의존하는 시카고 학파 또는 신고전주의 경제학이 환영을 받았다. 케인즈주의로 반짝 복귀를 촉발시켰던 2008년 경제붕괴에도 불구하고, 시카고 경제학은 대부분의 사람들이 이미 의문의 여지없이 잿더미가 되었다고 생각했던 상황에서 불사조처럼 다시 부활했다. '점령하라(Occupy)' 운동이 은행 시스템과 1퍼센트가 부를 독점하는 역겨운 상황을 공격했음에도 불구하고, 시장은 효율성, 혁신, 경제성장, 부의 창출을 담보하는 보증인으로 물화(物化)되고 있다.

이처럼 점차 시장화의 강도가 높아지는 경제에서, 사회적 유대는 약화되고 집단성은 정치학자 C. B. 맥퍼슨(C. B. Macpherson)이 '소유적 개인주의(possessive individualism)'라 불렀던 문화에 의해 빠르게 대체되었다.(힐러리 로즈, 스티븐 로즈, 2019. 25-26쪽)

1975년에 생물학자 E. O. 윌슨(E. O. Wilson)이 그의 고전적인 저서『사회생물학(Sociobiology)』을 발간했을 때, 그가 전한 메시지는 맥퍼슨의 주제와 부합했다. 사회생물학은 왜 우리가—즉, 인간이—지금과 같은 본성을 가지고 이런 행동을 하는가에 대한 설명을 제공해주었다. 오늘날 사회생물학은 과거 나치와 우생학의 나쁜 기억을 소환한다는 문제점을 피하기 위해서 진화심리학으로 개명했지만, 인간 본성을 유전자로 환원시키려는 경향성은 한층 강화되었다. 진화심리학은 인간 본성을 인류가 처음 진화했던 20만 년 전의 플라이스토세(洪積世)에 이미 결정된 것으로 보며, 그 후 이루어진 사회적 및 문화적 변화의 영향을 간과하는 경향이 있다. 도킨스의 주장처럼 인간을 비롯한 모든 생물은 유전자를 다음 세대에게 전달하는 용기(容器) 또는 '탈것(vehicle)'에 불과하기 때문이다.

1990년대 이후 진화심리학은 모듈 이론을 통해서 이타주의와 같은 도덕과 종교는 물론이고 인간의 정신활동 전반을 설명할 수 있다는 강력한 믿음을 전파하고 있다. 이것은 윌슨이 1975년에 했던 주장이 한층 일반화되어 마음 자체를 모듈로 설명할 수 있다는 신념으로 발견한 셈이다. 사회생물학과 진화심리학은 모든 인간에게 유전자에 각인된 보편적인 본성이 있다는 가정을 공유한다. 플라이스토세 이후 수십만 년 동안 변치 않고 계속된 인간 본성이 존재한다는 가정은 오늘날 위계적이고 개인주의적이고, 경쟁적이며, 가부장적인 사회구조를 정당화하는 기능을 가진다. 로즈 부부는 "진화심리학이 이념적으로 협동과 보편적인 사회복지를 지향하는 복지국가에 정반대 입장에 서며, 윌슨이 주장했듯이 인간이 더 공정하고 평등한 사회를 만들 수도 있지만, 그것은 효율성을 잃는다는 비용을 치르고서만

가능하다는" 신념을 가지고 있다고 주장한다.(힐러리 로즈, 스티븐 로즈, 2019. 26쪽)

진화심리학의 이론적 장치와 신자유주의 이념의 공생산은 너무도 자명하다. 최근 신경과학에 엄청난 관심이 몰리는 이유는 혁신을 통한 부의 창조라는 측면 이외에도 집단에서 개인으로 옮아가는 신자유주의의 관심과 훌륭하게 맞아떨어지기 때문이다. 개인의 뇌의 작동 방식에 대한 신자유주의의 몰입, 그 뇌의 소유자가 활발한 사회적 상호작용을 하고 있더라도 개인을 뉴런(신경세포)과 시냅스(신경세포들 사이의 연결부)로 환원시키는 접근방식은 개인에 초점을 두는 신자유주의에 부합한다. 즉, 각각의 '신경-자아(neuro-self)'가 자신의 복지에 책임을 져야 한다는 생각과 일치하고, 이런 이념은 개인 맞춤형 의료 관리의 전망을 통해 지속된다.(힐러리 로즈, 스티븐 로즈, 2019. 27쪽)

21세기의 분자화된 생명과학의 지배적 목소리는 인간 생명과 정신의 복잡성과 다양성을 좋아하지 않으며 단순한 생물학적 서사 속으로 후퇴한다. 그들의 담론은 본질주의적이면서 동시에 조작적이다. 그들은 인간의 본성을 고정된 것으로 보면서, 동시에 생명기술과학이 지닌 실제 힘과 상상된 힘을 통해 인간의 삶을 바꿔놓을 수 있다고 주장한다.

뇌과학인가 신경과학인가
─뇌 환원주의

신경과학을 둘러싼 명칭에서도 사람의 정신활동을 환원주의적으로 이해하려는 경향성이 잘 나타나고 있다. 흔히 언론이나 대중과학서에서는 뇌과학이라는 말이 더 많이 사용되지만, 이 용어는 자칫 인간의 정신활동이나 마음이 오로지 뇌에서만 일어난다는 생각을 부추길 수 있다. 최근 연구결과에 따르면, 뇌는 정신활동의 가장 중요한 기관이지만 우리의 정신작용이 배타적으로 이곳에서만 이루어지지 않으며, 면역계, 운동계, 내분비계, 소화계 등 신체의 여러 계와 복합적으로 상호작용하는 결과라는 것이 밝혀지고 있다. 따라서 우리의 마음은 뇌로 환원될 수 없다. 학문적으로도 '뇌과학(brainscience)'보다 '신경과학(neuroscience)'이라는 용어가 더 넓은 범위를 포괄한다. 아래 그림에서 잘 나타나듯이 뇌는 중추신경계의 일부일 뿐이다.

이처럼 신경과학이 많은 사람들의 관심을 끄는 이유 중 하나는 특히 최근 우리 시대의 화두가 되고 있는 인공지능의 기본 원리인 인공신경망(artificial neural network)이나 딥 러닝과 같은 기법들이 사람의 뇌와 정보처리과정을 모형으로 삼아 본뜨려고 하기 때문일 것이다.

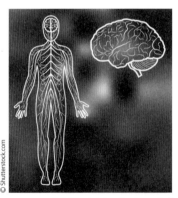

사실 신경과학은 그 분류상 생물학의 한 분과로 볼 수 있지만, 인공지능을 비롯해서 철학, 심리학, 컴퓨터 공학, 의학, 병리학 등 수많은 학문 분야들과 떼려야 뗄 수 없는 밀접한 관계를 맺고 있는 간(間)학문적 접근방식이라고 할 수 있다.

© Shutterstock.com

| 그림 22 | 신경계를 나타낸 그림. 뇌는 중추신경계의 일부이다.

fMRI, 정신활동을 측정가능한 대상으로 편입시키다

최근 신경과학이 크게 발전할 수 있었던 배경에는 fMRI(Func-tional Magnetic Resonance Imaging)라 불리는 '기능적 자기공명영상 촬영' 기술의 발달이 있다. 그 출발은 자기공명영상(MRI)이었다. MRI는 사람을 진동하는 강한 자기장 속에 넣고 스캐닝하는 방법이다. 이 자기장이 주로 몸 속에 수분 형태로 있는 체내 수소 원자를 흥분시키고, 이 원자들이 내는 무선신호를 검출기가 잡아내는 원리이다. MRI는 뇌 구조의 3차원 X-레이 유형 영상을 제공하기 때문에 뇌졸중이나 트라우마로 손상을 입은 영역을 찾아내는 데 매우 중요한 역할을 한다.

정적(靜的)인 영상을 활동중인 뇌의 동영상으로 변화시키는 핵심적인 발전은 1990년대에 기능적 자기공명영상(fMRI)으로 이루어졌다. fMRI는 뇌의 일부 영역에서 산소가 풍부한 혈류를 측정하는 원리를 이용한다. 활성화된 뇌 영역에 산소가 공급되면서 헤모글로빈의 구조 변화를 감지하여 뇌 활동을 측정하는 것이다. 성인의 뇌는 평균 1500그램 정도로 전체 몸무게의 작은 부분에 불과하지만, 우리 몸의 에너지의 20% 이상을 사용한다. 그만큼 중요한 활동을 하는 셈이다. 이렇게 많은 에너지가 사용되려면 산소가 필요하다. 뇌는 신체의 산소를 엄청나게 많이 소비하는데, 이 산소는 혈액에 의해 운반된다. 산소 역시 강한 자기장에 의해 무선 주파수 신호를 방출한다. fMRI가 뇌 속을 지나는 혈류 속의 산소 수준을 측정해서, 그 수준을 뇌 활동의 대리 척도로 삼는다. 특정 영역에 혈류가 많아지면, 해당 영역의 활동이 더 높은 것으로 간주된다. 뇌는 항상 활성화되어 있기 때문에, 실험적 설계는 혈류, 즉 산소의 사용 수준 비교를 포함한다. 가령 단어 목록 중에서 어울리지 않는 단어를 골라내는 과제처럼 어떤 정신활동을 하고 있는 뇌와 쉬고 있는 뇌를 비교하는 식이다. 이 과제를 하는 동안 뇌의 일부 영역에서 혈류가 증가하면, 그 영역이 해당 활동에 필수적인 곳이라고 가정된다.

옆 그림은 뇌의 어떤 영역이 활성되는지를 이른바 '산소포화 헤모글로빈(Oxyhemoglobin)'의 상대적 변화로 측정한 것이다. 그림의 맨 아래 쪽은 특별한 활동이 없는 뇌의 모습이고, 맨 위쪽 그림은 시각 활동이 활발할 때에 뇌의 뒤쪽에서 산소포화 헤모글로빈의 농도가 높아지는 것을 보여준다. 또한 감각이나 운동과 연관된 활동이 이루어지면 뇌의 위쪽이 활성화된다. 이런 모습을 통해서 우리의 뇌의 어떤 부분에서 이러한 기능이 이루어지는지 알 수 있다. 물론 뇌의 색깔이 실제로 이렇게 바뀌는 것은 아니며 단지 이해를 돕기 위해 색으로 표시를 한 것이다.

또한 최근에는 뇌파(腦波)라 불리는 '뇌전도(electroencephalography, EEG)'를 이용해서 뇌의 활동을 연구하고 간질을 비롯해서 그동안 치료가 어려웠던 여러 가지 뇌 질환을 치료하려는 시도가 활발하게 일어나고 있다. 뇌전도는 뇌에서 나오는 전기신호로 독일 생리학자 한스 베르거(Hans Berger)가 1920년대에 처음 발견했다. 뇌파에는 감마, 베타, 알파 등 여러 가지 종류가 있다. 다음 그림에서 나오듯이 잠을 잘 때에는 세타파, 깊은 수면을 취할 때에는 델타파가 나오고, 깨어 있으면서 여러 가지 활동을 할 때에는 베타파, 그리고 휴식을

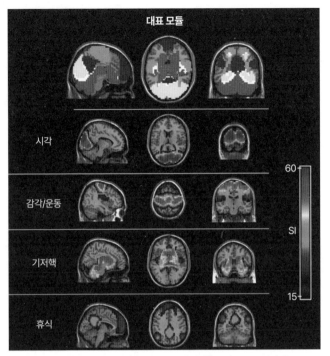

　　　　　　　　　　　대표 모듈

시각

감각/운동

기저핵

휴식

60

SI

15

| 그림 23 | 뇌의 여러 영역의 헤모글로빈 변화를 보여주는 fMRI 사진

취할 때에는 알파파가 나온다. 뇌파는 신경신호가 전달되는 과정에서 나타나는 부산물이다. 따라서 뇌파를 통해서 뇌의 활동을 모두 알수는 없다. 신경세포, 즉 뉴런은 전기신호 이외에도 신경전달물질이라 불리는 화학적 물질을 통해서 다양한 방식으로 서로 신호를 전달한다. 그렇지만 뇌파를 측정하게 되면서 이 뇌파를 이용해서 뇌의 기능 연구에 큰 진전이 이루어졌다. 최근 뇌-컴퓨터-인터페이스(BCI), 뇌-기계-인터페이스(BMI) 등 연구가 활성화된 것도 그 결과이다.

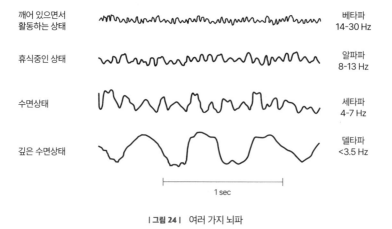

| 그림 24 | 여러 가지 뇌파

"자아란 곧 시냅스다", 신경본질주의

신경이라는 이름표가 붙은 이론과 개념, 그리고 제품들이 우후죽순처럼 늘어나면서 어느새 우리 주위에 깊숙이 파고들어 있는 이른바 신경본질주의에 대한 우려가 제기되고 있다. 오늘날 fMRI를 비롯한 영상기술이 발달하고 뇌 연구와 신경과학 연구에 많은 성과가 나타나면서 우리의 마음을 과학적으로 밝혀낼 수 있다는 믿음이 커지면서 마음을 뉴런, 또는 그 연결망으로 이해할 수 있고, 나아가 인간의 본질 자체가 뉴런으로 환원될 수 있다는 생각이 팽배하고 있다.

저명한 신경과학자인 조지프 르두(Joseph LeDoux)는 이렇게 말했다. "퍼스낼리티에 대한 나의 생각은 매우 간단하다. 당신의 자아, 즉 당신임의 본질은 당신의 뇌 안에 들어 있는 뉴런들 사이의 상호연결 패턴을 반영하고 있다는 것이다. 시냅스라 불리는 뉴런과 뉴런 사이의 접합부는 뇌에서 정보의 흐름과 저장이 일어나는 주 통로이다. 뇌가 하는 일의 대부분은 뉴런들 사이의 시냅스 전달과 과거에 시냅스를 거쳐간 암호화된 정보의 소환을 통해 수행된다."(르두, 2005: 17)

앞에서도 언급했지만 크릭은 『놀라운 가설』에서 우리가 인간으로서 갖는 의도성과 행위능력은 환상이며, '실제'에 있어 우리는 뉴런 다발에 불과하고 우리의 의식은 뇌의 전장(claustrum) 속에, 자유의지는 전대상구(anterior cingulate sulcus) 속에 갇혀 있다고 주장한다.(크릭, 1996)

크릭의 이러한 주장은 '무자비한 환원주의(ruthless reductionism)'라고 불릴 수 있다. 이러한 근본주의적 환원주의는 분자 신경과학자들 사이에서 일반적이지만(신경생리학자와 심리학자들의 경우는 조금 덜하다), 크릭처럼 노골적으로 표현하는 사람은 거의 없다. 오늘날 테크노사이언스들의 거대 장치로 한층 탄력을 받은 이 주장은 철학의 논의를 가로챘다. 지난 2000년 동안 철학자들은 정신에 대한 자신들의 숙고가 지적인 중심무대를 차지한다고 생각해왔다. 21세기의 신경과학자들에게 정신활동은 뇌 속에서 일어나는 과정, 즉 사람의 뇌 속의 뉴런들을 연결시키는 수백 조의 접합 사이에서 신경전달물질의 끊임없는 요동하는 흐름으로 환원될 수 있었다. 따라서 그들의 과학의 임무는 이러한 뇌 과정의 유전학, 생화학, 그리고 생리학을 밝혀내고, 그 과정에서 정신, 그리고 정신이 서식하는 사람이 단지 '사용자의 착각', 즉 사람들이 스스로 결정을 내린다고 착각하지만 실제로는 뇌가 내리는 결정을 불과하다는 것을 밝히는 것이다. 그 밖에도 자아, 사랑, 의식을 뇌의 특정 영역에 위치한 것으로 설명하는 일종의 내적 골상학(骨相學)이라 불릴 수 있는 대중서들도 발간되고 있다. 앞에서 언급한 르두의 『시냅스와 자아(Synaptic Self)』, 안토니오 다마지오의 『데카르트의 오류(Descartes' Error)』가 그런 책에 해당한다.(다마지오, 1999) 이러한 본질주의적 주장들은 거기 사용된 방법론뿐 아니라 그 밑에 깔린 전제 때문에 강하게 비판을 받아왔다.

주로 미국에서, 일부 철학자들은 이러한 흐름에 동조해, 최근 급증하는 '신경'이라는 접두사를 붙여 스스로를 신경철학자라고 개명했다. 그들에게 이성이나 의도에 대한—심지어 의식까지도—논의는 계산적 신경과학의 엄격한 공식들로 대체되어야 할 '민속심리학'에 불과했다. 사랑, 분노, 고통, 도덕적 느낌 등이 모두 '계산적 뇌(처칠랜드[Churchland])' 속의 소프트웨어에 불과하다.『윤리적 뇌』(마이클 가자니가)에서 『수다쟁이 뇌』(v.s. 라마찬드란),『느끼는 뇌』(르두), 그리고 『성적인 뇌』(사이먼 르베이)에 이르기까지 신경과학자들이 쓴 대중서 제목들은 점차 분자화되고 디지털화되는 시선을 잘 드러내고 있다. 이런 제목들은 잠재적인 독자들과 조용한 소비자들의 시선을 끌기 위해 의도적으로 채택되었지만, 동시에 오늘날 당연하게 받아들여지는 시대정신을 반영하는 것이기도 하다.(로즈 & 로즈, 2019: 38-40)

광기(狂氣)의 분자를 사냥하다

신경과학이 발전하면서, 정신병학이 신경화학에 둥지를 틀려는 움직임이 나타났다. 이러한 경향은 뇌 속의 화학적 불균형으로 인해 불안정한 마음이 나타난다는 광기에 대한 오래된 가정을 기반으로 했다. 그 과제는 어떻게 비정상적인 분자 하나가 병든 마음으로 이어지는지 밝혀내는 것이었다. 이러한 양상은 유전자 연구 초기에 많은 생물학자들이 염기서열이 단 하나만 잘못되어도 질병을 일으키는 유전병을 집중적으로 연구하던 상황과 마찬가지였다. 신경과학에서 이번에는 약리학자들이 이러한 대열에 참여했다. 오늘날 정신약리학이라 불리는 분야는 뇌와 마음을 회복시키는 화학물질을 찾아내는 것을 목표로 삼고 있으며, 제약산업은 이러한 프로그램을 열성적으로 육성했다.

다른 한편, 특정 분자를 특정 정신병 진단과 일치시키려는 목표가 1950년대에 처음 발간된 미국정신병학회의 정신질환 진단 및 통계편람(Diagnostic and Statistical Manual, DSM)의 분류체계의 기반이 되었다. 그 결과로, DSM 기준에 따르면, 정신병 환자로 간주되는─우울증, 불안초조, 조병(躁病), 정신분열증─숫자가 급격히 증가했고, 그에 따른 잠재적인 환자 시장이 늘어났다. 이처럼 실직, 사별(死別), 이혼 그리고 그 밖의 일상적인 불행에 따른 일반적인 정신적 고통의 의료화가 늘어났고, 이후 25년 동안 줄어들지 않았다. 이러한 과정은 미국정신병학회, 건강보험, 그리고 제약산업 사이의 밀접한 관계에 의해 촉진되었다.

1960년대 이후 30년 간 점점 더 많은 신경전달물질과 연관 효소들이 발견되었고, 이들은 각기 당시 유행하는 분자가 되었고, 정신적 고통의 원인이 된다고 여겨진 신경분자적 이상(異狀)의 독특한 원천으로 추정되었다. 더 나은 이론이 없었기 때문에, 제약산업은 정신적 고통을 치료할 정확한 마법 탄환을 발견할 수 있으리라는 희망으로 수천 개의 서로 다른 분자들을 합성하는, 이른바 '분자 룰렛 (molecular roulette)'이라 불렸던, 방법에 호소했다. 이 주먹구구식 경험의존적 방법이 신약 특허의 폭포를 가져왔고, 도파민뿐 아니라 그 밖의 신경전달물질, 아세틸콜린, 감마-아미노-부티르산, 세로토닌, 그 아류(亞流)인 수용기와 연관 효소들 등에 대한 기대가 부풀려졌다. 그중 하나가 일라이 릴리 사의 특이세로토닌재흡수억제제(SSRI) 인 '프로작(Prozac)'이었다. 프로작은 1990년대에 행복을 주는 약으로 각광받았다. 이 약은 세계에서 가장 유명한 항우울제가 되었고, 매달 65만 건의 처방전이 발행되었다. 프로작과 경쟁제품인 글락소스미스클라인의 '팍실(Paxil)'의 부작용에―폭력성 증가와 자살을 비롯한―대한 증거가 계속 쌓여갔지만, 일라이 릴리 사는 이 약으로 1990년대에 매년 3억 5천만 달러를 벌어들였다. 특허 기간이 끝나고 가격이 떨어지기 전까지, 1990년대에 이들 향정신약의 전체 판매 규모는 매년 760억 달러에 달했다. 이처럼 벼락 경기가 이어지면서, 흔히 '빅파마(Big Pharma)'라 불리는 거대 제약회사들은 분자 신경과학에 자금을 대는 원천이 되었다.(Agar, 2012; pp.445-446)

뇌를 둘러싼 속설들

오늘날 신경과학은 빠른 속도로 발전하고 있지만, 뇌에 대해서 아직도 잘못된 믿음들이 많이 남아 있다. 이러한 오해는 신경과학의 기반이 전혀 없는 허황된 생각이지만, 이미 잘못으로 판명된 과거의 연구결과가 그대로 전해지거나 최근 신경과학을 소재로 한 SF 영화들에서 등장하는 허구적인 이론이 사실로 잘못 인식되어 여전히 일반인들 사이에서 사실로 받아들여지고 있다.

가장 큰 오해 중 하나는 우리가 뇌를 100% 활용하지 못하고 있으며 아인슈타인과 같은 천재 과학자들도 10% 정도만 사용했고 보통 사람들은 몇 퍼센트밖에 쓰지 못한다는 속설이다.

지난 2014년에 개봉했던 뤽 베송 감독의 영화 〈루시(Lucy)〉는 이러한 잘못된 속설을 부추기는 대표적인 예에 해당한다. 우리나라의 유명 배우가 출연해 국내에서도 큰 화제가 되었던 이 영화에서는 포스터에서도 볼 수 있듯이 주인공인 루시가 신경약물을 이용해서 뇌를 100% 사용하면서 초능력을 얻게 되는 과정을 허구적으로 그리고 있다.

그렇지만 이런 생각은 과학적 근거가 전혀 없으며, 사람의 뇌가 무한한 잠재력을 가질 수 있다는 소박한 믿음에 불과한다. 사람의 뇌의 능력을 몇 퍼센트 정도 활용할 수 있다는 생각 자체가 우리의 정신적 능력을 컴퓨터의 중앙연산장치(CPU) 성능이나 저장 용량에 단순 비교하려는 사고방식이라고 할 수 있다. 우리는 흔히 뇌의 정보처리 과정을 컴퓨터에 비유하지만, 이것은 단지 비유일 뿐 우리의 뇌와 컴퓨터는 작동하는 방식이 전혀 달라서 컴퓨터의 연산기능이나 정보저장능력에 비교할 수

| 그림 25 | 뇌에 대한 속설을 부추긴 SF 영화 〈루시〉

없을뿐더러 아직까지 사람의 뇌가 주위 세계를 인식해서 의사결정을 내리는 방식에 대한 우리의 이해는 초보적인 수준에 불과하다.

사실 우리는 일상적인 활동에서 뇌를 충분히 활용하고 있다. 우리가 매일같이 주위환경을 보고 듣고 느끼는 감각행위, 무수한 상황 속에서 거의 즉각적으로 내리는 의사결정, 신체의 많은 부분들을 움직이는 운동이나 노동, 학습이나 업무를 수행하면서 많은 정보를 기억하고 처리하는 과정은 사실 엄청난 일이다. 거의 매순간 뇌를 비롯한 중추신경계는 소화, 운동, 면역 등 우리 몸의 다른 시스템들과 유기적으로 상호작용하면서 놀라운 속도로 모든 일을 처리해나간다. 실제로 앞에서도 설명했던 fMRI와 같은 장치로 뇌의 활동을 측정해보면 일상적인 일을 할 때에도 뇌의 여러 영역들이 활성화되며, 심지어 잠을 잘 때에도 다양한 부분들이 일을 하고 있다는 것을 알 수 있다.

또 하나의 속설은 뇌의 크기가 클수록 머리가 좋다는 생각이다. 이것은 역사적으로 아주 오랜 뿌리를 갖고 있다. 19세기에 유럽의 우생학자들은 백인이 유색인종보다 우월하고 남성이 여성보다 머리가 좋다는 편견을 뒷받침하기 위해서 두개골을 측정해서 두뇌 용량으로 인종주의와 성차별주의를 정당화하려는 시도를 했다. 인종학(人種學)의 대가였던 폴 브로카(Paul Broca)는 이렇게 말했다. "일반적으로 뇌는 노인보다 장년에 달한 어른이, 여성보다 남성이, 보통 능력을 가진 사람보다 걸출한 사람이, 열등한 인종보다 우수한 인종이 더 크다. 다른 조건이 같으면 지능의 발달과 뇌 용량 사이에는 현저한 상관관계가 존재한다."(굴드, 1981: 150-151에서 재인용) 그렇지만 이러한 생각은 전혀 과학적 근거가 없다는 사실이 밝혀졌다. 만약 뇌의

| 그림 26 | 브로카의 정밀한 두개골 측정

크기가 클수록 지능이 높다면 코끼리나 고래가 가장 지능이 높은 동물인 셈이 된다. 이런 우생학의 주장은 당시 흑인들을 노예로 부리고 여성들을 차별하는 근거를 과학에서 찾으려는 무리한 시도에서 비롯된 것이었다.

20세기 중반까지도 이런 생각은 일반인들은 물론 의학자나 생물학자들 사이에서도 사라지지 않았다. 가령 천재 과학자 아인슈타인의 뇌가 일반인들과 다를 것이라는 믿음이 그런 예에 해당한다. 실제로 독일의 병리학자 토마스 하비(Thomas Harvey)는 1955년에 아인슈타인이 세상을 떠나자, 그의 몰래 뇌를 훔쳐내서 천재성의 비밀을 알아내려고 했다. 아인슈타인은 세상을 떠날 때 화장해달라고 했지만, 하비는 그의 뜻과 달리 부검한 후 뇌를 적출해서 빼돌려서 세상을 떠들썩하게 만들었다. 그렇지만 연구결과는 예상과 달리 뇌의 크기가 정상인에 비해 크지 않았고 그 외에도 보통의 뇌와 큰 차이를 알아낼

| 그림 27 | 왼쪽은 아인슈타인. 오른쪽은 불법으로 적출되어 병에 담긴 아인슈타인의 뇌. 병을 들고 있는 이가 토마스 하비이다.

수 없다는 점을 보여주었다. 한 세기에 한 명이 태어날까 말까 하는 천재의 뇌가 물리적으로 보통 사람과 다를 것이라는 일반적인 예상 이 어긋난 셈이다.

그 밖에도 뇌를 둘러싼 속설로 좌뇌와 우뇌의 차이에 대한 과도한 해석이 있다. 좌뇌형 인간이나 우뇌형 인간이니 하는 식으로 사람을 분류하는 이야기를 흔히 들을 수 있다. 대개 왼쪽 뇌는 수학적 계산 이나 추론 등 이성적 작용과 연관되고 우뇌는 예술이나 직관 등의 기 능에 뛰어나다는 식의 이야기이다. 이런 주장이 전혀 근거가 없는 것 은 아니다. 그 뿌리는 19세기까지 거슬러 올라간다. 앞에서 이야기했 던 브로카 박사는 19세기 말에 뇌의 좌측 전두엽에 언어 기능을 담당 하는 이른바 '브로카 영역'이 있다는 사실을 밝혀냈다. 그 후 독일의 신경정신과 의사 카를 베르니케(Karl Wernicke)도 뇌의 좌반구에서 언어정보를 처리하는 베르니케 영역을 발견했다. 그리고 1970년대 로저 스페리(Roger Sperry) 박사는 뇌가 두 개의 반구로 이루어져 있 고, 왼쪽과 오른쪽 뇌가 뇌량(腦梁)이라는 신경다발로 연결되어 있다는 것을 밝혀냈다.

이런 과정에서 좌반구와 우반구의 기능이 다르다는 생각이 크게 과장되었다. 최근 연구결과에 따르면 시각정보나 청각정보 등 특정한 기능을 담당하는 영역이 뇌의 여러 곳에 있지만 왼쪽과 오른쪽의 기능이 완전히 나뉘어 있는 것은 아니며, 언어 처리도 좌반구뿐 아니라 오른쪽 뇌에서도 함께 이루어진다는 사실이 확인되고 있다. 따라서 좌뇌형 인간이나 우뇌형 인간에 대한 이야기는 재미 삼아 할 수는 있지만 과학적으로는 근거가 없는 속설에 불과하다. 좌뇌와 우뇌는 물론이고 뇌를 비롯한 신경계와 우리 몸의 다른 기능을 관장하는 면역계, 소화계, 순환계, 운동계 등이 모두 밀접하게 연관되어서 고도의 정신적인 활동을 수행하고 있다.

신경과학 열광주의
─'기대의 거품'

신경과학은 이미 우리 주변에 깊숙이 들어와 있다. 그 명칭은 뇌과학, 뇌신경과학, 인지신경과학 등 여러 가지로 쓰이고 있지만, 인간을 비롯한 생물이 어떻게 자신을 둘러싼 주위 세계를 인식하고 기억하면서, 생명을 유지하고 관계를 맺고, 순간적으로 복잡한 의사결정을 내리는지 과학적으로 이해하려는 시도라는 점에서 많은 사람들의 관심을 끌고 있다.

fMRI와 뇌파 측정은 뇌의 활동을 측정 가능한 영역으로 끌어들였다는 점에서 신경과학이 상당한 진전을 이룬 요소라고 할 수 있다.

물론 뇌파는 뉴런과 뉴런 사이에서 정보가 전달되는 과정에서 발생하는 일종의 부산물이며, 뇌파만으로 뉴런의 활동을 모두 이해할 수 있는 것은 아니지만 최근 컴퓨터 기술의 비약적 발전으로 뇌파를 이용해서 두뇌의 활동을 이해하고, 나아가 뇌에 전류를 흘리거나 자기장을 형성해서 자극하는 기술로까지 발전하게 되었다.

뇌-컴퓨터-인터페이스(Brain-Computer-Interface, BCI) 또는 뇌-기계-인터페이스(Brain-Machine-Interface, BMI)이라 불리는 것이 이러한 기술이다. SF에서는 이미 오래전부터 사람의 뇌에 컴퓨터를 바로 연결시킬 수 있다는 가능성이 중요한 주제로 다루어졌다. 〈매트릭스(The Matrix)〉, 〈공각기동대(Ghost in the Shell)〉 같은 SF영화에서 이러한 모티프가 핵심적으로 다루어지고, 이러한 접속을 통해서 두뇌의 정보처리능력이 비약적으로 증대할 수 있다는 상상을 부채질한다.

아직까지 SF영화에서 나오는 수준에 도달하지 못하고 있지만, 최근 들어서 사람의 뇌파를 읽어내서 직접 컴퓨터나 로봇 팔에 명령을 전달하는 기술은 상당한 진전을 보이고 있다. 다음 그림에서처럼 뇌에서 나오는 미약한 신호를 컴퓨터를 통해 증폭하고 해석해서 자판이나 마우스와 같은 입력장치 없이도 컴퓨터 게임을 즐기고, 드론을 조종하고, 로봇을 움직이는 명령을 내릴 수 있다.

'기대 형성'과 이른 적용

신경과학은 아직까지 일반적인 이론을 갖추지 못하고 각개약진의

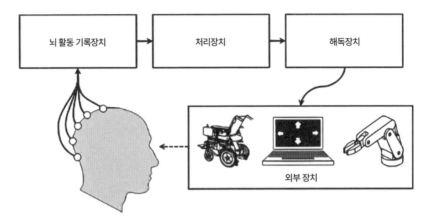

| 그림 28 | BCI의 원리를 나타낸 그림

| 그림 29 | 뇌전도를 이용해서 컴퓨터 게임을 즐기는 모습. 여기에 사용한 BCI는 비침습적 기술에 해당
한다.

방식으로 진행되고 있는 것이 그 특징이다. 따라서 과거 생명공학이 DNA와 유전자를 기반으로 하는 포괄적인 이론틀을 갖추었던 상황과도 또 다른 양상을 나타내고 있다.

그것은 과도한 기대와 성급한 제품 개발이라는 현상이다. 파킨슨병이나 뇌전증(간질)과 같은 일부 정신질환 치료에서는 상당한 효과를 거두고 있지만, 개입의 결과는 근본적인 치료를 향한 방향이라기보다는 심각한 증상을 완화시키는 대증요법의 양상에서 크게 벗어나지 못하고 있다. 또한 신경과학의 미약한 근거를 기반으로 한 수많은 명상 보조기구들이 출시되고 있다.

이러한 신경과학의 개입방법은 크게 침습적 방법과 비침습적 방법으로 나뉜다. '침습적'이라는 말은 영어로 'Inclusive'이고, '비(非)침습적'이라는 말은 'noninclusive'에 해당한다. 간단히 설명하자면 다음 그림에서 잘 나타나듯이 두개골 속으로 전극을 삽입하는 방법이 침습적(侵襲的) 기술이고 앞의 그림처럼 머리에 밴드나 두건을 써서 두피를 통해 뇌파를 인식하는 기술이 비침습적 기술이다. 따라서 같은 기술이지만 외과적 수술이 필요한지 여부에서 차이가 있는 셈이다.

두 방법은 각기 장단점이 있다. 침습적 방법을 사용하면 훨씬 강한 세기의 뇌파를 수신하고, 또한 전극을 통해 정확한 부위에 전기자극을 가할 수 있어서 그 효과가 확실하다. 반면 두개골에 구멍을 뚫어야 해서 외과 수술이 필수적이기 때문에 그에 따른 위험 부담이 따르고 윤리적 논란이 제기될 수 있다. 그에 비해서 비침습적 방법은 외과수술이 필요하지 않고, 뇌에 전극을 삽입한다는 윤리적 문제가 없는 장점이 있다. 반면 두개골과 두피를 통해 간접적으로 뇌파를 인식하고, 또한 뇌에 전기자극을 가해 치료효과를 얻으려 할 때에도 그 효과가 상대적으로 약하고 부정확할 수 있다.

비침습적 기술을 이용하는 사례로는 최근 판매되고 있는 다양한 뇌파 측정기기나 명상 보조기구들을 들 수 있다. 우리 주변에는 비침습적 기술을 이용해서 뇌파를 측정하거나 미세한 전류를 흘려 뇌를 자극해서 명상이나 주의력 집중 등 여러 가지 효과를 얻기 위한 다양한 기기들이 이미 출시되어 있다. 우리나라에서 비침습적 기술을 이용한 특허도 벌써 수백 건이 등록되어 있다. 비침습적 방법을 이용하는 웨어러블 기기들은 헤드셋이나 헬멧처럼 머리에 쓰는 장치, 넥 밴드처럼 목에 거는 장치나 머리핀 등 다양한 형태이다. 그림 30(282쪽)는 캐나다의 인터락손(InteraXon)이 개발한 '뮤즈(Muse)'라는 두뇌 감지 헤어밴드이다. 신형인 뮤즈2는 아마존에서 200달러를 조금 넘는 액수로 판매되고 있다. 제품 소개를 보면 앞쪽에 있는 3개의 센서와 좌우의 2개의 전극을 통해 뇌파를 측정해서 명상을 하거나 뇌를 훈련시킬 수 있는 보조장치라고 되어 있다. 아직까지 이런 장치들은 의료기기가 아닌 마음을 안정시키는 명상 보조기기로 다루어지고 있는 정도이다.

침습적 기술을 이용하는 경우는 환자의 동의, 즉 '충분한 정보에 기반한 동의(informed consent)'가 필수적이다. 다시 말해서 이 기술은 외과 수술을 통해서 두개골에 구멍을 뚫고 전극을 심는 과정에서 환자에게 상당한 위험을 초래할 수 있고, 사람의 머리에 칩을 심는다는 것은 윤리적으로도 많은 문제가 될 수 있기 때문에 이러한 위험과

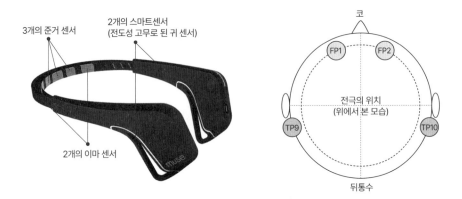

3개의 준거 센서

2개의 스마트센서
(전도성 고무로 된 귀 센서)

2개의 이마 센서

코

FP1　FP2

전극의 위치
(위에서 본 모습)

TP9　TP10

뒤통수

| 그림 30 | 인터락손이 개발한 뮤즈

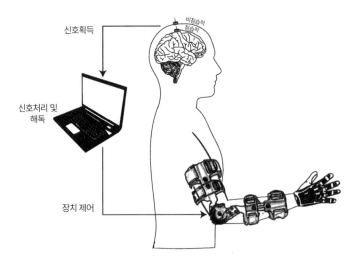

신호획득

비침습적
침습적

신호처리 및
해독

장치 제어

| 그림 31 | 침습적·비침습적 방법의 차이

윤리적 문제가 따를 수 있다는 점을 충분히 설명하고 환자의 동의를 얻은 후에 이 기술을 적용해야 하는 것이다. 따라서 뇌전증이나 파킨슨병 등 중증(重症)의 정신질환을 치료하기 위해 이미 다른 수단을 모두 사용했지만 더 이상 효과를 얻을 수 없어서 불가피한 경우로만 그 사용이 엄격히 제한된다. 반면 비침습적 기술은 현재 시판되고 있는 여러 제품들에서 폭넓게 사용되듯이 인체에 직접적 영향을 미치지 않기 때문에 적용이 쉬운 장점이 있다.

침습적 기술, 머리에 칩을 심다

지난 2018년 10월, 가톨릭관동대의 한 연구팀은 붉은털원숭이의 대뇌 피질 안쪽에 가로세로 4밀리미터 크기의 미세전극 칩 2개를 심는 실험을 했다. 이것은 세계에서 두 번째로 성공한 실험이다. 이 칩에는 뇌 신경세포의 신호를 읽을 수 있는 96개의 탐침이 들어 있었다. 둘 중 하나는 원숭이의 뇌파를 읽어내기 위한 칩이고, 다른 하나는 로봇 팔에서 나오는 정보를 다시 원숭이의 뇌로 보내기 위한 것이다. 팔을 움직이지 못하게 묶어놓은 원숭이는 눈앞의 공을 응시하고 있었다. 그리고 원숭이 앞에는 뇌에서 나오는 신호에 따라 움직이도록 프로그래밍되어 있는 로봇 팔이 있었다. 7~8초 단위로 공의 위치가 무작위로 변했지만, 로봇팔은 묶여 있는 원숭이 팔을 대신하기라도 하듯이 공을 따라가서 잡았다. 이 실험이 바로 침습적 BCI 기술의 사례에 해당한다. 연구책임자는 "사지마비 환자들에게 평범한 일상을 돌려주고 삶의 질을 높일 수 있는 재활 기술"이라고 설명했다.(송

경은, 2019)

침습적 뇌-컴퓨터-연결 기술은 아직 초보단계로 주로 원숭이와 같은 동물을 통해 연구가 진행되고 있지만, 뇌심부자극술은 이미 사람을 대상으로 이루어지고 있다.

치료를 위한 목적으로 사용되는 침습적 신경조절 기술로 뇌심부 자극술(Deep Brain Stimulation, DBS)이 있다. 파킨슨병은 시대를 풍미했던 전설적인 권투선수 무하마드 알리가 걸린 병으로 근육의 떨림, 강직, 그리고 느린 몸 동작과 같은 현상과 같은 운동장애가 나타나는 신경퇴행성 질환이다. 파킨슨병은 대개 나이가 많이 든 사람에게서 나타나지만 젊은 환자들도 있으며, 약물치료나 수술로는 충분한 치료 효과를 얻을 수 없다. 따라서 다른 치료가 불가능한 환자의 뇌 속에 있는 시상하핵이라는 곳에 전극을 심는 신경조절기술을 통해 치료효과를 얻을 수 있다. 시상하핵은 길이가 6밀리미터에 불과하며 꼭 아몬드 모양의 작은 크기이고 운동이나 감각 등 여러 가지 기능에 관여해서 매우 정밀한 수술이 필요한다.

이는 윗가슴의 피부 아래에 심어놓은 배터리와 전기자극을 일으키는 박동기에서 나온 미세한 전류가 연결선을 통해 지속적으로 흘러 파킨슨 증상을 호전시킨다. 강남세브란스 병원의 심부뇌자극술(DBS) 치료 설명에 따르면 이 기술은 1997년부터 외국에서 상용화되기 시작했고 국내에서도 2000년부터 시술에 성공했다고 한다. 이 치료를 통해 파킨슨 증상이 약 30~60%까지 호전될 수 있으며, 복용하던 약을 평균 50% 줄일 수 있다고 하니 상당한 치료 효과를 얻을 수 있는 셈이다.

2020년 2월 스페이스-X와 테슬라의 창업자인 일론 머스크는 자신의 회사 뉴럴링크(Neuralink)가 사람의 뇌에 섬유전극을 연결해서 뇌졸중이나 선천적 질환으로 손상된 뇌를 치료하는 연구를 수행하겠다고 발표해서 화제가 되기도 했다.

증강이냐 치료냐, 신경과학의 윤리적 쟁점

신경과학이 발달하면서 어디까지를 '치료'로 보고 어디부터를 '증강' 또는 '향상'으로 볼 것인가의 윤리적 문제가 제기되고 있다. 증강이나 향상이란 치료의 범위를 넘어서 사람의 능력을 일반적인 수준보다 더 높이는 것을 뜻한다. 인간 향상(human enhancement)에 과학기술을 적용하는 문제는 비단 신경과학뿐 아니라 다양한 과학 분야에서 항상 윤리적·사회적 논쟁의 대상이 되었다. 이런 기술을 사용할 수 있는 사람과 그렇지 못한 사람들 사이에서 불평등이 심화되는 윤리적 문제가 나타날 수 있기 때문이다. 가령 앞에서 예로 든 집중력 강화 웨어러블 기기를 이용해서 시험공부를 효과적으로 할 수 있다면, 값비싼 기기를 구입할 수 있는 사람에 비해 그렇지 못한 사람들이 불이익을 당할 수 있다. 출발선이 다른 경주를 하는 셈이어서 공정한 경쟁을 해야 한다는 우리 사회의 암묵적 합의를 벗어날 수 있기 때문이다. 올림픽과 같은 스포츠 분야에서 약물 사용을 철저히 금하는 것도 같은 이유이다.

그렇지만 치료와 향상의 경계가 항상 뚜렷한 것은 아닙니다. 앞에서 예로 들었던 뇌심부자극술을 통한 파킨슨병 치료는 누가 보더라도 분명한 치료이지만, 최근 들어 신경과학이 발달하고 여러 가지 웨어러블 기기나 신경약물이 등장하면서 치료와 증강의 경계를 명확히 하기가 점차 힘들어지는 상황이다.

전통적인 윤리계는 치료냐 향상이냐의 논쟁에서 "치료에 국한해야 한다."는 입장을 고수한다. 그 이유는 인간에게 기술이 침범할 수 없는 고유한 영역, 즉 인간만이 가지는 '본질(kernel)'이 존재하며, 그것을 지켜야 한다는 것이다. 『정의란 무엇인가(Justice: What's the Right Thing to Do?)』라는 책으로 국내에서도 유명한 철학자 마이클 샌델이 이러한 입장을 주장하는 대표적인 학자이다. 그는 이렇게 치료를 넘어선 향상이 야기하는 중요한 문제가 인간의 노력과 주체성을 훼손할 뿐 아니라 우리의 목적과 욕구를 충족시키기 위해 인간 본성을 비롯한 자연을 개조하려는 프로메테우스적 열망을 대표한다는 점이라고 주장한다. 이러한 태도는 "인간의 능력과 성취가 우리 각자에게 주어진 선물이라는 관점을 놓치고 있으며, 심지어 그런 관점을 파괴할 수도 있다."는 것이다.(샌델, 2016: 45) 샌델을 비롯한 전통적인 윤리학자들의 입장은 우리가 가지는 능력이 사람마다 다르다는 다양성을 인정하고 각자의 능력을 주어진 선물로 간주해서 받아들이는 것이 바람직하며 생명공학이나 신경과학을 이용해서 인위적으로 자신의 능력을 향상시키려는 것은 옳지 않다는 뜻이다.

흐려지는 경계

한편 최근에 생명공학과 나노, 인공지능, 신경과학 등 신기술의 발전에 힘입어 '트랜스휴먼(Trans-human)'에 대한 논의가 무성해지면서 과학기술을 이용해서 치료의 수준을 넘어 사람의 능력을 높이려는 시도를 긍정적으로 보는 관점이 강력하게 대두하고 있다. 몇몇 미래학자들이 생명공학, 인공지능, 신경과학 등의 새로운 기술 발달을 과도하게 예측하면서 미래에 기술에 의해 인간이 지금까지의 인간과 다른 존재가 될 것이라는 트랜스휴먼 주장이 근거 없이 남발되고, 언론에 의해 증폭되어 일반인들은 물론이고 인문사회학자들까지 압도되고 있는 상황이다. 그러나 이러한 주장은 과학적 근거에 기반하기보다는 단순히 기술 발달을 중심으로 미래를 예단하는 시나리오에 불과하다는 것이 많은 과학자들의 주장이다. 앞에서 인공지능을 다룬 장에서도 다루었지만 사람의 지능에 대한 이해도 아직 충분히 이루어지지 않은 상황에서 사람의 수준을 뛰어넘는 초지능이나 트랜스휴먼에 대한 논의는 언론의 관심을 끌기는 좋을지 모르지만 지나친 '기대의 거품'을 낳아 혼란을 초래할 가능성이 높다.

그 실현 가능성이 희박한 트랜스휴먼 논의와 달리, 장애인 올림픽에서 큰 화제를 불러일으킨 오스카 피스토리우스((Oscar Pistorius)는 치료와 증강의 경계가 흐려지는 현실적인 사례를 제공하고 있다. 남아프리카 육상선수인 피스토리우스는 블레이드러너(Blade Runner), 즉 안드로이드로 유명했다. 그는 선천적 장애로 어린 시절에 두 다리를 모두 절단하는 수술을 받았고, 그 후 탄소섬유 소재로 된 의족(義

| 그림 32 | 의족 스프린터 오스카 피스토리우스

足)을 다리에 달고 육상경기에 출전하기 시작해서 '의족 스프린터'로 유명세를 타기 시작했다. 그가 단 의족은 '플렉스 풋 치타'라는 이름으로 일반 육상선수의 다리에 비해 무게가 덜 나가고 마찰력이 적어서 뛰어난 기록을 낼 수 있어서 그가 달성한 기록이 과연 '인간승리인지 아니면 기계의 승리인지' 논란을 빚기 시작했다. 그는 2008년에 베이징 장애인올림픽 100, 200, 400, 400계주에서 세계신기록을 냈고, 급기야 2011년에는 장애인 올림픽이 아닌 일반 육상대회인 대구 세계육상선수권 대회에 출전해서 남자 계주 1600미터 경기에서 은메달을 따냈다. 그러자 이후 세계선수권과 하계올림픽에서 그의 출전을 거부했다. 그것은 그가 장애가 있어서가 아니라 그가 다리에 장착한 의족이 다른 경쟁자들에 비해 우월한 능력을 발휘하게 해주는 인공물이라는 점 때문이다. 처음에는 장애를 치료하기 위한 수단으로 의족을 달았지만, 새로운 소재의 발달로 예상치 못하게 정상인보다 훨씬 빠른 속도로 달릴 수 있게 된 셈이다. 이처럼 과학기술의 빠른 발달로 치료와 향상의 경계가 흐려지고 있다.

사회적 쟁점

─사회적 불평등 심화와 새로운 우생학

앞절에서 설명한 피스토리우스와 신경약물의 사례는 신경과학 기술의 발달이 낳을 수 있는 사회적 문제점을 잘 보여준다. 정상적인 사람이 집중력을 향상시키는 웨어러블 기기를 사용해서 짧은 기간 동안 성적을 크게 올리는 경우 사회적 불평등이 심화될 수 있다. 이런 기기는 값이 상당히 비싸기 때문에 경제적 능력이 있는 사람들은 손쉽게 구매할 수 있지만, 그렇지 않은 사람들은 그 혜택을 볼 수 없다는 문제가 발생한다. 또한 부유한 계층의 사람들이 신경약물을 이용해서 쉽게 성과를 올린다면 정당한 방법으로 공부를 하는 대다수의 학생들이 피해를 입는 문제가 발생한다. 다시 말해서 새로운 기술에 누가 먼저 접근할 수 있는가라는 '접근 격차(divide)'의 문제가 발생할 수 있다. 가장 먼저 이러한 기술을 활용할 수 있는 사람들이 이미 기존의 사회적 상위 계층이라면 이런 기술을 통해 다른 계층과의 격차는 더욱 벌어질 수밖에 없을 것이다. 그 결과 얄궂게도 신경과학기술이 발달하면서 기존의 사회적 불평등이 더욱 심화될 수 있는 것이다. 물론 시간이 흘러서 신경과학기술의 비용이 내려가면 많은 사람들이 혜택을 볼 수 있겠지만, 그동안 일부 계층에게 혜택이 집중되고 다른 계층의 사람들은 그 혜택을 보지 못하는 '지연(遲延)'의 문제가 나타날 수 있다. 이렇게 되면 모든 사람들이 공평하게 경주의 출발선에 서야 하며, 능력에 따라서만 평가받아야 한다는 민주주의의 공정성과 정의의 원칙이 크게 손상될 수 있다.

또한 신경과학에 대한 기대가 지나칠 경우에 나타날 수 있는 문제로는 새로운 우생학의 문제를 들 수 있다. 가령 신경과학기술을 이용해서 인간의 능력을 증강시킬 수 있다면, 사람들은 어떤 능력을 선호하게 될까? 이것은 우리가 어떤 인간형을 이상으로 생각하는가라는 문제와도 연결된다. 대개 많은 사람들은 막연하게 능력이 향상되면 좋은 것이라는 생각을 할 수 있지만, 정작 우리는 은연중에 이런 이상형을 기존 사회의 지배계층의 모습으로 상정하고 있다. 가령 앞에서 언급했던 머스크는 유명한 영화 〈아이언맨〉의 실제 모델이었다. 영화에서 주인공은 백만장자에 뛰어난 과학자로 그야말로 모든 사람들이 부러워할 만한 요소들을 두루 갖춘 사람이다.

치료가 아닌 인간의 '증강(aug-mentation)' 또는 '강화(enhance-ment)'가 문제가 되는 지점이 바로 이러한 우생학적 경향이다. 사람들은 알게 모르게 증강이나 강화의 방향으로 우리 사회에 가장 깊이 내재된 지배적인 이념형(ideal type)을 지향하게 된다. 그렇지만 모든 사람들이 슈퍼 히어로가 될 수는 없는 노릇이다. 더구나 아이언맨은 백인, 남성, 그리고 백만장자이다. 우리 사회를 떠받치는 것은 이러한 소수의 사람들뿐 아니라 묵묵히 자신의 자리에서 맡은 일을 수행하는 정직하고 성실한 보통사람들이다.

| 그림 33 | 오늘날 많은 청소년들이 이상형으로 꿈꾸는 아이언맨

지금까지 인류의 역사에서 이러

한 이상형을 꿈꾸는 과정에서 많은 불행한 일들이 일어났다. 가장 대표적인 사례가 유럽과 미국에서 나타났던 우생학이었다. 새로운 기술이 등장할 때마다 우리가 우려해야 하는 것은 이처럼 신기술이 그 사회의 불평등을 더욱 심화시키거나 우생학적 경향성을 강화시키지 않도록 힘쓰는 것이다.

신경본질주의의 여러 양상들

많은 학자들이 신경과학의 대두로 개인과 사회의 이해에 급격한 변화가 일어나고 있다고 말한다. 신경과학의 발달로 사람들의 삶, 가족, 사회, 문화, 예술, 종교 등의 개념이 급격하게 재구성된다는 것이다. 주디 일레스(Judy Illes)와 에릭 라신(Eric Racine)은 신경과학적 통찰력이 근본적으로 개인의 정체성, 책임, 그리고 자유의지 사이의 동역학을 근본적으로 바꾸어놓을 것이라고 말했다.(Illes and Racine, 2005: 5-18) M.J. 파라(M.J. Farah)는 신경 영상이 우리가 자신과 동료를 생각하는 방식에 근본적인 변화를 일으킨다고 주장한다.(Farah, 2012: 571-591)

이러한 변화에서 신경본질주의는 여러 가지 양상으로 나타난다. 첫 번째는 신경실재론(neuro realism)이다. 신경실재론이란 신경과학 정보가 특정한 현상이 객관적이거나 실재(real)하는 것으로 보이게 하거나, 그렇게 인식되는 것을 뜻한다.

가령 fMRI, 양전자단층촬영술(positron emission tomography, PET) 등이 법정에서 이용되는 경우, 마치 이런 영상들이 실제로 뇌를 '보여주는' 것처럼, 또는 당사자의 정신적 능력이나 정신 상태 등의 직접적인 표상으로 여겨지는 것이 그런 경우에 해당한다. 뇌 영상과 같은 뇌의 표상(representation)을 그 사람의 본질(essence)로 간주하려는 경향은 2000년대 이후 본격화되었다. 실제로 fMRI를 이용한 거짓말 탐지 서비스를 제공하는 '노라이 MRI(No Lie MRI)'라는 회사가 2006년에 설립되었으며, 이 회사는 거짓말을 할 때 활성화되는 뇌 부위가 있다는 과학연구에 기초했다고 주장했다.

법정에서 뇌 영상이 사용된 유명한 사례로는 허버트 와인스타인(Herbert Weinstein) 사건이 있다. 1991년 말다툼 중에 아내를 살해한 와인스타인은 전과기록이나 폭력 이력이 없었고, 뇌의 낭종 때문에 순간적으로 정신이상을 일으켰다고 주장하면서, 자신의 뇌 영상을 법정에 제출했다. 이는 미국 최초로 재판부의 유무죄 판단에 PET 영상이 배심원에게 제출되도록 허용한 사건이었다. 그는 전두엽과 측두엽 손상을 주장해서, 결국 과실치사로 인정을 받았다.

그 밖에도 2005년에서 2012년 사이에 미국에서 1600건에 달하는 판결에 뇌구조, 기능수준, 이상징후 등 신경과학 증거가 제출되었다. 이른바 "뇌가 시켰다"는 주장이 급증한 것이다. 2012년 한 해 동안 재판에서 뇌의 이상을 근거로 처벌경감을 주장하는 사건이 전체 살인사건 재판의 5%, 사형이 구형된 재판에서는 무려 25%에 달했다고 한다.(데이비스, 2018: 7-9)

두 번째 양상은 신경과학의 근거가 특정한 주장이나 정치적 어젠다를 지지하는 근거로 활용되는 것이다. 신경과학 연구결과의 대중적 영향은 신경과학적 근거가 제시되었을 때 신경과학 정보가 없이 제공된 설명보다 더 설득력이 있는 것처럼 여겨질 수 있다는 것이다. 또한 데이비드 맥케이브(David McCabe)와 앨런 캐스텔(Alan Castel)과 같은 학자들은 뇌 스캔 사진이 함께 실린 기사나 정보가 시각정보가 전혀 없거나 막대 그래프 등의 다른 정보와 함께 제공된 기사에 비해 더 설득력이 있는 것으로 여겨졌다는 연구결과를 보여주었다. 특히 3차원 뇌 영상이 더 설득력이 있었다.(McCabe and Castel, 2008: 343-352) 그들의 연구는 스캔 영상과 같은 뇌 연구의 상징들이 그것을 수반하는 연구나 기사 등에 정당성을 부여해주는 역할을 한다는 것을 실험을 통해 보여주었다.

세 번째는 신경과학을 통해 표면적으로 드러나지 않는 개인의 숨겨진 본성이나 의미, 의도 등을 파악할 수 있다는 생각이다. '신경 마케팅(neuro marketing)'이 그런 분야 중 하나이다. 신경 마케팅은 뇌 영상, 스캔 또는 그 밖의 뇌 측정 기술을 이용해서 마케팅 자극에 대한 소비자의 뇌 반응을 포착하는 방법을 사용한다. 신경 마케팅이라는 용어와 이 분야의 기업이 처음 등장한 것은 2000년을 전후한 시기였고, 그후 이 분야는 지속적으로 성장했다. 2012년에는 학계와 기업의 연합체인 '신경 마케팅 과학과 기업연합(Neuromarketing Science and Business Association, NMSBA)'이 설립되었다. 여기에 깔린 가정은 신경과학을 통해서 소비자들의 자체 보고나 행동을 넘어서서 그들의 숨겨진 동기나 구매 경향, 욕구 등을 찾아낼 수 있다는 것이다. 신경 마케팅은 다양한 실행 양식을 보여주고 있지만, fMRI, 뇌파전위기록술(electroencephalography)과 같은 신경과학 기술뿐 아니라 시선추적(eye tracking), 안면코딩(facial coding), 심박수 모니터링 등 생체인식 기술도 함께 사용되고 있다. 이런 기법들을 통해서 신경 마케팅은 '벌거벗은(naked)', '무의식적인' 또는 '직관적인' 소비자의 '진짜 동기', '진짜 의도'를 알아낼 수 있다고 주장한다.(Brenninkmeijer, Schneider, and Woolgar, 2020: 62-86).

신경과학 열광주의와 개입의 새로운 양상

정보로서의 생명 개념은 2차 세계대전과 냉전을 거치면서 구체화되었고, 신경과학은 마지막 프런티어로 인간의 정신을 그 대상으로 삼았다는 점에서 2차 세계대전 이후의 정보담론의 연장이라고 할 수 있다.

로즈 부부의 말처럼 신경과학은 단일하지 않으며, 복수(複數)의 신경과학들이 저마다 암중모색을 하면서 작은 발견을 기반으로 각개약진을 하고 있는 양상이다.

그 과정에서 나타나는 중요한 문제가 신경과학을 둘러싼 과도한 '기대의 거품'이 발생하는 문제이다. 앞에서 살펴보았듯이 유럽과 미국뿐 아니라 우리나라에서도 최근 신경과학 열광주의가 나타나면서 뇌파(腦波)나 뇌전도(EEG)를 이용해서 집중력을 향상시켜 학습 능력을 높인다는 제품들이 여럿 출시되고 있다. 미국에서는 의약 분야에서 이른바 똑똑해지는 약, 공부 잘하는 약이라는 이름으로 리탈린이나 모다피닐과 같은 약물들이 수험생과 대학생, 직장인들 사이에서 널리 사용되고 있다. 원래 주의력결핍과잉행동장애(ADHD)나 수면장애 치료제로 개발되었던 이런 약품들이 과정보다 성과를 중시하는 사회풍토에 편승하면서 남용되고 있다. 흔히 '빅파마'라 불리는 거대 제약회사들은 분자 신경과학에 자금을 대는 원천이 되었다.(Agar, 2012: 445-446) '뇌의 10년'은 신경약물을 활성화시켰고, 오늘날 미국 대학교에서는 흡연하는 학생보다 향정신성 약물을 사용하는 학생들이 더 많은 지경이다.(가브리엘, 2018: 31-32) 미국식품의약품국(FDA)의 전문가들은 이런 약물이 중추신경 자극제로 남용될 경우 돌연사나 심장마비와 같은 심각한 부작용을 일으킬 수 있다고 경고한다.

이러한 경향은 신자유주의 시대의 생명공학기술 개발에서 일반적으로 나타나는 양상이다. 약물유전학(pharmacogenetics)에서 이루어진 일련의 진전은 거대 제약회사들의 적극적인 약품 생산과 전방위적인 선전과 그에 부응한 각국 정부의 지원에 힘입어서 임상적인 실행(clinical practice)은 물론이고 일반인들의 인식까지 크게 바꾸어 놓았다. 이러한 양상은 특정 질병의 환자들을 대상으로 하는 정밀한 타게팅을 넘어서서 일반적인 흔한 질병들까지 유전자와 결부시키는 이른바 유전자화(geneticization)의 양상을 띠게 되었다. 이런 과정에서 가장 크게 작용하는 것이 기대와 전망이다. 애덤 헤지코(Adam Hedgecoe)와 폴 마틴(Paul Martin)은 생명공학에서 새로운 기술이 등장하는 과정이 실제로 그러한 기술이 작동하기 때문이라기보다는 이러한 기대와 전망을 생산하는 새로운 사회기술적 연결망(socio-technical networks)을 형성하는 과정에서 만들어진다고 본다. 이 연결망에는 연구자, 기업, 정부의 정책 입안자, 등 다양한 집단들이 참여해서 기대를 창출하고 사람들이 그러한 기대가 진짜인 것처럼 믿도록 다각도로 지원하는 역할을 담당한다.(Hedgecoe and Paul Martin, 2003: 327-364)

기대 형성은 다양한 분야의 기업, 해당 분야의 학문적 연구자, 연구를 촉진하는 정부, 독자들을 사로잡을 기사거리를 항상 원하는 언론 등의 연합으로 이루어진다. 이러한 양상은 신경과학에서 훨씬 더 두드러진다. 신경과학은 아직 그 기반이 될 수 있는 이론적 토대가 미약한 상황임에도 스스로 기대의 거품을 만들어내면서 다양한 방식으로 정신활동과 정신 질환 치료를 위한 개입을 시도하고 있다.

생명은 어쩌다 정보가 되었을까

처음에 이 책의 제목으로 고민했던 것은 "생명은 어쩌다 정보가 되었는가"였다. 책상 위에 있는 『엣센스 국어사전』을 찾아보면 "어쩌다"는 "어쩌다가"의 준말이다. "어쩌다가"는 "1. 뜻밖에 우연히, ~만난 친구. 2. 가끔 이따금. ~ 일어나는 사건"이라는 풀이와 예문이 나온다. 이 책에서 생명이 정보가 된 과정을 밝히려 했던 시도와 제대로 부합하는 셈이다. 생명의 의미는 역사적으로 많은 굴곡을 거쳤고, 생명이란 무엇인가라는 물음 자체도 그만큼 많은 변화를 거쳤다.

흔히 과학은 궤도를 따라 달리는 열차에 비유되곤 한다. 우리는 과학을 창의적이고 혁신적인 활동이라고 생각하지만, 토마스 쿤을 비롯한 과학철학자들은 실제로 과학이 패러다임이라 불리는 매우 엄격하고 강한 강제에 의해 이루어지는 도그마틱한 실행이라고 말한다. 열차가 아무 곳이나 달릴 수 있는 것이 아니라 철로가 놓이지 않으면 아예 움직일 수 없을 만큼, 과학도 일정한 틀에서 벗어나기 힘들다는 것이다. 그는 이런 과학의 특성을 도그마라고 표현하기도 했다. 흔히 도그마라고 하면 부정적인 인식이 강하지만, 쿤은 실제로 우리가 과학이라 부르는 일련의 활동과 제도가 정상적(normal) 과학이 되고, 자연과학이 인문학이나 사회과학과 달리 견고한 토대를 가질 수 있는 것은 바로 이런 도그마에 의거하기 때문이라고 말한다. 쿤은 이것을 패러다임이라고 불렀고, 패러다임이 없으면 과학자들이 무엇을 사실로 간주하는지, 신호와 잡음을 어떻게 구별하는지, 참과 거짓을 어떻게 구별하는지 판단할 수 없다고 말했다.

사실 우리가 생명의 의미를 이해하는 방식도 마찬가지이다. 이 책에서 이야기했던 정보로서의 생명 개념, 생명에 대한 분자적 관점과 패러다임, 정보 담론, 신자유주의와 생명공학의 공동 구성, 전 지구적 사유화 체제 등은 철로가 열차를 이끌듯이, 레코드판에 파인 골이 바늘을 한 방향으로 인도하듯 우리의 사유를 자연스럽게 한 방향으로 이끌어간다. 하나의 곡조가 재생되는 데에 많은 장치들이 공동으로 작동해야 하듯이, 우리가 오늘날 생명을 이해하는 방식이 수립되는 데에도 많은 것들이 작용했고 지금도 그러하다. 우리가 무언가를 이해하는 데 작용하는 많은 요소들은 잘 보이지 않는다. 특히나 그것이 형성되는 데 오랜 시간이 걸리고 숱한 사회적 맥락이 포함되는 분자적 패러다임은 더욱이 그러하다. 학교에서 토마스 쿤의『과학혁명의 구조』를 강독할 때 학생들이 가장 이해하기 어려워했던 점이, 패러다임이 그토록 강력한데도 그 속에 있는 사람들에게 보이지 않는다는 것이었다. 마치 중력과 대기 속에서 진화한 우리들이 공기를 인식하지 않고 살아가듯이 말이다. SF 영화 〈그래비티〉는 대기권에서 얼마 벗어나지 않은 지구 궤도상의 우주 정거장에서 벌어진 사고를 통해 중력과 공기가 얼마나 생명에 중요한지 잘 보여주었다.

오늘날 정보라는 개념은 마치 우리가 숨 쉬는 공기처럼 자연스럽다. 그만큼 우리가 생명을 이해하는 데 정보 개념이 깊이 들어와 있다는 사실을 깨닫기 어렵다. 더구나 이러한 정보로서의 생명 개념이 생명을 둘러싼 여러 가지 상황에서 어떤 영향을 미치는지 가늠하기는 더욱 어렵다. 전쟁과 냉전 과정에서 생명을 정보로 이해하려는 노력이 그런 방향으로 이루어질지 예측할 수 없었듯이, 그 개념이 이후 생명공학으로 구체화되어 종의 경계를 뛰어넘는 GMO를 낳고, 컴퓨터 과학의 비약적 발전과 인터넷의 광활한 정보에 힘입어 인공지능으로 나아갈지 누가 미리 예측할 수 있었겠는가? 사실 이런 과정에는 어떤 필연성도 없으며, 우리는 사후적으로 그 과정을 짚어볼 수 있을 뿐이다.

이 책은 2차 세계대전과 냉전 시기에 수립된 정보 이론과 커뮤니케이션 이론이 컴퓨터 기술의 발달에 힘입어 생명에 대한 '정보 담론'으로 구현되면서 우리가 생명을 이해하고 설명하는 은유로 정착하는 과정을 살펴보았다. 1973년의 재조합 DNA 기술이 등장한 이래 '정보로서의 생명'에 대한 이해가 생명에 대한 개입으로 이행하고, GMO와 유전자가위와 같은 개입 양식의 극대화가 이루어졌다. 다른 한편 새로운 천년대 이후 인공지능은 'AI의 겨울'에서 벗어나 기계학습과 인공신경망 기술을 통해 사람의 정신활동을 알고리즘으로 이해하고 구현하려는 시도를 활발하게 전개했고, 신경과학은 생명공학의 배턴을 이어받아서 fMRI와 같은 강력한 시각화 기기를 장착하고 정신질환의 치료를 넘어 인간의 정신을 향상시키는 '트랜스휴먼'의 갈망을 부채질하고 있다. 생명을 정보로 인식하는 일련의 경향과 흐름은 신자유주의 이후 마치 보이지 않는 열차의 궤도처럼 테크노사이언스의 전개에 깊은 영향을 미쳤다.

또한 신자유주의라는 큰 굽이를 거치면서, 단순한 상업주의의 수준을 넘어선 전 지구적 사유화 체제에 의해 생명에 대한 분자적 이해는 크게 편향되었다. 초국적 자본과의 결합이 고도화되면서 분자화는 자본의 논리에 따라 이윤을 극대화시키는 방향으로 생명공학의 전개를 틀지웠고, 생명을 둘러싼 불확실성은 점차 높아졌다. 펀토비치와 라베츠 같은 학자들이 포스트 정상과학(post normal science) 개념을 통해 이야기했듯이 오늘날 불확실성은 소거가 불가능하며 끊임없이 확대 재생산되고 있는 셈이다.

이 책을 집필하는 동안 많은 일들이 일어났다. 그중에서 무엇보다 큰 사건은 물론 코로나19의 발발로 전 세계가 전대미문의 공황상태에 빠진 것이다. 발발 초에만 해도 대부분의 사람들은 과거의 신종플루나 메르스와 마찬가지로 얼마 가지 않아 바이러스가 사라질 것으로 내다보았다. 그렇지만 예상은 빗나갔고 눈에 보이지도 않는 코로나 바이러스의 창궐은 3년여가 지난 지금도 아직 위세를 떨치고 있다. 세계 최강대국을 자처했던 미국은 무기력한 모습을 보이며 2차세계대전으로 인한 인명피해를 훨씬 능가하는 사람들이 목숨을 잃었다.

아직까지 진행 중인 사안이기 때문에 논의에 한계가 있지만, 코로나19 사태도 이 책의 주제와 무관치 않다. 코로나19가 중국에서 처음 시작된 이래 3년에 걸친 기간 동안 세계보건기구(WHO)를 비롯해서 모든 나라들이 보여준 대응과정, 과학계의 대응방식, 화이자, 아스트라제네카, 모더나 등 백신 제조업체로 사람들에게 너무도 익숙해진 생명공학 기업들의 움직임, 언론의 커뮤니케이션 방식, 그리고 일반인들의 코로나19에 대한 인식 등은 2차 세계대전과 냉전 이후 과학기술 실행양식과 우리 사회의 다양한 집단들의 대응양식, 신자유주의와 코로나19의 결합의 고도화를 고스란히 보여주고 있다고 할 수 있다.

코로나19에 대한 이해와 그에 대한 대응방식은 이러한 생명에 대한 이해와 설명, 그리고 개입방식의 연장이라고 볼 수 있다. 백신과 치료제를 중심으로 한 접근방식은 파스퇴르 이래 질병의 원인을 원인균, 즉 바이러스나 박테리아로 특정하고 바이러스를 없애면 질병을 극복할 수 있다는 신념을 그 기반으로 한다. 이러한 관점은 박테리아나 바이러스를 외부의 침입자로 간주하고 침입자를 퇴치한다는 지극히 근대주의적 생명관과 질병관이다. 코로나 바이러스가 코로나19의 원인이라는 생각은 부분적으로만 옳다. 그리고 백신과 치료제를 통해 코로나19 사태를 극복할 수 있다는 생각 역시 부분적으로 옳을 뿐이다. 많은 바이러스학자들과 생태학자들이 오래전부터 주장했지만, 바이러스나 박테리아는 '박멸'의 대상이 아니라 우리와 함께 진화해오고 지금도 우리에게 없어서는 안 되는 존재이다. 우리는 이들과 공생체이다. 따라서 원래 사람을 숙주로 삼지 않았던 코로나19 바이러스가 왜 사람에게 전파되기 시작했는가에 대한 포괄적인 분석과 성찰이 요구된다.

오늘날 세계는 급속히 코로나19 이전의 상황으로 돌아가고 있다. 그러나 생태적 관점에서 보자면 이러한 움직임은 지극히 위험하며 신자유주의가 원하는 '바로 그 방식'이라고 할 수 있다. 설령 백신이 효과를 발휘해서 일정한 정도의 집단면역이 형성된다고 해도, 만약 우리가 마치 아무런 일도 없었다는 듯이 과거의 무분별한 개발과 서식지 파괴, 그리고 환경오염을 재개한다면 앞으로 이번 코로나19보다 훨씬 심각한 변이바이러스의 공격을 재차 삼차 받을 위험이 매우 높다.

쿤의 패러다임 개념을 조금 확장하자면 현재 코로나19를 이해하고 문제풀이(puzzle solving)를 하는 방식은 '백신 패러다임'이라고 칭할 수 있을 것이다. 이 패러다임은 매우 강력하고 현재 미국을 비롯한 강대국, 백신과 치료제 생산을 독점하는 초국적 생명공학 기업, 그리고 이러한 패러다임을 지지하는 과학자 등의 강력한 동맹에 의해 지지된다. 이 동맹은 하루빨리 '좋았던' 과거로 돌아가기를 바랄 뿐, 문제의 근본적 해결이나 성찰을 원하지 않는다. 일부 생태적 관점의 활동가나 사상가들은 세계가 이번 코로나19 사태로 그동안의 '삶의 양식'을 반성할 수 있는 기회가 될 수도 있다는 희망 섞인 기대를 하기도 한다. 그러나 신자유주의와 생명공학의 결합양식은 이번 코로나19 사태를 거치면서 오히려 더욱 강고해지고 고도화될 수 있다. 그것은 정보로서의 생명 개념과 생명의 분자화가 '삶의 양식'으로 체화되어 있고, 이러한 분자화를 강화시키는 은유가 우리를 길들여왔기 때문이라고 할 수 있다.

코로나 상황에서 안타깝게도 미국을 비롯한 강대국들의 백신 독점 양상은 거의 폭력적인 양태를 띠고 나타났다. 인도와 아프리카를 비롯한 제3세계는 거의 무방비 상태로 코로나19에 노출되었다. 백신 제조업체들은 세상을 구할 구세주의 외양을 썼지만, 정작 백신을 고가에 구입할 수 없는 나라들을 외면했다. 시릴 라마포사 남아프리카 대통령은 코로나19가 팬데믹으로 발전하면서 진정 기미를 보이지 않고 확산되던 2021년 5월 10일 백신 접종을 둘러싼 부자 나라와 가난한 나라들 사이의 극단적 격차를 '백신 아파르헤이트'라고 강하게 비난했다. 이번 코로나19 사태는 그동안 점잖은 가면에 가려져 있던 신자유주의와 생명공학의 결합 양태를 노골적으로 드러냈다.

이 연구는 아직까지 거친 가설들을 기반으로 삼고 있으며, 향후 좀더 치밀한 분석으로 그 내용을 채워야 할 것이다. 코로나19로 오늘날 우리가 생명을 이해하고 개입하는 방식이 구체적으로 드러나고 있는 상황에서 이 책이 생명공학을 비롯한 테크노사이언스의 실행 방식을 이해하는 데 조금이라도 도움이 되기를 바란다.

지난 10여 년 동안 100회 넘게 진행된 냉전과학 세미나가 없었다면, 이 책이 나올 수 없었을 것이다. 함께 책을 읽으며 열띤 토론을 했던 냉전과학 세미나 팀 여러분께 감사드린다. 또한 많은 지원을 해주신 한국연구재단, 심사를 통해 격려해주신 익명의 연구자들, 그리고 기꺼이 책의 발간을 허락해주신 궁리출판사 이굴기 사장님과 김현숙 주간님께 깊은 감사를 드린다.

용인에서 김동광

· 가모브, 조지, 1970, 『창세의 비밀을 알아낸 물리학자, 조지 가모브』, 김동광 옮김, 사이언스북스

· 가브리엘, 마르쿠스, 2018, 『나는 뇌가 아니다』, 전대호 옮김, 열린책들

· 굴드, 스티븐 제이, 1981, 『인간에 대한 오해』, 김동광 옮김, 사회평론

· 글릭, 제임스, 2017, 『인포메이션―인간과 우주에 담긴 정보의 빅히스토리』, 박래선, 김태훈 옮김, 동아시아

· 기어, 찰리 , 2006, 『디지털 문화』, 임산 옮김, 루비박스. 73-74쪽

· 김동광, 2001, "생명공학의 사회적 차원들, HGP의 형성과정을 중심으로", 『과학기술학연구』 창간호, 한국과학기술학연구회, 105-122쪽

· 김동광. 2002. "과학과 대중의 관계 변화", 『과학기술학연구』, 한국과학기술학회, 제2권제2호, 1-24쪽

· 김동광. 2010. "상업화와 과학지식 생산양식 변화―왜 어떤 연구는 이루어지지 않는가?", 『문화과학』, 제64호(겨울호), 324-347쪽

· 김동광. 2010(2), "GMO의 불확실성과 위험 커뮤니케이션: 실질적 동등성 개념을 중심으로", 『한국이론사회학회』, 통권 제16집, 179-210쪽

· 김동광, 2011, "한국의 '통섭 현상'과 사회생물학", 김동광, 김세균, 최재천 편 『사회생물학 대논쟁』, 이음, 245-272쪽

· 김동광, 2017, 『생명의 사회사』, 궁리

· 김동광, 2017(2), "신자유주의와 GMO 기술, GMO사피엔스의 시대", 『녹색평론』, 2017년 1-2월호(152)

· 김동광, 2019, "전 지구적 사유화 체제와 생명공학의 실행양식―'undone science' 로서의 GMO 연구와 그 함의를 중심으로", 『생명, 윤리와 정책』(제3권 제2호),

(재)국가생명윤리정책원, 2019년 10월, 19-47쪽

· 김동광, 2020, "유발 하라리, 과학의 외피를 두른 예언자", 『녹색평론』, 170호(2020년 1-2월호)

· 네그로폰테, 니콜라스, 1999, 『디지털이다, 정보고속도로에서 행복해지기 위한 안내서』, 백욱인 옮김, 커뮤니케이션북스

· 김명진, 2004, "영화 속에 나타난 과학기술 이미지—PUS에 대한 함의" 한국과학기술학회 2004년도 동계 학술대회 자료집, 93-108쪽

· 뇌플러, 폴, 2016, 『GMO사피엔스의 시대』, 김보은 옮김, 반니

· 다마지오, 안토니오, 1999, 『데카르트의 오류』, 김린 옮김, 중앙문화사

· 던간 트레이시, D. 2010, 『히틀러의 비밀무기 V-2』, 방종관 옮김, 황규만 감수, 일조각

· 데이비스, 케빈, 2018, 『법정에 선 뇌』, 이로운 옮김, 실레북스

· 라잔, 카우시크 순데르, 2012, 『생명자본—게놈 이후의 생명의 구성』, 안수진 옮김, 그린비

· 로작, 시어도어, 2005, 『정보의 숭배—하이테크, 인공지능, 그리고 진정한 사고의 기술에 대한 신 러다이트 선언』, 정주현, 정연식 옮김, 현대미학사

· 러셀, 스튜어트, 2021, 『어떻게 인간과 공존하는 인공지능을 만들 것인가』, 이한음 옮김, 김영사

· 로즈 힐러리, 로즈, 스티븐, 2015, 『급진과학으로 본 유전자 세포 뇌』, 김명진, 김동광 옮김, 바다출판사

· 로즈, 힐러리, 로즈, 스티븐, 2019, 『신경과학이 우리의 미래를 바꿀 수 있을까?』, 김동광 옮김, 이상북스

· 르두, 조지프, 2005, 『시냅스와 자아』, 강봉균 옮김, 동녘사이언스

· 리들리, 매트, 2011, 『프랜시스 크릭—유전부호의 발견자』, 김명남 옮김, 을유문화사

· 멀케히, 로버트, 2002, 『세균과의 전쟁—천연두에서 에이즈까지』, 강윤재 옮김, 지호

· 모랑쥬, 미셸, 1994, 『분자생물학 실험과 사유의 역사』, 강광일, 이정희, 이병훈 옮김, 몸과마음

· 무어, 켈리, 2016, 『과학을 뒤흔들다—미국 과학자 운동의 사회사, 1945-1975』, 김명진 김병윤 옮김, 이매진

· 무케르지, 싯다르타, 2017, 『유전자의 내밀한 역사』, 이한음 옮김, 까치

· 벡위드, 존, 2009, 『과학과 사회운동 사이에서』, 김동광, 이영희, 김명진 옮김, 그린비

· 보스트롬, 닉, 2017, 『슈퍼인텔리전스—경로, 위험, 전략』, 까치,

· 브렛, 킹 외, 2016, 『증강현실』, 백승윤, 김정아 옮김, 미래의창

· 비트겐슈타인, 루트비히, 2006, 『철학적 탐구』, 이영철 옮김, 책세상

· 빅 히스토리 연구소, 2017, 『빅히스토리, 138년 거대사 대백과사전』, 윤신영 외 옮김, 사이언스북스

· 샌델, 마이클, 2016, 『완벽에 대한 반론』, 김선욱, 이수경 옮김, 와이즈베리

· 슈뢰버, 베른트, 2008, 『냉전이란 무엇인가, 극단의 시대 1945-1991』, 최승완 옮김, 역사비평사

· 어스프레이, 윌리엄, 2015, 『존 폰 노이만, 그리고 현대 컴퓨팅의 기원』, 이재범 옮김, 지식함지

· 울프, 스티븐, 2013, "농식품 혁신체계에서 나타나는 집단자원의 상업적 재구조화", 스콧 프리켈, 켈리 무어 엮음, 『과학의 새로운 정치사회학을 향하여, 제도, 연결망, 그리고 권력』, 김동광, 김명진, 김병윤 옮김. 갈무리. 110-144쪽

· 월시, 토비 , 2017, 『AI의 미래 생각하는 기계, 인공지능시대 축복인가』, 이기동 옮김, 도서출판 프리뷰

· 위너, 노버트, 2011, 『인간의 인간적 활용; 사이버네틱스와 사회』, 이희은, 김재영 옮김, 텍스트

· 윈치, 피터, 2011, 『사회과학의 빈곤』, 박동천 편역, 모티브북

· 이윤석, 2019, "유발 하라리의 인간관에 대한 비판적 고찰", 『조직신학연구』 32(2019) 52-86쪽

· 전방욱, 2017, 『DNA혁명, 크리스퍼 유전자가위』, 이상북스

· 전방욱, 2019, "세계 최초의 유전자 편집 아기 출생의 의미", 『인격주의 생명윤리』 9권 1호

· 전치형, 2018, "운전대없는 세계—누가 자율주행차를 두려워하는가", 『과학잡지 에피』, 4호, pp. 172-190

· 츠바이크, 카타리나, 2019, 『무자비한 알고리즘—왜 인공지능에도 윤리가 필요할까?』, 유영미 옮김, 니케북스

· 카프라, 프리초프, 1998, 『생명의 그물—살아 있는 시스템들에 대한 새로운 과학적

이해』, 김동광, 김용정 옮김, 범양사

· 커즈와일, 레이, 2007, 『특이점이 온다—기술이 인간을 초월하는 순간』, 장시형, 김
명남 옮김, 김영사

· 코브, 매튜, 2015, 『생명의 위대한 비밀—유전암호를 풀어라』, 한국유전학회 공역,
김철근. 김세재 감수, 라이프사이언스.

· 콜린스, 해리, 2020, 『중력의 키스—중력파의 직접 검출』 전대호 옮김, 글항아리사
이언스.

· 쿠퍼, 멜린다, 2016, 『잉여로서의 생명—신자유주의 시대의 생명기술과 자본주
의』, 안성우 옮김, 갈무리

· 크릭, 프랜시스, 2011, 『열광의 탐구, DNA 이중나선에 얽힌 생명의 비밀』, 권태익,
조태주 옮김, 김영사

· 크릭, 프랜시스, 2015, 『놀라운 가설—영혼에 관한 과학적 탐구』, 김동광 옮김, 궁리

· 튜링, 앨런, 2019, 『앨런 튜링, 지능에 관하여』, 노승영 옮김, 에이치비프레스

· 프리켈, 스콧, 무어 켈리, 2013, 『과학의 새로운 정치사회학을 향하여』, 김동광, 김
명진, 김병윤 옮김, 갈무리

· 하라리, 유발, 2015, 『사피엔스』, 조현욱 옮김, 이태수 감수, 김영사

· 하라리, 유발, 2017, 『호모 데우스—미래의 역사』, 김병주 옮김, 김영사

· 하이젠베르크, 베르너, 1995, 『부분과 전체』, 김용준 옮김, 지식산업사

· Agar, Jon, 2012, *Science in the Twentieth Century and Beyond*, Polity

· Allen, Garland, 1975, *Life science in the 20th century*, John Wiley & Sons, Inc

· Barry, Andrew and Georgina Born(edit), 2013, *Interdisciplinarity, Reconfiguration of the social and natural sciences*, Routledge

· Brenninkmeijer, Jonna, Tanja Schneider, and Steve Woolgar, 2020, "Witness and Silence in Neuromarketing: Managing the Gap between Science and Its Application" Science, *Technology, & Human Values*, Vol. 45(1) 62-86

· Bousquet, Antoine, 2008, "Cyberneticizing the American War Machine: Science and Computers in the Cold War", *Cold War History*, Vol. 8, No.1, February pp.77-102

· Bousquet, Antoine, 2022, *The Scientific Way of Warfare, Order and Chaos on the Battlefields of Modernity* (Second Edition), Hurst

· Chadarevian, Soraya de and Kamminga Harmke, 1998, *Molecularizing Biology and Medicine, new practices and alliances 1910s-1970s*, Harwood Academic Publishers

· Collins, H. M. 1983. "An Empirical Relativist Programme in the Sociology of Scientific Knowledge". In K.D. Knorr-Cetina, M. Mulkay. ed. *Science Observed, Perspectives on the Social Study of Science*. London, U.K. SAGE.

· Collins, Harry, 1985, *Changing Order, Replication and Induction in Scientific Practice*, The University of Chicago Press

· Corbyn, Zoë, 2015, "Biology's big hit", *Nature* Vol 528, S4-S5

· Crawford, Kate, 2016, "Can an Algorithm be Agonistic? Ten Scenes from Life in Calculated Publics", *Science, Technology, & Human Values*, 2016, Vol. 41(1) 77-92

· Doudna, Jennifer. 2015, "Embryo editing needs scrutiny" *Nature* Vol 528, S6

· Edwards, Pual, N., 1996, The *Closed World, Computers and the Politics of Discourse in Cold War America*, Massachusetts Institute of Technology

· Edwards, Pual, N., 2010, *A Vast Machine, Computer Models, Climate Date, and the Politics of Global Warming*, MIT Press.

· Ensmenger, Nathan, 2011, "Is chess the drosophila of artificial intelligence? A social history of an algorithm", *Social Studies of Science* 42(1) 5-30

· Erickson, Paul, Judy L. Klein et al., 2013, *How Reason Almost Lost Its Mind, The Strange Career of Cold War Rationality*, The University of Chicago Press,

· Farah, MJ (2012) Neuroethics: The ethical, legal, and societal impact of neuroscience. *Annual Review of Psychology* 63(1): 571-591

· Frickel, S., D.J. Hess. Ed. *Fields of Knowledge: Science, Politics and Publics in the Neoliberal Age*. Bingley, United Kingdom : Emerald Group Publishing Limited.

· Galison, Peter (1994), The ontology of the enemy: Norbert Wiener and the cybernetic vision, Critical Inquiry 21, pp. 228-66

· Gottweis, Herbert, 1998, *Governing Molecules, the Discursive Politics of Genetic*

Engineering in Europe and the United States, The MIT Press

· Hales, Mike, 1974, "Management Science and 'The Second Industrial Revolution'", in *Radical Science Journal*, No.1, Jan.'74. pp.5-28

· Hartcup, Guy, 2000, *The Effect of Science on the Second World War*, Macmilan Press LTD

· Hedgecoe, Adam and Paul Martin, 2003, "The Drugs Don't Work: Expectations and the Shaping of Pharmacogenetics", *Social Studies of Science* 33/3(June 2003) pp. 327-364

· Hess, D.J., 2009. *Localist Movements in a Global Economy; Sustainability, Justice, and Urban Development in the United States*, Massachusetts, U.S.A. : The MIT Press.

· Hess, J. D., S. Frickel. 2014. "Introduction: Fields of Knowledge and Theory Traditions in the Sociology of Science". : In S. Frickel, D.J. Hess. Ed. *Fields of Knowledge: Science, Politics and Publics in the Neoliberal Age*. Bingley, United Kingdom : Emerald Group Publishing Limited. pp.1-33.

· Hughes, Thomas Parke, Hughes Agatha, 2000, *System Experts and Computers; The Systems Approach in Management and Engineering, World War II and After*

· Illes, J. and Racine E., 2005, "Imaging or imagining? A Neuroethics challenge informed by genetics." *The American Journal of Bioethics* 9(2). pp. 5-18.

· Kamminga, Harmke, 1998, "Vitamins and the Dynamics of Molecularization: Biochemistry, Policy and Industry in Britain", in Soraya de Chadarevian and Harmke, Kamminga(edit), 1998, *Molecularizing Biology and Medicine*, Harwood Academic Publishers, pp.83-105

· Kahn, Herman, 1962, *Thinking about the Unthinkable*, An Avon Library Book.

· Kay, Lily, E., 1993, *The Molecular Vision of Life, Caltech, the Rockefeller Foundation. and the Rise of the New Biology*, Oxford University Press

· Kay, Lily, E., 1998, "Book of life?:How the Genome Become an Information System and DNA a Language", *Perspective in Biology and Medicine*, Vol 41, Number 4 Summer

· Kay, Lily, E., 2000, *Who Wrote the Book of Life? A history of the Genetic Code*, Stanford University Press

· Keller, Evelyn Fox, 1995, *Refiguring Life*, Columbia University Press.

· Keller, Evelyn Fox, 2002, *Making Sense of Life, Explaining Biological Development with Models, Metaphors*, and Machines, Harvard University Press

· Kline, Ronald R., 2015, *The Cybernetics Moment, Or Why We Call Our Age the Information Age*, Johns Hopkins University Press

· Kleinman, Lee Daniel, 1995, *Politics on the Endless Frontier: Postwar Research Policy in the United States*, Duke University Press

· Krimsky, S., 2015. "An Illusory Consensus behind GMO Health Assessment". *Science, Technology, & Human Values*. 40(6). pp.883-914

· Kuhn, Samuel Thomas, 2012, *The Structure of Scientific Revolution;50th Anniversary Edition 4th*, The University of Chicago Press

· Lave, R., P. Mirowski, S. Randalls. 2010, "Introduction: STS and Neoliberal Science". 『Social Studies of Science』. 40(5). pp.659-675

· Lynch, Z., (2009) *The Neuro Revolution: How Brain Science is Changing Our World*. New York: St. Martin's Press.(국역, 브레인 퓨처 : 뇌과학은 세상을 어떻게 변화시키고 있는가 / 잭 린치 지음, 김유미 옮김: 해나무 : 북하우스, 2010)

· McCabe, P. David and Alan D. Castel, 2008, "Seeing is believing: The effect of brain images on judgments of scientific reasoning", *Cognition* 107, pp.343-352

· Medina, Eden, 2011, *Cybernetic Revolutionaries, Technology and Politics in Allende's Chile*, Massachusetts Institute of Technology

· Mirowski, Philip and Esther-Mirjam Sent(edit), 2002, *Science Bought and Sold, Essays in the Economics of Science*, The University of Chicago Press

· Mirowski, Philip and Esther-Mirjam Sent, 2008, "The Commercialization of Science and the Response of STS" in Hackett J. Edward et al(edit), 2008, *The Handbook of Science and Technology Studies*(3rd edition), The MIT Press. pp.635-689

· Neumann, John von, 1958, *The Computer and the Brain*, Yale University Press

· Pickering, Andrew, 2020, *The Cybernetic Brain*, The University of Chicago Press

· Pusztai, A., 2002, "GM Food Safety: Scientific and Institutional Issues". *Science as Culture*. 11(1). 2002. pp.69-92.

· Rasmussen, Nicholas, 2014, *Gene Jockeys: Life Science and the Rise of Biotech Enterprise* , Johns Hopkins University Press

· Roberfroid, M., 2014. "Letter to the Editor", *Food & Chemical Toxicology*. 65(3). p.390

· Rowe, G. T. Horick-Jones, J. Walls, et al. "Difficulties in Evaluating Public Engagement Initiatives: Reflections on an Evaluation of the UK GM Nations? Public Debate about Transgenic Crops". *Public Understanding of Science*. 14. 2005. pp.331-352.

· Scott, F., G. Sahara, J. Howard, et al. "Undone Science: Charting Social Movement and Civil Society Challenges to Research Agenda Setting". *Science, Technology & Human Values*. 35(4). 2010. .pp.444-473.

· Séralini, G.E. R.M. Mesnage, N. Defarge, et al. 2014. "Conflicts of Interests, Confidentiality and Censorship in Health Risk Assessment: The Example of an Herbicide and GMO". *Environmental Sciences Europe*. 26(13), pp.1-6.

· Shannon, Claude, 1949, *The Mathematical Theory of Communication*, Board of Trustees of the University of Illinois

· Shapiro, J., Machattie, L., Eron, L., Ihler, G., Ippen, K., and Beckwith, J., 1969, "Isolation of Pure lac Operon DNA", *Nature* 224, 768-74

· Sharon, Tamar, 2014, *Human Nature in an Age of Biotechnology_ The Case for Mediated Posthumanism*, Springer Netherlands

· Soni, Jimmy & Goodman Rob, 2017, *A Mind at Play, How Claude Shannon Invented the Information Age*, Simon & Schuster

· Travis, John, 2015, "Inside the summit on human gene editing: A reporter's notebook", Science, Dec. 4

· Troy, Duster, 2003, Backdoor to Eugenics, Routledge

· Vettel, Eric J., 2006, *Biotech: The Countercultural Origins of an Industry*, University of Pennsylvania Press

· Weinberger, Sharon, 2017, *The Imagineer's of War, The Untold Story of DARPA, the Pentagon Agency that Changed the World*, Vintage Books

· Wiener, Norbert, 1965, *Cybernetics: Or Control and Communication in the Animal and the Machine*, MIT Press

· Yoxen, Edward, 1983, The Gene Business, Who Should Control Biotechnology?, Harper & Row Publishers

기사 ─────────

· 권용주, 2019, "[人터뷰]자율주행 사고 책임, '운전 주체'가 결정", 《오토타임즈》, 2019. 2. 28

· 김익현, 2018, "자율주행차 사고의 법적 책임", 《리걸타임즈》, 2018. 4. 13

· 박홍준, 2022, "완전 자율주행 시대, 이번 생은 글렀다?", 《자동차 전문 매체 모터그래프》, 2022. 12. 30

· 송경은, "뇌에 칩 심은 원숭이가 생각한 대로 로봇팔 조종" 《매일경제》, 2019. 4. 9

· 이서희, "쿵, 쿵, 쿵⋯ 갈 길 먼 완전자율주행, 캘리포니아선 광고도 금지", 《한국일보》 2022. 12. 26

· 임재우, "'이루다'는 멈췄지만⋯성차별 · 혐오는 인간에게 돌아온다", 《한겨레》 2021. 01. 11.

· 정아람, 2019, "알파고 충격 3년, 프로바둑계가 세졌다", 《중앙일보》, 2019. 3. 11

· 최은창, 2017, 알고리즘 거버넌스, "4차 산업혁명, 아직 말하지 않은 것들", 《Future Horizon》, pp. 28-31

· "왓슨 폐암정확도 18%, 자율차 사고 속출⋯ AI 거품", 《중앙선데이》 2019. 9. 28

백서 ─────────

· 한국생명공학원 바이오안전성정보센터, 2017, 『바이오안전성백서 2017』

· 한국생명공학원 바이오안전성정보센터, 2021, 『바이오안전성백서 2021』

인터넷 ────────────

· ETC Group. "Nobel Laureates serving Monsanto and Syngenta". 〈https://www.
etcgroup.org/content/nobel-laureates-serving-monsanto-and-syngenta〉.
· Latham J., "107 Nobel Laureate Attack on Greenpeace Traced Back to Biotech PR
Operators". July 1, 2016. 〈https://www.independentsciencenews.org/news/107-
nobel-laureate-attack-on-greenpeace-traced-back-to-biotech-pr-operators/〉.
· Support Precision Agricultrue. "Laureates Letter Supporting Precision
Agriculture(GMOs)". 〈https://www.supportprecisionagriculture.org/nobel-
laureate-gmo-letter_rjr.html〉.

생명은 어떻게 정보가 되었는가

1판 1쇄 찍음 2023년 4월 20일
1판 1쇄 펴냄 2023년 4월 28일

지은이 김동광

주간 김현숙 | **편집** 김주희, 이나연
디자인 이현정, 전미혜
영업·제작 백국현 | **관리** 오유나

펴낸곳 궁리출판 | **펴낸이** 이갑수

등록 1999년 3월 29일 제300-2004-162호
주소 10881 경기도 파주시 회동길 325-12
전화 031-955-9818 | **팩스** 031-955-9848
홈페이지 www.kungree.com
전자우편 kungree@kungree.com
페이스북 /kungreepress | **트위터** @kungreepress
인스타그램 /kungree_press

ⓒ 김동광, 2023.

ISBN 978-89-5820-830-3   93470